Mr. ALPINUS

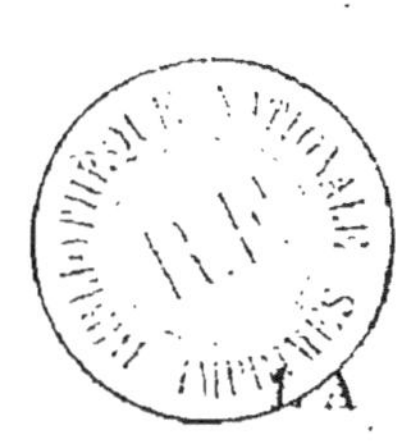

LA

CHASSE ALPESTRE

EN DAUPHINÉ

LA
CHASSE ALPESTRE
EN DAUPHINÉ.

Feuilleton du Courrier de l'Isère

1873

GRENOBLE

BARATIER FRÈRES ET DARDELET, IMPRIMEURS-LIBRAIRES.

1874

1000   Grenoble, imprimerie DARDELET.   762

Mr
ALPINUS

NOTE DE L'AUTEUR

——

Les feuilletons ici rassemblés — jamais n'auraient eu la prétention de se présenter au lecteur à la manière d'un livre.

Mais Gavet m'écrit d'Irkoutsk :

« Ta prose m'est parvenue, et, certes, ni Moi ni
» Vaugelas ne saurions être satisfaits.
» Cependant, mon Encyclopédie des Alpes Dau-
» phinoises éprouve des contrariétés. Les fonds, je
» pense, se mettent en marche; seulement je ne les
» vois point arriver. Tes feuilletons seront donc tou-
» jours un *en-cas*, une précaution, un modeste sau-
» vetage, — si *mes richesses* doivent périr.
» C'est pourquoi je t'autorise à les condenser en
» volume, sous leur forme première de *Littérature*

» *quotidienne*, et sans y rien changer ; surtout sans
» la prétention d'être *un livre*.

» Je te fais parvenir en même temps, — sur les
» Ours, — des *notions* qui mettront en lumière —
» combien les écrivains *de toute farine* les ont peu
» et mal connus, — et toi ni mieux ni davantage. »

ALP.

LA
CHASSE ALPESTRE
EN DAUPHINÉ.

Arma canemque cano..... et lorsque de tous côtés j'entends dire : la chasse meurt, la chasse est morte! je réponds : pour le vrai disciple de saint Hubert, la chasse est immortelle dans nos Alpes dauphinoises.

Non point sans doute la chasse à courre, véritable sport, et qui n'a de chasse que le nom, où le fusil est prohibé, où la poudre ne parle pas, et dans laquelle l'action et la modeste gloire cynégétiques se trouvent exclusivement réservées au piqueur.

Et bien moins encore la chasse des parcs gardés, où les lièvres familiers et les faisans domestiques, dirigés par la traque, défilent correctement devant un front de chasseurs numérotés.

Mais la chasse, la seule vraie et pleine de délices, où l'homme et le chien, cette meilleure moitié de l'homme, associent leurs efforts dans une lutte d'intelligence, de ruse et d'adresse, contre un gibier d'une irréprochable sauvagerie.

La chasse où la chère est maigre, et où le chasseur le devient; où la fatigue seulement est copieuse; où les jarrets et les poumons se trouvent chargés de plus de besogne que l'estomac; la chasse enfin où chaque pièce tombée s'élève au rang d'une conquête.

*
* *

Telle est bien, en effet, la chasse dans nos Alpes dauphinoises, dure et méritante. Mais elle embrasse la collection la plus aristocratique du gibier le plus savoureux.

Pour les volatiles, trois espèces de tétras et quatre de perdrix, la bécasse et un grand nombre d'oiseaux excellents, de petite et de moyenne taille.

En quadrupèdes, deux lièvres, une antilope, même deux, et l'ours lui-même, s'il vous plaît.

On a vraiment lieu d'être surpris, alors que les revues cynégétiques retentissent du moindre hallali infligé à un pauvre animal époumoné, de ne trouver jamais décrites nos chasses alpestres, si riches d'émotions, si enviables dans leurs succès.

Jamais, c'est trop dire et j'en conviens. Mais mieux eût valu n'en jamais parler que d'en écrire comme ont fait les chasseurs parisiens.

Il est irritant de voir toujours, sous leur plume, nos tétras se prélasser dans *des massifs d'arbousiers*, ou bien les gelinottes *émailler les bruyères fleuries*.

*
* *

Dans leurs expéditions et sous la conduite de braconniers fantastiques, invariablement ils atteignent la région des chamois après douze heures de marche, *le nombril dans la neige*, et jamais ils ne manquent, parvenus au sommet, de parcourir des arêtes faîtières de six pouces de large et d'un kilomètre de longueur, — agrémentées d'un double à pic, profond de trois mille pieds, sur la droite comme sur la gauche.

Pour moi, qui pratique la chasse dans les Alpes depuis cinquante années, je me trouve à la fin indigéré de ces récits, et il m'a semblé que *le besoin se fait sentir* de quelques chapitres où les mœurs du gibier des Alpes, les usages, les conditions de sa poursuite, seraient décrits sous leur jour véritable.

Je ne me dissimule pas que ces redressements viendront se heurter à des erreurs et à des mensonges ayant droit d'ancienneté, mais un suffrage leur suffira, celui des *praticiens* dans nos montagnes.

Et le suffrage de ces vrais chasseurs ne saurait leur faire défaut, puisqu'ils se trouvent être mes collaborateurs. Ces chapitres effectivement ne contiennent que les impressions qu'ils m'ont eux-mêmes communiquées, et que ma propre expérience a, de tout point, confirmées.

L'OURS

SES MOEURS, SON CARACTÈRE, SA CHASSE.

A tout seigneur tout honneur, et bien qu'ici encore on puisse dire, non sans fondement : Les ours s'en vont, il reste vrai que cette intelligente race tient bon et n'entend point disparaître.

Au cours des deux années qui viennent de s'écouler, cinq ont été tués dans les forêts d'Allevard, de Saint-Hugon et de la Chapelle-du-Bard ; six autres sur les versants occidentaux de la Moucherotte, et neuf enfin aux forêts qui s'étendent de Gauvert au Glandaz.

Dans ces derniers parages seulement, une vingtaine au moins restent connus et signalés.

Ces faits sont là pour attester que, si bien l'ours est aujourd'hui décimé dans sa race à l'égal des malheureux Peaux-Rouges d'Amérique, il oppose du moins à la persécution une indomptable ténacité.

Et les amis des races honnêtes doivent s'en réjouir, car, s'il est un animal, parmi tous, que l'homme ait accablé d'injustices, c'est l'ours assurément.

Alexandre Dumas, à son début dans les charmants écrits qui devaient tant amuser tout son siècle, a commis une action mauvaise et que, plus tard, son excellent cœur a profondément regrettée, je le sais. Ce qu'il a dit du bifteck de l'ours est irréprochable de véracité ; quant à son humeur, c'est autre chose. Voulant dramatiser ses *impressions* et les sabler, il l'a dit lui-même, de poudre d'or, il a fait de cet animal tranquille un monstre féroce.

Pour l'affronter, il fallait avant tout blinder son cœur d'un triple airain et bourrer son fusil double, non plus d'un plomb vil, mais bien d'un dur lingot emprunté à la maîtresse dent d'une fourche de fer.

Ainsi raconta le maître, et, dès lors, *regis ad exemplar*, moutons de Panurge et se dépassant à l'envi, nous avons vu défiler sur ses traces tout un monde d'écrivains prétendus cynégétiques.

L'ours alors en a vu de belles ! A sa profonde surprise, s'il savait lire, il s'est toujours, depuis ce temps, élancé sur l'homme, *l'œil sanglant* et *la gueule écumante*. Invariablement il a manifesté son approche par *les roches volant en éclats* et par *les épicéas déracinés* comme faibles poireaux. Les taureaux et l'homme lui-même ont fait désormais sa pâture, et les moutons n'ont plus servi qu'à le gargariser.

Ces *tropes* insensés trop longtemps ont vécu, et je leur oppose les déclarations suivantes :

La chasse de l'ours ne présente pas plus de dangers que la chasse au lièvre.

L'ours blessé et voyant son ennemi, jamais ne se précipite sur lui.

L'ours, *ordinairement et naturellement*, est inoffensif pour les troupeaux.

Je sais bien que ces vérités *hardies* effaroucheront tout d'abord. La croûte des préjugés est tenace et ne s'entame pas à la première attaque du couteau.

D'autre part je ne me dissimule point que des charges accablantes pèsent sur le prévenu ; qu'il se trouve atteint de condamnations et peu habitué à entendre, dans l'auditoire, le moindre murmure en sa faveur. Mais jamais aussi, il faut le reconnaître, jamais encore il n'a été écouté, lui ni ses témoins.

Eh bien, sa défense est la tâche que je viens entreprendre, les mains pleines de preuves, de faits indigènes, contemporains, concordant entre eux et attestés par les hommes qui ont eu le plus affaire à lui et quelquefois le moins à s'en louer.

Vialy, du Cauters, dans la vallée de Saint-Laurent-du-Pont, a tué 31 ours. Son numéro 19 est le spécimen de belle venue qui figure au muséum de Grenoble.

Mais Vialy n'a pas été seulement un tueur d'ours ; comme chasseur de tout gibier de haute montagne, il a laissé une réputation hors concours. Pour moi, qui longtemps l'ai connu et étudié, je le déclare profond naturaliste sans le savoir, et observateur sagace.

Sa méthode de chasse à l'ours, *seul à seul*, nous fournira les observations les plus précieuses et les plus soutenues sur les mœurs vraies et le caractère de cet intéressant animal. Nous y étudierons en même temps les principes inédits de sa chasse par l'homme seul, de son approche et de sa rencontre.

Je puiserai donc dans ses archives. Mais ce n'est

pas, tant s'en faut, à une source unique que j'entends demander les éléments de ma démonstration.

*
* *

M. Baptiste Imbert, qui perche au col de Meney, est aujourd'hui âgé de soixante et seize ans. Depuis soixante années, il pratique l'industrie pastorale et n'a cessé d'occuper les montagnes de pâture qui s'étendent de la Moucherolle à la Chartreuse de Durbon.

Durant cette période de plus d'un demi-siècle, et placé précisément dans les centres les plus populeux de la tribu des ours aujourd'hui si décimée, M. Imbert a collectionné un nombre considérable de faits dont il est le narrateur aussi placide qu'intelligent.

Adoptant un usage qu'aujourd'hui l'administration forestière semble lui avoir emprunté, il a, toute sa vie, imposé à ses *Bayles*, ou bergers principaux, l'obligation d'un rapport quotidien couché sur un livre.

Vous voyez que M. Imbert, ou Baptiste, si vous voulez, car c'est là son nom populaire, n'est point le premier venu. Je puiserai sans discrétion dans la mémoire de Baptiste et dans les rapports *patois* de ses *Bayles*.

Mais je ne résiste pas au besoin de présenter à mes lecteurs le portrait de cet homme. M. Imbert est un de ces types rares aujourd'hui, *ruisselants de vérité*, comme n'eût point manqué de dire notre défunt ami Phyloxène Boyer.

Soixante et seize ans, je vous l'ai dit; plus droit qu'un sapin dans sa taille moyenne; œil vif, profond et bleu, sous de vastes arcades protectrices. Sur la tête

se rencontrent plus de cheveux que Lobb n'en a jamais
fait tomber; les lèvres fines, les dents d'un chacal,
le nez sans courbe, droit comme un éteignoir, signe
irrécusable à la fois et d'énergie et de bonté.

Joignez à cela le pied petit à merveille et la main
d'une duchesse. Sa race vient d'Espagne, et par son
pied comme par son nez, je le tiens pour Abencer-
rage.

*
* *

La bise du Glandaz et les soleils de la Crau alternativement l'ont fourbi, et il en résulte pour sa peau
une préparation pleine d'avantages. Je ne saurais
comparer cette peau qu'à celle très-ancienne qui re-
couvre la caisse du tambour de la commune. Il faut
deviner une circulation du sang profondément sou-
terraine; mais, sur les muscles robustes, elle est
comme un blindage.

Au moral, la bonhomie panachée de malice; la
parole sobre et le récit limpide; un jugement sain,
qu'on sent avoir grandi à l'air des montagnes. En politique, il ne redoute rien tant que la clavelée. Il croit
en Dieu.

Sa sagacité naturelle, aidée d'une longue expérience,
en a fait, *ès maladies* des bêtes, l'oracle de la contrée.
Avec un désintéressement infini et une obligeance
que rien ne fatigue, dans tout le Trièvre et le Dévoluy, il se rend à l'appel des propriétaires de troupeaux
décimés par les maux épidémiques. Pour guérir *le
piétain* ou *le pissang*, il passe pour être sans égal.

*
* *

A ce propos, notons en passant combien, en tout pays de montagne, les populations sont avares de leur confiance vis-à-vis des *diplômés* sortis des pépinières de nos facultés académiques. Est-on malade, on va droit au curé, car, dans la contrée, il y a toujours un curé médecin.

Est-ce à l'étable, on court chez le Bayle, et non sans raison, si toutefois l'aréopage vétérinaire s'obstine à repousser les seuls élèves qui fassent preuve d'un sens irréprochable. Exemple : la scène est à Lyon. Un examinateur au candidat : que faut-il faire dès qu'on s'aperçoit qu'un cheval est disposé au farcin ? Réponse : il faut le vendre. Récompense : six boules noires.

Tel est donc M. Baptiste Imbert : santé du corps, santé de l'âme ; *mens sana in corpore sano*, le véritable *vir bonus* des Anciens. Seulement il ne mange plus le soir.

*
* *

Il ne mange plus le soir, telle est la déclaration qu'il nous fit, le mois dernier, au Monestier-du-Percy, en s'asseyant pour souper à la table commune chez l'aubergiste Didier, homme excellent, peu poli, mais bon républicain.

Or, après avoir inventorié pour sa part, d'un porc les bas et la culotte, l'entre-côte d'un bœuf et le gratin obligatoire, puis la salade plantureuse, Baptiste ne me parut nullement désarçonné.

Pour moi, depuis longtemps hors de combat, et la politesse me retenant seule à table, je dormais assis, lorsque mes yeux, s'entr'ouvant avec peine, surprenaient encore une caillette aux épinards glissant dans son assiette, ventrue et la dernière d'une légion.

Au lit, car le même soir nous avons eu même chambre, cet homme robuste se jette résolûment et sans mièvrerie sur *la couche*. Sans plus tarder, il tousse avec franchise et bruyamment cinq ou six fois, à bâbord et à tribord, à tous les étages. C'est une manière à lui de *se rincer*, mais c'est une fois fait, et il s'endort. Et quel sommeil, Seigneur, mon Dieu! A Paris je fus un jour conduit chez Cavalier-Col, lequel, devant moi, eut la bonté de faire défiler dans une gamme ses tuyaux d'orgues les plus puissants. Eh bien, les sonorités du sommeil, chez ce dur pasteur, m'ont de suite remis en mémoire ma visite au facteur célèbre.

Ne quittons point M. Imbert sans dire un mot de l'*Industrie pastorale* à laquelle il a passionnément voué sa vie entière, et où il a conquis sa fortune, sa santé de fer, l'estime et l'amitié de ceux qui le connaissent.

Au point de vue de mon sujet, c'est là une franche digression, je le sais; mais, dans ces récits de chasses alpestres, toutes les fois que se rencontrera sous ma plume un sujet intéressant et particulièrement dauphinois, je me propose de l'appréhender au passage.

L'industrie pastorale est assise sur les principes que voici : une brebis, capital de 30 francs, rapporte pour une année, un agneau et une toison, soit 25 francs; et mille brebis, capital trente mille francs, rapportent vingt-cinq mille francs, un joli rendement à ce qu'il semble.

Mais ce rendement est diminué d'abord, de 1,500 francs, intérêts du capital; ensuite de 4,000 francs, prix des pâtures et des déplacements, et encore de 3,500 francs, gages et nourriture des bergers. En tout 9,000 fr. ; restent 16,000 fr.

C'est beau toujours; mais ce chiffre lui-même est sujet à des querelles avec le *déchet*.

Toute la science pastorale consiste donc dans la lutte avec le déchet, et c'est ici que la carrière est ouverte à l'expérience, à la sagacité.

Les jeunes moutons, ainsi produits, sont immédiatement vendus pour leur engraissement. Le canton de Mens, pour une part, mais surtout le Champsaur font de cet engraissement une industrie qui est leur richesse. Marseille est le grand consommateur.

Mais revenons à l'ours, à Vialy le chasseur, au pasteur Baptiste.

Près d'entreprendre les lumineuses citations qu'ils vont nous fournir, j'invoque, au préalable et comme exorde, deux autorités, La Fontaine et la voix populaire. Ces oracles, ni l'un ni l'autre ne se sont mépris sur le caractère de l'ours, bien avant que l'école de Dumas eût faussé sur ce point le sentiment public. La Fontaine a toujours aimé l'ours et l'a considéré comme un anachorète, un sage, un philosophe, comme un ermite vivant selon Dieu.

Et le peuple, non point celui qui lit les affiches ou même les feuilles publiques, mais celui qui lit peu et qui n'écrit jamais, qui observe, qui pense et qui sait, qu'a-t-il toujours pensé de l'ours? Exactement ce qu'en a dit et pensé La Fontaine ; et chaque fois qu'un de ces animaux a conquis la célébrité par son séjour obstiné dans la même montagne, de quels noms le peuple du voisinage l'a-t-il salué? Martin, Janot, Gaspard ; des noms familiers et de franche amitié, et qui sont une portraiture ; des noms qu'on s'empresserait d'offrir à M. Prudhomme, s'il avait le malheur de perdre le sien.

Ce sont là, je pense, déjà des présomptions en faveur de l'ours; et maintenant abordons résolûment notre sujet.

Dans Vialy, nous verrons comment cet animal se comporte devant le chasseur, c'est-à-dire quand il est poursuivi, atteint, abordé et percé de balles. En ce moment nous allons examiner, sous l'autorité de Baptiste, quelle est son attitude devant l'homme, lorsqu'accidentellement il attaque le troupeau et que les bergers l'en éloignent.

« Durant toute ma vie sur les montagnes, déclare
» M. Baptiste Imbert, jamais un berger ni une ber-
» gère, ni personne que je sache, n'a été tué ou
» blessé par l'ours. Et pourtant, dans un nombre
» infini d'attaques contre les troupeaux, où l'ours
» s'est trouvé mêlé, il a été toujours abordé par les
» bergers et repoussé à coups de pierre, de bâton,
» de pistolet ou de fusil. »

M. Imbert dit ailleurs : « J'avais douze ans lorsque
» mon père tua le grand ours de Chichiliane parce
» qu'il mangeait de trop belles pommes. On mangea
» l'ours au château de M. de Chichiliane, mais mon
» père fut triste longtemps parce qu'il aimait beaucoup
» cet ours. »

Qu'en dites-vous ? et ne voyez-vous pas d'ici que,
s'il se fût contenté de pommes moins belles, jamais
cet ours n'eût été tué par le père de Baptiste, tant il
y avait entre eux d'affectueuse familiarité.

Baptiste raconte encore : « A Chabulière, chacun
» élève deux porcs ; donc le père Rémy élevait ses
» deux porcs. Seulement, au lieu de les tuer pour
» son usage comme chacun, il les vendait à la foire
» de Clelles. Puis il allait aux forêts d'Esparron ou de
» Belmotte, en rapportait un ours, et en emplissait
» son saloir. L'ours lui durait un an. L'année même
» de sa mort, à l'âge de quatre-vingt-deux ans, il est
» encore allé quérir son ours. Il les tuait avec un fusil
» double, et m'a dit n'avoir jamais été attaqué. »

Nous voilà bien loin, n'est-ce pas, de l'homme ne
triomphant de l'ours qu'avec des lingots de fer, un
cœur de bronze et des muscles d'acier ?

Faisons maintenant comparaître l'ours attaquant
les troupeaux, car *accidentellement* il se rend coupable de ce méfait, je ne veux rien dissimuler. Seulement, là comme ailleurs, il est équitable de préciser les conditions de son attaque et son degré de

violence. Il est juste, enfin, de réduire les faits à leur valeur véritable.

1822, 30 août, montagne de Palanfrey. Rapport du berger Robert :

« Au point du jour, les chiens ont fait grand bruit
» et le troupeau a été dispersé. J'y ai couru avec Ri-
» vet et le petit berger. Nous avons vu cinq ours oc-
» cupés à poursuivre les moutons, ou à se défendre
» contre les chiens. Nous avons pu les mettre en fuite
» en criant et avec nos bâtons. Un seul est resté plus
» longtemps ; les chiens aboyaient sans oser le mor-
» dre, les ours n'ont pu tuer aucune bête. »

Ici les ours sont en force et, sans un seul coup de feu, ils se retirent.

Dans les rapports à M. Imbert, les faits présentant un caractère analogue abondent et se ressemblent. Je signale à présent celui où la culpabilité de l'ours est flagrante.

Rapport de Loustalou, 1833, 16 juillet. Ici nous sommes dans les pâturages de Gauvert, attenant à la Moucherolle :

« A sept heures du matin, j'étais rentré pour la
» soupe, laissant tout bien tranquille. Lorsque je man-
» geais, Mathurine, entendant du bruit, sortit en
» disant : c'est peut-être l'ours, et je dis : si c'est l'ours
» je vais prendre un tison.

« Mathurine, s'étant avancée, trouva le troupeau
» dispersé et l'ours tenant une chèvre dans chaque
» bras. Elle l'aborda courageusement, l'injuria et
» lui jeta des pierres. Mais l'ours, debout, s'avança
» vers elle, tenant toujours les chèvres. Mathu-
» rine, se voyant près d'être abordée, lui lança une
» dernière pierre dans l'estomac et lui dit : Ah ! c'est

» comme cela, mauvaise bête, eh bien ! va-t-en au
» diable avec les chèvres ; et elle se retira.

» Lorsque je vins avec le tison, l'ours était trop
» loin. »

*
* *

Si vous voulez juger froidement cette scène d'un
ours portant en ses bras deux chèvres perpendicu-
laires, loin de vous présenter une image terrible,
cette silhouette vous rappellera principalement une
nourrice emportant deux jumelles dans son hameau.

Je sais bien que l'ours, lorsqu'il affirme ainsi son
rang de plantigrade, et que, debout, il s'avance vers
l'homme, un peu son congénère, je sais bien, dis-je,
qu'il se donne le tort d'affecter des airs de matamore
et de tambour-major auxquels ne résistent pas les
moyens courages ; mais j'affirme qu'en y regardant de
près, on ne rencontre au fond que le désir d'amuser la
société.

Telle est donc cette scène, la plus violente qu'ait
enregistrée, durant une vie pastorale de plus de
soixante années, le sagace M. Imbert ; et si le lecteur
veut se tenir dépouillé de tout préjugé, il n'hésitera
pas à reconnaître que vis-à-vis Mathurine, l'ours, ainsi
lapidé, s'est montré, non point précisément agressif,
mais simplement comminatoire.

Eh bien ! cent fois depuis, durant la période et dans
la contrée dont je parle, les Mathurine et les Loustalou
de M. Imbert ont abordé l'ours sans plus de façon,
sans armes et avec une assurance qui témoigne de la
confiance profonde qu'ils avaient en sa bonhomie.

*
* *

Mais poursuivons, et je vais aborder un ordre de méfaits d'où va jaillir une vérité peu attendue.

M. Imbert dit : « En 1840, à la montagne de Durbon » où je me trouvais moi-même, le troupeau fut attaqué » durant la nuit. Nous y courûmes, mais l'obscurité » était grande et nous ne pûmes rien distinguer que » deux ours. Le lendemain nous reconnûmes que onze » brebis avaient disparu et huit autres étaient mortes » ou mourantes. Mais je vis aux blessures, qu'elles » avaient été tuées par les loups. »

Le berger Paqueau rapporte, 1837, montagne de Romilley :

Les loups et les ours se sont approchés cette nuit, mais avec l'aide des chiens nous les avons promptement éloignés. Au matin nous avons trouvé trois brebis blessées par les loups.

Le nombre des rapports est infini, signalant des cas où les loups et les ours se présentent de compagnie.

Partout où il y a mort de brebis, *il y avait des loups*.

Et ici serrons de près la question, je vous en prie ; elle est capitale pour mon client. L'ours et le loup ont un *faire* respectif auquel on ne saurait se méprendre. Le loup *gueule* sa proie, à la gorge presque toujours. L'ours a sa manière propre ; il procède par *gifles*.

Sa gifle est exagérée, j'en conviens, et jamais je ne conseillerai de l'admettre à la main chaude ; mais entre le gueulage et la gifle, qui pourrait se tromper, ayant sous les yeux la victime.

Et nunc erudimini ! L'ours et le loup vont presque toujours ensemble ; les brebis toujours *gueulées*, jamais *giflées !*

Qu'en dites-vous, et cela ne vous rappelle-t-il pas

le rusé et fluet Tirard-Galliet entraînant le colossal et imbécile Billion-Grand dans ses expéditions scélérates? ou bien encore Robert-Macaire et Bertrand? Je vous le dis en vérité, dans ces méfaits, l'ours n'est autre chose qu'un Bertrand.

J'ai hâte maintenant d'aborder enfin la partie cynégétique de notre sujet et de décrire les procédés de la chasse à l'ours. Mais, comme corollaire des lumineuses démonstrations que je viens de produire, un devoir s'impose, celui d'énumérer encore les tropes de l'école de Dumas, et de souffler sur eux une dernière fois.

— *Le rugissement* d'abord, car l'école dont je parle n'a point manqué de faire rugir l'ours. Dans ses fureurs, on l'entend à travers trois montagnes. Eh bien! l'ours ne rugit pas; il ne hurle même pas, il grogne et vous le savez.

Dans les ignobles *oursomachies* dont les baladins vous donnent le spectacle, le malheureux ours, les ongles rognés, les dents limées jusqu'à la gencive, est livré comme un *otage* à la hideuse clique des bouledogues.

En proie à la fureur et au désespoir, que fait-il? Vous l'avez entendu cent fois : il grogne. C'est là son cri et il n'en a pas de rechange.

— *L'œil sanglant, la gueule écumante.* Passons, de grâce!

— *Les sapins abattus comme des quilles.* Je vous donne deux heures pour faire déraciner ou briser par un ours un épicéa gros comme le bras.

— *Les roches volant en éclats*. Mon Dieu, si l'ours avait à cet endroit seulement la dixième partie de la puissance qu'on lui prête, au temps où nous sommes et où chacun tire si bien parti de ses aptitudes, on le verrait cassant les pierres avec avantage sur les grandes routes de la République.

Cela soit dit sans la moindre intention de complicité avec mon ami L. qui a le vice de prétendre que dès que la France se trouve sur la route de la République, naturellement elle n'a plus de ressource, sinon celle de casser des pierres.

Nous voici arrivés maintenant à la chasse de l'ours et à ses procédés divers. Il y a la battue d'abord, ou la traque. Nous ne la décrirons pas, elle est connue ; mais méfiez-vous toujours énormément de la battue ; à peu près invariablement elle est conduite selon les principes d'une *défense nationale*. Une seule fois j'en ai vu une réussir, de la façon modérée que voici :

Un ours gigantesque ravageait depuis plusieurs années les versants orientaux du Petit-Som, au nord du couvent de la Grande-Chartreuse. Ici ravager doit s'entendre : vivre paisiblement de racines au fond des bois. N'importe, une battue fut prêchée contre le monstre, et le 30 août, avant l'aube, ses retraites étaient cernées par trois cents chasseurs d'espèces variées.

Les opérations sont entamées avec entrain, mais de l'ours pas de nouvelles. A neuf heures du matin, suivant l'antique usage, les tireurs dispersés erraient dans la montagne, séparés de leurs chefs non moins séparés eux-mêmes des troupes de leur commandement.

Je faisais partie d'un groupe de miliciens, profondément atteint par le découragement et par la soif. La vue de quelques chaumières fumant plus bas fut irrésistible, et nous y *dévalâmes* à la conquête d'une bouteille ou d'un filet d'eau.

Arrivés à la plus prochaine, et après en avoir ouvert la porte avec ardeur, nous nous trouvâmes subitement en présence.... de l'ours pantelant et non encore refroidi. Le crétin du hameau l'avait tué raide au clair de lune avec un fusil impraticable.

J'ai toute ma vie regretté qu'un photographe en voyage ne se soit pas rencontré là pour fixer la scène : vingt chasseurs de la ville, bien armés et bien équipés, membres pour la plupart de l'académie Delphinale et autres sociétés discrètes.

Et, d'un autre côté, le crétin goîtreux, la tête branlante et l'œil atone, portant son espèce de regard alternativement sur ses rivaux et sur sa victime.

Dans la battue, même bien dirigée, le rôle de l'intelligence se trouve toujours être considérablement effacé. Bien au contraire, à la chasse à l'ours par l'homme seul, telle que Vialy l'a pratiquée, l'homme arrive à connaître, à force d'esprit d'observation, non-seulement les mœurs les plus intimes de l'ours, mais encore l'*emploi de sa journée.*

L'ours est omnivore, mais il est particulièrement herbivore, frugivore, granivore et tuberculivore. Chez lui, comme chez tous les omnivores, l'estomac recherche la variété. C'est dire que l'herbe ne lui suffit pas, et qu'il demande que l'herbe soit additionnée de racines, de fruits, de tubercules, de grains.

Habituellement, l'ours pourvoit à ce besoin sans quitter les forêts, qui lui fournissent, avec l'herbe, des baies, des fruits sauvages, des racines, des plantes tuberculeuses, même un peu de grain, celui des graminées naturelles.

Exceptionnellement, et son expérience ayant démontré à l'ours les avantages de la greffe et des engrais, la gourmandise, qui est son péché capital, le rapproche des cultures, où il rencontre les belles pommes, les seigles et les avoines, les pommes de terre, les essaims faciles à cueillir dans les ruches.

Ses maraudes dans les cultures, il les pratique de nuit, connaissant bien le code pénal. Mais, dans les forêts, c'est pendant le jour qu'il recherche sa nourriture.

En outre de ses mets, il a ses entremets, ses gourmandises.

Le miel, et d'abord celui des abeilles domestiques. Les populations montagnardes sont toutes mellicoles, et leurs ruches essaiment avec abondance. Tout ce qui échappe va droit aux forêts.

Et encore le miel sauvage du Bourdon des mousses,

Bombus muscorum, dont les pelottes sont abondan-
tes et artistement cachées dans la mousse ; et enfin,
les rayons du Bourdon des sapins, *Bombus abietis*,
au miel amer, véritable vermouth de l'ours, et dont
la cueillette l'oblige, en plus, à une salutaire gymnastique.

Mais il pratique aussi une autre gourmandise quotidienne, de presque tous les instants et qui occupe
une portion notable de sa journée. Il est friand d'œufs
de fourmis et de fourmis elles-mêmes.

Quiconque a fréquenté les forêts alpines, mille fois
a rencontré ces cônes d'un à deux mètres de haut,
construits de menus branchages et des aiguilles desséchées du sapin. C'est le travail du *formica rufa*, la
plus grande et la plus entreprenante espèce de la
tribu des fourmis charpentières.

Dans ce cône, plusieurs millions d'individus, sortant par mille poternes qui s'ouvrent au matin pour
se fermer le soir. Au centre, de vastes galeries où se
trouvent, rangés en ordre et par centaines de mille,
les œufs, espoir du peuple.

L'abdomen de cette très-grosse fourmi est une
gourde emplie d'une liqueur salutaire, agréablement
vinaigrée d'acide formique. Les chasseurs alpestres
la connaissent bien, l'apprécient et s'y désaltèrent.

L'ours, après avoir éventré de ses ongles puissants
(et c'est là tout ce qu'il éventre), ces cathédrales gigantesques, savoure les œufs d'abord ; puis, à la manière des fourmiliers, ayant offert sa langue pour

appât, il la retire chargée de mille guerriers accourus à la défense d'Ilion.

C'est un rafraîchissement et une distraction qu'il s'offre à chaque instant, comme vous vous offrez une chope ou un londrès.

Ici, une digression ; elle a sa place et son utilité. J'estime que, sans l'ours, nos forêts alpestres seraient impraticables. J'en appelle à vos souvenirs.

Cent fois, sous leur ombrage, vous avez voulu vous reposer. La mousse drue fait miroiter à vos pieds ses tapis d'émeraude saupoudrés d'aigrettes d'or. Vous acceptez l'invitation, et vous sursautez incontinent, atteint de morsures cruelles.

Mon ami Edouard, un jour, fit les choses plus largement. Dans son ignorance des choses sylvestres et harrassé de fatigue, il avisa un de ces cônes placé au centre d'une clairière disposée en boudoir.

Prenant ce *pouf* pour un meuble sincère, il y reposa avec innocence ses muscles les plus charnus.

Voilà donc connus et analysés les goûts de l'ours et ses habitudes. Retenons encore qu'en sa qualité d'espèce septentrionale, ce qu'il redoute le plus c'est la chaleur.

Or, voici juillet et voici août, les jours caniculaires, et dites-moi maintenant si l'observation et la logique ne vous donnent pas, heure par heure, pour ainsi dire, et avec un degré de certitude absolu, l'emploi de la journée de l'ours ?

Il fait chaud; donc il est au fond des forêts, des sapinières les plus drues, du sein desquelles, du reste, il ne s'éloigne que rarement.

Il est dix heures, il est midi; l'ours a pris le matin son repas substantiel de racines et de végétaux. Donc il est *aux fourmis, aux abeilles* peut-être, ou bien *à la reposée*. Marchons à lui avec Vialy; pénétrons dans les sapinières.

*
* *

Mais ici se dressent devant Vialy deux obstacles, deux moyens puissants que possède l'ours d'être averti : l'acuité de son oreille et la délicatesse infinie de son flair.

Eh bien ! ces obstacles, Vialy les a supprimés tous les deux :

L'ouïe, par une précaution facile et bien connue des chasseurs de chamois; aux semelles de ses souliers ferrés, il a adapté d'épaisses *espardilles* de chanvre tressé. Mais le flair ?

C'est ici que la ruse de Vialy est en même temps ingénieuse et simple.

L'usage est de chasser à bon vent; c'est un principe que nul n'ignore. Mais le bon vent ne se commande pas, et dans les pentes à chaque instant variées des monts alpestres, incessamment on saute de vent debout à vent arrière.

Vialy a trouvé mieux que consulter le vent.

*
* *

Les sapinières, vous le savez, exhalent une senteur prononcée de résine que le soleil rend plus intense encore. Vialy, à son entrée en forêt, enduit richement d'une résine fraîche, et dont il se tient toujours approvisionné, ses vêtements, ses souliers, le feutre de son chapeau.

Vous devinez l'effet. L'émanation de l'homme, *le sentiment*, ce fluide subtil que le chien et les animaux sauvages ont le don de percevoir si bien, instantanément se trouve volatilisé et absorbé dans les effluves dévorantes de l'émanation résineuse. Vialy, dès lors, n'introduit plus dans la forêt qu'une odeur indigène et familière à l'ours.

Le reste maintenant est facile à déduire. Vialy parcourt la forêt; les cônes du *formica* pour lui deviennent un livre.

D'autres animaux que l'ours attaquent ces cônes: les tétras, le renard. Mais à la besogne on connaît l'ouvrier, et Vialy ne saurait s'y méprendre, pas plus qu'il ne se trompe sur la *fraîcheur* de l'ouvrage.

Là, les cônes ont été visités de la veille: il passe; ici c'est du matin: il devient attentif; mais à présent la trace est *chaude;* c'est d'une heure, de quelques instants peut-être, l'ours est ici.

Vialy retient son souffle.

D'arbre en arbre il avance, n'occupant jamais que le terrain conquis par son œil et par son oreille. Si l'ours est à sa besogne, c'est-à-dire en mouvement, l'œil et l'oreille bien vite le montrent à Vialy; l'oreille avant l'œil, tant est perceptible le moindre bruit, dans le silence sans pareil et sous la voûte sonore des sapinières.

Si l'ours est à la reposée, toujours au pied d'un maître sapin, à grande distance, l'œil mohican de Vialy l'a découvert.

Ainsi, par sa méthode, il arrive infailliblement à voir l'ours *par corps*, et le premier, sans en être vu.

Le drame touche à sa fin.

Vialy fait son approche. Toujours il arrive à quelques pas de l'ours au repos, sans qu'aucun sens de l'animal ait pris l'éveil.

L'éveil, ou le réveil, est un coup de foudre. La forte voix de Vialy a crié : *Te voilà !* L'ours se dresse, met à découvert (l'innocent !) des poumons larges comme une paillasse et tombe foudroyé.

Vialy a tué onze ours à la reposée.

Si l'ours n'est pas mort sur le coup (il y en a des exemples), il roule pelotonné sur lui-même, toujours dans la pente. Jamais Vialy ne le tire de son deuxième coup, ainsi roulant et passant à ses pieds. Il *laisse faire*, allume sa pipe, calumet de la victoire, recharge son arme paisiblement, et descend achever sa proie d'une balle au milieu du front.

Si l'ours n'est pas ainsi surpris à la reposée, il est surpris *travaillant* les cônes. Alors, Vialy introduit une variante, quelquefois pleine d'atticisme : vous allez voir.

En 1847, dans la forêt des Eparres qui fait la transition de Bovinant au val d'Entremont, ayant pris connaissance d'un grand ours, Vialy en fait l'approche. Il le rencontre et le surprend travaillant un cône.

Telle était l'ardeur du gourmand, que Vialy arrive jusque dans ses talons, lui applique au derrière une claque à tour de bras, exactement comme fit à Turenne son valet de chambre, et le tue raide *à la retournée*, l'*Angelus* sonnant au monastère.

Voilà donc décrite la méthode de Vialy, l'attaque de l'ours par l'homme seul, et son approche certaine dans le silence des forêts. Mais, dans les chasses de ce praticien éminent, des cas exceptionnels se sont présentés où la surprise immédiate devenait impraticable.

Vialy, dans les circonstances les plus variées, a toujours déployé, durant la poursuite, un esprit de sagacité et une opiniâtreté qui l'ont infailliblement conduit au succès. Voici comment il a tué le grand ours qui, aujourd'hui, figure avec honneur dans les vitrines du muséum de Grenoble :

Ce *Martin* était, depuis longues années, familier du couvent de la Grande-Chartreuse. Les Religieux en promenade en avaient eu souvent connaissance *par corps*. Trente chasseurs de Saint-Laurent et de Saint-Pierre se mirent à ses trousses, dès l'aube d'une belle journée de novembre.

Après l'avoir fait sortir de ses retraites et abandonner les forêts qui dominent la Correrie, ils traversèrent après lui le Guiers-Mort, en aval et près de la porte du Désert, parcoururent les bois et les pâturages de Vallombrey, suivant toujours la bête que trahissait son passage sur les plaques éparses de la neige ; puis, finalement, ils en marquèrent la brisée dans les éboulis de Charmant-Som.

Le lendemain, reprenant la trace avec une ardeur nouvelle, ils franchirent le col anfractueux de Ténézon, promenèrent l'animal des crêtes de Gigneux à la Petite-Vache, et descendirent, par la cheminée hardie qu'on nomme le Pas-des-Agneaux, jusqu'à l'ancienne Chartreuse de Currière, dont les bâtiments déserts leur offrirent, pour la nuit, un abri convenable.

Durant cette poursuite de deux journées, plus de cent balles avaient été tirées sur l'ours sans le blesser, mal dirigées ou tirées hors distance.

*
* *

Dès le matin de la troisième journée et jusque vers le soir, l'ours se fit battre avec obstination dans les sombres forêts qui couvrent l'immense plateau de la *Terrasse*, surallant ses voies incessamment. Les chasseurs pleins d'espoir le jugeaient fatigué, lorsque, tout à coup, vers le coucher du soleil, il prit un grand parti et gravit les clapisses qui conduisent à Jussom.

Découragés et sans abri, les quinze chasseurs qui, seuls, avaient jusque-là persisté, redescendirent la montagne.

Vialy, durant ces trois jours, n'avait pas quitté un seul instant le village du Cauters. Sur *le pas* de sa maison et fabricant paisiblement des *essandoles*, tuiles de bois qui remportent invariablement la médaille d'or aux incendies, il recevait le *Journal de la poursuite*, apporté d'heure en heure par quelque chasseur découragé. Le soir du troisième jour, au cabaret du village, il tenait la veillée avec le gros de la troupe, écoutant les récits de la dernière heure avec une indifférence simulée.

Mais longtemps avant l'aube il grimpait *au droit* la montagne, franchissait les clapisses, où nulle trace ne pouvait être recherchée, et marchait avec une assurance divinatoire vers la sapinière de Choreland. Là il retrouve *le pied*, empreinte de la veille, non-seulement accusé sur les flaques de neige, mais aussi sur l'humus noirâtre de la forêt.

L'ours ne saurait être loin ; trois jours de poursuite l'ont fatigué, et le silence rendu à la montagne depuis plus de quinze heures, sans aucun doute le rassure. C'est bien le cas de pratiquer l'approche et la surprise.

Vialy, déjà, vient de rencontrer ses tentatives de reposée. L'ours, comme le chien, et comme d'autres espèces aussi, ne se couche pas du premier coup. Il gratte une place, la refuse, en cherche une autre et gratte encore. Vialy juge Martin bien près de lui, et, de l'œil, explore le pied de chaque sapin. Mais, ici, un contre-temps inattendu vient tout compromettre. Le vent a sauté brusquement du Nord à *la traverse*, et une fine neige fouettée couvre la montagne de ses raffales aveuglantes, horizontalement jetées.

Vialy s'arrête ; puis, la tourmente étant passée, il poursuit son exploration. L'épaule appuyée au tronc d'un sapin géant, il interroge au loin les arbres clairsemés, et vainement il y cherche la masse brune de l'animal se détachant sur la nappe éclatante de la neige. Indécis et déconcerté, il songeait en lui-même, lorsque tout à coup le sapin, son appui, fait entendre un soupir formidable.

Au bout du soulier de Vialy, l'ours reposait couché et couvert entièrement de trois pouces de neige.

Le cas était neuf. « Mais ce jour-là, dit Vialy, » j'étais moi-même trop surpris pour être généreux. » Ma balle lâchement lui dit son mot dans le tuyau » de l'oreille. »

Une seule fois Vialy a pu croire ses jours en danger. Un vieux solitaire, fuyard et toujours aux écoutes, défiait toute surprise. Ayant prononcé depuis longtemps ses vœux de renoncement aux jouissances dangereuses, il choisissait ses quartiers hors et au-dessus de la région boisée, et variait incessamment ses retraites dans les éboulis.

Trois fois déjà Vialy avait engagé la lutte contre lui par une *suite* opiniâtrément soutenue durant plusieurs journées; trois fois Martin avait égaré sa trace dans les roches nues, dépourvues d'humus et de neige.

Telle était la position des belligérants, lorsque, vers la fin d'octobre, une fine neige tombée de la nuit parut à Vialy favorable à souhait et le détermina à tenter une revanche.

L'ours, péniblement dépisté aux rochers de Gigneux, emmena son adversaire promener aux sommets de la Chame-Chaude durant le premier jour, puis à Charmant-Som le lendemain; et enfin, dans la matinée du troisième jour, se sentant toujours poursuivi, il prit parti vers la Dent-de-Crolles.

A la traversée du chemin du Sappey, dans la forêt de Portes, Vialy fut accosté par Pierre Sougey, son ami, chasseur médiocre et vantard, qui lui dit : « Je » te cherche depuis hier ; je n'ai jamais tué d'ours et » je veux tuer celui-ci ; laisse-moi te suivre. »

Vivement contrarié, Vialy consentit cependant, et trois heures après, la poursuite de l'ours toujours facile en forêt et de plus favorisée par la neige, les conduisit au Trou-du-Glas.

Le Trou-du-Glas est une des curiosités naturelles les plus connues de tout le groupe de montagnes alpestres qui porte le nom de massif de la Grande-Chartreuse. Sur le versant septentrional de la Dent-de-Crolles, et à une hauteur déjà considérable, la roche perpendiculaire montre une voûte surbaissée à son entrée, conduisant à des grottes dont les premières chambres sont éternellement encombrées des stalactites de glace qui lui ont donné son nom. De ces chambres partent des galeries divergentes qui promènent le visiteur aux entrailles de la montagné.

A l'entrée, en ce moment-là, la neige était *parlante*. L'ours, fatigué, se trouvait rembûché dans les grottes.

Jamais encore Vialy n'avait rencontré le cas d'un ours à tuer dans les ténèbres, au fond d'un accul. Cependant il n'hésita pas. Dans sa pensée, a-t-il dit depuis, la bête étant tirée et non point abattue, le danger du chasseur se réduisait à subir un instant le poids de l'ours, son choc en retour, inévitable en raison de la nécessité de fuir qui lui était imposée ; mais, ce péril, il le jugeait peu redoutable pour l'homme couché à plat ventre.

Il proposa donc à Sougey de garder l'entrée pendant qu'il tenterait lui-même l'exploration des cavernes. Sougey n'y voulut point consentir ; c'était un homme ne manquant point de résolution, et, dans ce moment, obstinément buté à sa résolution de tuer un ours. Vialy se trouva donc contraint, à son grand regret, de pénétrer jusqu'à l'ours, côte à côte avec son compagnon.

Ils commencèrent alors ensemble ce que Vialy a nommé depuis la chasse *à l'allumette*.

✱
✱ ✱

A la surface du sol des cavernes, l'humidité et la solitude entretiennent une couche friable admirablement propre à retenir toute empreinte ; aussi ne fut-il pas difficile à nos deux chasseurs de trouver, parmi toutes, la galerie où l'ours avait enfoncé ses pas.

Silencieusement et le fusil prêt, écoutant toujours et avançant péniblement leur chemin sur le terrain exploré par les allumettes, ils pénétrèrent à environ cent mètres de profondeur, et là, ils eurent enfin connaissance de l'ours. Un bruit de pierres remuées vint leur dénoncer que la bête, à bout de chemin, s'acculait devant eux, au fond de la galerie.

Ils redoublèrent alors de précautions. Ici, je me suis senti fortement invité à faire *flamboyer* les yeux de l'ours, suivant la formule, comme un feu de Bengale dans l'obscurité ; mais à temps je me suis souvenu que je suis un redresseur de tropes.

Contrairement donc à ce qu'ont écrit tous les romanciers sur les regards de l'ours *éclairant les cavernes*, à peine, dans l'obscurité, Vialy et Sougey pouvaient-ils entrevoir furtivement son regard jaune ; de plus, dans ces ténèbres, le point de mire devenait insaisissable.

C'est pourquoi ils se rapprochèrent jusqu'au moment où enfin la clarté éphémère et peu profonde des allumettes leur montra, à six pas, l'ours faisant face, assis dans cette attitude comminatoire qu'il affectionne.

Vialy dit alors à Sougey : « Je vais t'éclairer d'une » allumette ; tire en pleine poitrine, mais vite après, » couche-toi. »

Sougey presse la détente ; puis, affolé, au lieu de *s'aplatir*, il fuit.

« Je reçus sa poussée, raconte Vialy ; et, de suite » après, un deuxième choc pareil à ceux que doit » donner une locomotive ; je tombai assommé et » m'évanouis. Mais les cris de Sougey bientôt m'eu- » rent rendu le sentiment. Il avait l'épaule *décrochée*, » et moi je ne valais guère mieux ; nous en eûmes » pour plus d'une heure à nous tirer de là. A l'en- » trée du Trou-du-Glas, la neige portait la trace de » la fuite de l'ours, mais nous ne vîmes point de » *rougeurs.* »

Maintenant laissons nos chasseurs malencontreux se remettre, par le phénol et l'arnica, des suites de leur chasse à l'allumette. Parmi les faits que je possède par centaines, je crois en avoir cité suffisamment pour bien mettre en lumière :

Que, dans le massif de la Grande-Chartreuse, Vialy, le chasseur d'ours le plus intelligent et le plus heureux que la France ait produit, a, toute sa vie et dans les circonstances les plus variées, abordé l'animal seul à seul, l'a fusillé à bout portant, et n'a jamais considéré le chasseur d'ours comme passible d'aucun danger, sinon celui d'attraper un rhume de cerveau ou bien une courbature ;

Que, dans la vaste région qui s'étend de Luz au Villard-de-Lans, par le Mont-Aiguille et le Grand-Veymont, les chasseurs ou les simples propriétaires sont toujours allés tuer l'ours tranquillement, sans plus de façon ni de crainte ;

Que, durant sa longue carrière pastorale, M. Baptiste Imbert a toujours dit à ses Bayles : *Cave lupum;* mais que de l'ours, il n'a jamais eu grand souci.

*
* *

Traitez donc l'ours en gibier, si vous voulez, non plus en ennemi de la chose publique. Qu'il redevienne pour vous, selon son droit, ce qu'il fut pour nos pères, une bête de bon et affectueux voisinage, qu'on est contraint d'éloigner parfois pour ses trop grandes familiarités avec les pommes ou les avoines; mais que lui soit rendu son diplôme d'honnêteté, et qu'il se voie enfin relevé de la condition infamante de *monstre féroce.*

L'école de Dumas et les préventions du vulgaire le condamnent; mais l'observation le défend et l'anatomie l'absout. Il a des ongles, non des griffes; il porte aux mâchoires quarante-deux dents, dont deux carnassières seulement; cinq pour cent, une misère. L'homme est bien autrement carnassier que lui.

Il a ses défauts, j'en conviens. Il est flâneur et il aime la musique; vous l'avez vu danser en cadence. Il est paresseux, et, l'hiver, il dort un peu longtemps; il fait si bon dans sa fourrure! De plus, on lui connaît de mauvaises fréquentations, le loup. Sa réputation en a souffert, jamais son caractère.

Mais il a aussi ses vertus. Son existence se passe dans les forêts; dites un reproche qu'ait pu lui faire la sylviculture. Il vit admirablement bien avec ses semblables; montrez-moi quelque part, même dans un roman, le spectacle de deux ours se déchirant entre eux. Et l'homme à l'ours ose jeter la pierre!

N'oublions pas ses vertus culinaires. Prenez un quartier d'ours, et, l'ayant traité suivant les pures doctrines de la venaison, invitez vos amis.

L'ours est un porc naturel que la Providence a disposé pour nos saloirs, et que l'imprévoyance de l'homme empêche seule d'y entrer.

LE CHAMOIS

SES MŒURS ET SA CHASSE.

Sa chasse telle qu'elle se pratique aujourd'hui. Sa chasse telle qu'elle pourrait et devrait être pratiquée.

Dans ces études cynégétiques, où j'ai résolu d'opposer à *la fable* les observations unanimes des hommes voués à la chasse alpestre, je compte suivre une méthode raisonnée. J'assignerai d'abord à chaque espèce sa place exacte, dans son rang, en histoire naturelle. Puis, ayant recherché et décrit ses mœurs, ses habitudes, ses besoins et sa manière de les satisfaire, je décrirai les pratiques usitées pour sa chasse.

Quelquefois, et précisément c'est ici le cas, j'indiquerai pourquoi, comment et par quels moyens cette chasse devrait être ramenée à des procédés plus faciles et plus nobles peut-être.

Et je dirai, chemin faisant, en quoi les écrits publiés jusqu'à ce jour, à propos du chamois, sont d'accord avec la vérité, comme aussi j'indiquerai les points sur lesquels je suis assuré qu'ils s'en éloignent.

*
* *

Le chamois, *Isard* dans les Pyrénées, *antilope ru-picapra* des naturalistes, appartient franchement au genre antilope, le plus noble de la famille des ruminants, et dont les espèces, en nombre infini, couvrent le globe sous toutes ses latitudes.

Dans ce genre opulent, entre le *nagor* qui s'élève à peine à la taille d'un lièvre, et le *canna* qui surpasse les dimensions les plus grandes du cheval, vient se ranger, sous des grandeurs différentes, une foule d'espèces dont la nomenclature s'enrichit encore tous les jours.

Gazelles diverses dans les plaines sahariennes, sur les plateaux d'Asie ou dans les pampas d'Amérique, *spring-bock* et *coudous* au Cap et dans toute l'Afrique méridionale, *saïga* dans les steppes du Nord, *bubale* en Barbarie, partout les antilopes s'offrent aux plus vives jouissances de l'homme comme gibier de noble chasse, et en même temps comme alimentation d'une délicatesse sans rivale.

Rarement solitaires, on les trouve réunies par hardes ou par troupeaux qui, dans certaines espèces, dépassent souvent le nombre de dix mille. Le *Saïga* est l'antilope la plus septentrionale ; celles de la plus grande altitude sont le *Cabrilo* des Cordillières, le *Cambing* du Thibet et le *Chamois* des Alpes.

Ce dernier seul nous occupe ici, et sur ses mœurs, sur *ses manières*, aussi bien qu'à l'endroit de sa chasse, je me propose de relever une foule d'erreurs traditionnelles.

*
* *

Les écrivains naturalistes vivent dans leurs pantoufles et traitent le lecteur avec une familiarité pleine d'abandon. Prenons la peine et la licence d'y regarder un peu.

L'Encyclopédie méthodique a eu, vous le savez, la prétention de dresser le bilan des connaissances humaines au dix-huitième siècle, et, dans cet ouvrage, l'histoire naturelle, on doit le reconnaitre, est le sujet le mieux traité. Mais cette supériorité relative n'empêche nullement d'y rencontrer, à chaque pas, des énormités, pareilles à celle que voici : *Le lièvre variable ou lièvre blanc est abondant dans les contrées hyperborées. On a prétendu qu'il existe en France, mais le fait n'a point encore été démontré.*

Or, en Dauphiné, si le dénombrement de la race léporine était édicté, le lièvre variable l'emporterait de beaucoup sur le lièvre commun.

Cet échantillon suffit à donner une idée des erreurs grossières qui fourmillent dans cet ouvrage, sans que jamais aucune d'elles ait ému l'attention et les scrupules des naturalistes en chambre. Ces messieurs, bien loin de prendre un tel souci, ont copié l'Encyclopédie depuis bientôt un siècle, et se sont copiés eux-mêmes commodément à la *queu-leu-leu.*

C'est pourquoi il n'y a nulle présomption à s'inscrire en faux contre leurs dires, et à prétendre substituer aux erreurs qu'ils se passent ainsi de la main à la main, les faits véritables patiemment et longuement observés.

*
* *

Le chamois est un animal trop connu pour que nous nous étendions sur sa description. Il a le pelage brun foncé, avec une bande noire descendant de l'œil vers le museau. Il est essentiellement herbivore, et, comme tous les herbivores, il se montre très-friand des graminées chargées de leurs grains.

La femelle ne porte qu'après deux ans d'âge, et met bas un ou deux petits. Elle les dépose dans un lieu choisi, solitaire et abrité ; sur la mousse, parmi les arbrisseaux, au pied d'un vieux tronc. Elle les cache et les retient longtemps auprès du lieu retiré qui les a vus naître.

Dans cette espèce, le nombre des mâles paraît inférieur, mais de peu, au nombre des femelles. Durant la saison des amours, les mâles se livrent entre eux, comme tous les ruminants, des combats acharnés que rendent très-dangereux la courbure en arrière de leurs cornes dures et acérées.

Le vaincu périt très-souvent, et toujours par des blessures sous le ventre et par ses entrailles arrachées.

*
* *

Comme la plupart de ses congénères, le chamois vit et se meut par compagnies qui prennent, selon les localités, le nom de *harde*, de *troupe* ou de *bande*. Lorsque la harde se trouve en lieu découvert, toujours elle place une sentinelle, quelquefois deux si le terrain l'exige.

Quand, au contraire, elle est en forêt, de suite elle se disperse ; les individus s'isolent, mais néanmoins se tiennent ralliés dans leurs distances, et toujours à portée de se transmettre le sifflement d'alarme.

Comme taille, structure et pelage, le chamois a été exactement décrit, soit par les naturalistes, soit par les écrivains cynégétiques. Notons seulement, à propos du pelage, une remarque que Cuvier seul a relevée : c'est que sa peau produit en même temps des poils soyeux et des poils laineux, ce qui lui constitue une fourrure de premier ordre. Ajoutons que les poils laineux sont judicieusement produits pour l'hiver seulement.

Maintenant, déblayons notre terrain de quelques erreurs.

*
* *

Sa rapidité, son agilité et sa puissance des muscles et du jarret sont, en effet, prodigieuses, et, sous ce rapport, nous ne connaissons aucun animal qui lui puisse être comparé.

Mais les chasseurs parisiens en vacances ont ici beaucoup flatté le chamois. Sans doute, pressé par le danger, il se joue avec une incroyable facilité des *pas* les plus dangereux, que l'homme ni le chien ne sauraient franchir après lui ; mais il n'est point vrai qu'il se lance dans les abîmes pour retomber à quinze mètres plus bas sur un entablement de quelques pouces de largeur ; point vrai non plus qu'il soit familier avec *les exercices des hirondelles ;* en un mot, il n'affiche aucune prétention à l'épithète d'*animal aérien* qui lui a été tant prodiguée.

Soufflons encore, en passant, sur une fable à laquelle a donné naissance l'étrange disposition de ses

cornes recourbées sur le dos en manière d'hameçon.
Beaucoup ont prétendu que le chamois mettait à profit cet instrument pour se hisser dans des apics impraticables.

Jamais mon esprit n'avait pu bien saisir l'utilité
ni la grâce de cette gymnastique, qui ne saurait
aboutir qu'à lui donner l'attitude et les jouissances
d'une bête de boucherie crochée à l'étal. Le témoignage de tous les chasseurs de chamois se trouve
d'accord, sur ce point, avec le bon sens et la réflexion.

*
* *

Sa sauvagerie et son humeur farouche ont été pareillement exagérées. Sans doute il est farouche,
mais farouche *quando licet* et à bon escient. Il entre
en défiance dès qu'il pressent l'hostilité, et flaire le
fusil avec une prescience merveilleuse. Mais demandez à la corneille, et même au moineau familier,
s'ils sont moins prompts à sentir la poudre? La vérité consiste à dire que le chamois connaît son
monde.

Journellement les pâtres l'aperçoivent tondant
l'herbe paisiblement à leur portée, côte à côte
avec les troupeaux. Il vient disputer aux moutons
le sel déposé pour eux sur les pierres plates des pâturages.

Journellement encore les habitants des vallées le
voient flâner dans leurs cultures quand il change ses
cantonnements. Ce fait est presque quotidien dans la
large vallée du *Champsaur*, où le chamois se promène et s'arrête dans l'oasis des récoltes, lorsqu'il

émigre des chaînes qui se rattachent au *Pelvoux* et aux *Escrins*, vers le groupe du *Dévoluy*, que commande l'*Obiou* splendide.

Mais dès qu'il est en crainte, oh! alors, j'en conviens, on peut à bon droit le nommer farouche, car, au service de sa défiance, il met consciencieusement ses pieds incomparables, son œil et son flair.

Au sujet du chamois, ce qui a été le plus mal décrit, c'est son *habitat*. S'il fallait en croire les déclarations des chasseurs en chambre, cet animal hanterait sans relâche non-seulement les pics dénudés et non accessibles, mais encore les neiges éternelles, et les glaces elles-mêmes. Rien n'est plus inexact, comme aussi rien n'est plus contraire à la réflexion ; et pour bien nous en rendre compte, analysons les montagnes.

Au sommet, — les pics dénudés, dissimulés en hiver seulement par les neiges accidentelles. Aux flancs des pics, des rides profondes, qui sont *les couloirs*. Au bas des couloirs naissent, le plus souvent, des torrents de roches brisées, qui sont *les éboulis*.

Sur les épaulements des pics supérieurs, — les neiges et les glaces permanentes, leurs moraines, les éboulis s'élargissant toujours, et *les vans*, ainsi nommés pour leur forme creuse, gigantesques érosions de la montagne. Sous les glaciers et leurs moraines, sous les vans et les éboulis, — la région des pâturages.

Au-dessous de cette région, la région forestière, hâchée à son tour par *les sangles*, qui sont des éboulis plus fermes, fixés et retenus par une végétation mi-partie herbacée et mi-partie arborescente.

Joignez à ce tableau les apics et les mille accidents qu'engendrent leurs formes bizarres, et vous vous serez rendu compte de la configuration des monts alpestres.

Le chamois affectionne la région des pâturages. Il n'y stationne pas, car elle ne saurait le cacher; mais il y vient paître, et, pour ce besoin, il descend des couloirs, des moraines, des vans et des éboulis; ou bien il remonte des sangles et des forêts.

Il habite donc un peu partout. Il se tient dans les couloirs ou dans les éboulis, dans les sangles ou dans les forêts; dans les couloirs et les éboulis, plus rarement que dans les sangles; et dans les sangles eux-mêmes moins souvent que dans les forêts.

C'est donc dans les forêts que, durant les chaleurs de l'été vous en trouverez toujours le plus grand nombre. Il y rencontre sa nourriture et sa sécurité.

Caché à tous les regards, il n'a qu'à choisir les herbes et les bourgeons qui lui plaisent, et, de plus, il est à la portée des pâturages nus qu'il affectionne et sur la frange desquels il va paître. Le son des cloches lui plaît-il! On le croirait. J'ai toujours vu les sapinières les plus voisines de la paroisse être l'objet de sa prédilection.

*
* *

Vers les derniers jours du mois d'août dernier, j'arrivai au coucher du soleil à Saint-Firmin en *Valgodemar*. Mon premier soin fut d'envoyer prier Grivel de venir souper avec moi. Grivel est un jeune chasseur de chamois déjà célèbre, et qui parviendra, si Dieu lui prête vie, au faîte de la gloire cynégétique. On me rapporta qu'il était parti *en amont* après son dîner, mais qu'il allait rentrer incessamment.

Je marchai à sa rencontre dans la direction qui me fut indiquée, et bientôt je le vis venir ployant sous le poids de trois chamois. Il les avait tués l'un après l'autre, à lui seul, dans un massif de sapins de fort peu d'étendue et qu'il me montra au-dessus de nous. Ce massif n'était pas à six cents mètres du village et, par son altitude, ne me parut pas lui être supérieur de plus de cinquante mètres.

*
* *

Voulez-vous un autre exemple de la préférence marquée que le chamois donne aux forêts ! le voici : Dans cette chaîne sans rivale des montagnes qui, vues de Grenoble même, frappent les étrangers d'admiration, il en est une, parmi toutes, qui saisit le regard par sa masse imposante ; c'est le *Taillefer*.

Vers ses racines, quelques forêts d'essences mêlées prennent naissance pour s'élever le long de ses flancs jusqu'à deux mille mètres, hauteur où commencent les pâturages. Cette belle montagne se termine ensuite, à près de trois mille mètres, par des croupes rocheuses dont les dédales sont infinis.

Eh bien, la région forestière du Taillefer, à partir de l'altitude de six cents mètres, est habitée très-sûrement par un nombre de chamois beaucoup plus considérable que celui des régions *rocheuse* et *gazonnée* réunies. M. Thil, garde général au Bourg-d'Oisans, a dans ses attributions la forêt de Rioupéroux qui s'élève de Séchilienne, Livet-et-Gavet, sur le flanc septentrional du Taillefer, pour aboutir au plateau merveilleusement beau du *Pré d'Ornon*.

Or, M. Thil, aux plus charmantes qualités de l'homme du monde, et à l'urbanité la plus parfaite, unit l'esprit d'observation qu'engendre toujours l'amour vif et bien entendu de la chasse. Il estime à deux cents têtes environ le nombre des chamois qui vivent habituellement sous les couverts et dans les sangles de la seule forêt de Rioupéroux.

*
* *

Plus d'une fois, durant le cours de ces propos de chasse, et notamment lorsque je décrirai la contenance du chamois devant le chien, j'appellerai le témoignage de cet observateur intelligent.

Le fait qu'il a ainsi constaté dans la forêt de Rioupéroux, loin de constituer une exception, se trouve être la règle.

Sur toutes les montagnes et dans toutes les vallées, dans le *Valgodemar* comme au *val d'Orcières*, dans la *Vallouise* aussi bien que dans le *Queyras*, partout, enfin, j'ai recueilli une foule de témoignages identiques, et nulle part je n'ai rencontré un chasseur en dissidence avec la constatation de ce fait : que le chamois habite fréquemment les forêts, avec une sorte d'affection, et aussi avec le sentiment raisonné de la sécurité qu'il y rencontre.

Voilà donc bien déterminés les lieux divers que le chamois habite. Nous connaissons ses retraites, les endroits où il *viande*, ses facultés puissantes, ses ressources contre ses ennemis. Disons maintenant quels sont ces ennemis.

L'homme étant réservé, puisque son tour viendra à propos de la chasse, nommons le loup d'abord.

A l'époque où ce carnassier, devenu fort rare aujourd'hui, était abondant dans nos Alpes, la conquête d'un chamois par le loup était réputée extrêmement rare. Le chamois, en effet, par son agilité, déjouait la poursuite, et son flair subtil, opposé au *sentiment* très-exalté que le loup promène à sa suite, le tenait pareillement à l'abri de toute surprise.

Le chamois compte encore deux ennemis puissants, appartenant à l'ordre des Rapaces, *l'aigle royal* et le *gypaëte*. C'est principalement contre leurs attaques que la femelle retient longtemps ses petits en un lieu retiré, et ne leur permet le découvert que lorsqu'ils ont conquis et la force et l'agilité.

La guerre que font au chamois ces deux Rapaces a donné lieu à une fable très-répandue. *Ils crèvent les yeux à l'animal,* et le précipitent à la faveur de cette opération préparatoire.

Je me sens horripilé lorsqu'à chaque page je rencontre la reproduction d'une pareille erreur, ou d'autres semblables, chez des écrivains tels que le marquis de Foudras, Ponson du Terrail, Lavallée ou Adolphe d'Houdetot.

Sous leur plume d'or, les récits cynégétiques revêtent un charme infini ; mais lorsqu'ils font, hors de la Vénerie, dans laquelle ils sont maîtres autorisés, une incursion buissonnière dans nos Alpes, quel plaisir peuvent-ils prendre à ramasser, pour les sabler de leur style, les fables grossières qui traînent depuis si longtemps dans des écrits idiots.

M. d'Houdetot a des pages vraies sur le chamois, surtout des pages ardentes, signe certain qu'il a compris la noblesse de cette bête de chasse, et je suis, à ce titre, très-disposé à l'amnistier. Il a bien aussi, je crois, un peu crevé les yeux à notre antilope, mais d'autres ne se sont gênés nullement pour rencontrer sur les sommets, des chamois *opérés,* pour leur nouer au cou une ficelle et les ramener dociles au cabaret.

Combien vite s'évanouit cette fable au souffle de la réflexion ! Quelle est l'arme du Rapace de première grandeur vis-à-vis des quadrupèdes plus forts que lui? *Le choc de sa masse rendu terrible par la vitesse.* Du sein de la nue il se précipite, et, *de son épaule subitement collée au corps,* il frappe irrésistiblement. Mais s'il a mal calculé son élan et son effleurement vers le sol, s'il frappe la terre, il périt assommé lui-même.

Si, au contraire, il a résolu de se poser sur le sol

ou sur un objet quelconque, sur un animal, par exemple, il ralentit son vol, et dès lors il arrive paisiblement, d'une allure qui le rend appréciable et perceptible.

Pouvez-vous imaginer qu'il puisse entreprendre l'extraction des yeux d'un chamois autrement qu'au moyen de cette manœuvre *ralentie*? Et par là n'êtes-vous pas conduit méthodiquement à conclure que le chamois, cette bête aux pieds d'Achille, aux cornes acérées, aux muscles d'acier, doit, si vous tenéz à ce qu'il subisse l'opération, se livrer *familièrement* à son oculiste ?

*
* *

La logique démontre donc, et l'observation vient dire à son tour, que l'Aigle et le Gypaëte attaquent le chamois *d'emblée,* et sans cette préparation fantasmagorique.

Le chamois, quand il ne broute pas, lorsqu'il est en flânerie et surtout en vedette, affectionne les points culminants et les poses théâtrales au bord des apics. C'est dans cette posture que l'ennemi le guette.

Imperceptible dans la nue, il plonge, et lorsqu'au plein de sa trajectoire formidable il arrive sur le chamois, le puissant oiseau n'est plus qu'un projectile affolé, invincible, inévitable. La malheureuse Antilope vole avec lui dans l'abîme où bientôt après, son vainqueur va s'en repaître.

L'aigle Royal, *falco fulvus*, est très-abondant dans les Alpes, où chaque montagne en nourrit au moins un couple. Adulte, il mesure huit pieds d'envergure.

La chasse aux tétras divers, aux perdrix saxatiles,

à la marmotte et au lièvre variable, comme aussi sa chasse aux agneaux, le distrait beaucoup de l'entreprise considérable et toujours dangereuse d'attaquer le chamois. Le Gypaëte, au contraire, fait de cette attaque son occupation soutenue.

Le Gypaëte est un splendide oiseau : *Condor* d'Europe, *Vautour-des-Agneaux* de Buffon, *Lœmmer-Geyer* des Allemands, *Gypaetus barbatus* des naturalistes, le vieux mâle est vêtu d'un impérial manteau couleur de vive orange, relevé d'or à la collerette.

Il est plus grand et plus fort que l'Aigle royal lui-même, mesure dix pieds d'envergure et porte sous la gorge une barbe de crins de vingt centimètres de longueur. Pour celui qui, mettant l'œil à la puissante lunette des chasseurs, le contemple dressé au sommet de l'aiguille d'un pic, et devenu sommet lui-même, il est l'emblème de la fierté majestueuse.

Heureusement pour le chamois, ce cruel ennemi est devenu rare aujourd'hui dans nos Alpes dauphinoises. La chaîne des *Grandes-Rousses* et les deux chaînes principales qui se détachent du *Pelvoux* sont les seules où l'on puisse le rencontrer encore dans les conditions d'une abondance relative.

Cuvier lui-même, dans son *Règne animal*, entraîné sans doute par la réputation de sa force et de son audace, et sacrifiant à la légende, l'a représenté comme attaquant les hommes endormis et comme un ravisseur d'enfants.

Le fait est inexact, du moins aujourd'hui où cet oiseau n'est plus aussi nombreux qu'autrefois, et où il se sent davantage refoulé par les armes.

✷
✶ ✶

Je vais donner cependant un exemple du cas où il peut devenir redoutable.

Dans l'été de 1865 et dans les Hautes-Alpes, aux pâturages de l'*Empêtra*, sous les glaciers des *Bœufs-Rouges*, le Bayle Perret vit un de ses agneaux emporté par le Gypaëte. De l'œil il suivit le Rapace qui disparut caché par un plateau supérieur. Il s'y rendit, et aperçut non plus un Gypaëte mais bien deux, le mâle et la femelle sans doute, accroupis sur l'agneau.

Il se hâta d'accourir et ne les vit prendre péniblement leur vol que devant son bâton levé.

Perret, emportant sa bête égorgée, descendait avec précaution la rampe qu'il venait de gravir, lorsqu'un bruit strident et formidable vint le glacer d'effroi. A quatre pas de lui, un Gypaëte *lancé* venait de fondre, armé d'une vitesse qui eût mis en pièces le berger s'il eût eu le malheur d'être atteint.

Alors il accéléra sa marche ; mais une deuxième attaque vint le terrifier, l'attaque de la femelle probablement. Perret crut bien en être quitte, car les deux terribles oiseaux, l'ayant dépassé, avaient disparu bien loin sous ses pieds. Mais, avant qu'il eût atteint le bas de la rampe, le bruit affreux retentit une troisième fois, et Perret, couché sur le sol, fut

3

effleuré, il le croit du moins, par les rémiges de son agresseur.

Cette fois, il lâcha l'agneau et s'enfuit plein d'épouvante.

*
* *

Dans mes collections, aujourd'hui dispersées, je possédais de ce Rapace un spécimen magnifique. Jean Guillaumier, chasseur de chamois à la *Cluze-en-Dévoluy*, me l'avait envoyé. Si vous ne connaissez pas le Dévoluy, sans aucun doute vous en avez entendu parler. Nulle contrée du monde, peut-être, n'est désolée pareillement, et, dans l'ordonnance des Alpes dauphinoises, elle défie par ses bizarreries la classification et l'analyse.

Elle est, comme serait sur une tourte savamment manufacturée par une cuisinière, la place qu'aurait grattée au hasard la main d'un enfant mal élevé.

Montagnes ruinées et rochers qui traînent, plateaux sans végétation, ravines paradoxales, rien n'y manque pour qu'y règne sans partage l'horreur et le chaos. C'est l'immense entrepôt du *calcaire à silex*, d'un gris noirâtre, et père de la stérilité.

Les rares et maigres oasis de ce désert *pétré* offrent néanmoins au chasseur les plus vives jouissances. Mais le chamois n'y abonde point, et si vous en exceptez ceux que l'Obiou, joie des marins, cache et nourrit dans ses replis innombrables, vous ne rencontrerez ailleurs que des chamois erratiques, venus du Valgodemar ou du val d'Orcières.

*
* *

Or, Jean Guillaumier, depuis une semaine, guettait une harde émigrée de quinze têtes. Au matin du dimanche, sous les apics des *Trois-Cavales*, il avait, enfin, savamment pu faire l'approche de la bande dont la sentinelle seulement, posée au bord du roc, lui révélait la présence.

Guillaumier se trouvait alors au bas de l'apic et séparé du chamois par une distance de soixante mètres, qu'il jugea ne pouvoir, sans imprudence, tenter de raccourcir encore.

Pour bien assurer son coup, déjà il appuyait sa carabine sur le rocher et mettait l'œil au point de mire, lorsqu'à ses regards ébahis le chamois, enlevé comme par le ressort d'un tremplin, vola dans l'abîme et de suite *se dédoubla*.

Il se dédoubla d'un Gypaëte qui poursuivit sa trajectoire, pendant que l'Antilope, foudroyée, tombait perpendiculairement dans l'espace.

Mais Guillaumier est un garçon avisé. Il attendit toujours caché, et, lorsqu'il eut vu le Gypaëte se rapprocher d'un vol paisible, et descendre vers son butin, à son tour il descendit. Puis, à son aise et à bout portant, il traversa le ravisseur d'une balle.

Le chamois est encore décimé par un ennemi plus terrible : l'avalanche.

Par quelques-uns l'avalanche a été ainsi définie d'une façon grotesque : une petite pelote de neige, une noisette roulant du sommet, grossissant toujours et finissant par tout briser dans sa rotation formidable.

D'autres ont vu mieux; seulement ils n'ont pas vu jusqu'au bout.

Suivant ces derniers, et c'est la chose vraie, l'avalanche est *un cône*, une colonne de neige, à qui le soutien vient à manquer à la base, et que son poids, venant à son tour à triompher de sa faible adhésion à la surface inclinée, fait *glisser* dans la pente.

Sa course, d'une lenteur relative au début, acquiert, par la combinaison du poids avec la vitesse, une force de plus en plus irrésistible. Ce qu'elle rencontre, l'avalanche l'engloutit et l'emporte; ce qu'elle effleure, elle le renverse ou le *jette*, par le déplacement subit de la colonne d'air qu'elle refoule.

C'est ainsi que, suivant de nombreux exemples, des voyageurs épargnés ont été renversés néanmoins avec violence, ou jetés à plusieurs mètres, pour s'être trouvés près de son passage.

C'est bien là l'avalanche telle qu'elle a été décrite judicieusement par la plupart, mais c'est l'avalanche en bas âge, c'est l'avalanche durant son trajet dans la région supérieure, et ce n'est pas l'avalanche *adulte*, poursuivant sa course affolée jusqu'à la région moyenne et forestière, où les effets de sa rage deviennent alors absolument incroyables.

L'esprit conçoit aisément, et c'est la remarque qui n'a pas été faite, que cette neige lancée et si puissamment comprimée sur elle-même acquierre une densité toujours croissante, et qu'elle arrive à n'être plus qu'un *piston de granit* dont la vitesse ni la puissance de destruction ne peuvent se décrire.

*
* *

Aux premiers jours du printemps, il y a longues années, je faisais, au *Mont-de-Lans*, en Oisans, une chasse entomologique, accompagné de Guillaume Pic, de la dynastie des Pic, de la Grave, dont plus loin j'entretiendrai le lecteur.

Dans la forêt des *Emptaz* un spectacle singulier vint me frapper; des tronçons épars, des bûches pour la cheminée de Gargantua, gisaient çà et là dans des postures pittoresques. Les blocs de sapin étaient déchirés avec violence; le *fayard* moins résistant était correctement refendu. Quoi ou qui donc avait pu lancer de telles épaves?

J'appelai Guillaume et je lui dis : toi qui sais tout, dis-moi ceci? — C'est l'avalanche. — L'avalanche! Mais où donc me montreras-tu son passage? Autour de nous tout est dans l'ordre. — Venez, dit-il, et prenant à gauche une direction horizontale, nous marchâmes. A quatre-vingts mètres plus loin nous rencontrions l'avalanche.

Entrée dans la forêt comme un coin formidable, elle avait, non point déraciné, mais coupé ras le tronc les sapins et les fayards séculaires. Sur ses bords, la foudre d'air comprimé qu'elle engendre avait pareillement mis les arbres en pièces, et porté leurs débris aux distances inouïes où je les avais d'abord rencontrés.

Il est facile de comprendre que ce phénomène soit pour les chamois une cause inévitable de destruction, et les exemples sont fréquents de hordes entières détruites par le fléau.

Il y a cinq ans, à *Saint-Jean-d'Arve,* dans la Maurienne, les habitants s'aperçurent qu'une avalanche avait engouffré des chamois. Creusant la neige par intervalles durant l'hiver presque entier, ils en retirèrent, une à une, soixante-cinq bêtes fraîchement conservées jusqu'à la dernière.

Claude Mallet, de Ville-Valouise, m'a rapporté un fait bien singulier, résultant du phénomène de *la projection* par la colonne d'air comprimé, qui est la frange des avalanches. Par une belle matinée d'avril, il gravissait les pentes célèbres de *Puy-Saint-Vincent,* Eldorado du chasseur, lorsque, parvenu à la forêt des *Eccos,* il aperçut à l'enfourchure des maîtresses branches d'un mélèze ruiné, deux *Jean-le-Blanc, falco gallicus,* accroupis et battant de l'aile sur une proie considérable.

A son approche les aigles s'envolèrent, et Claude, à sa surprise extrême, reconnut dans leur proie, un chamois croché par la projection à vingt pieds de haut sur les branches.

Tout autour les bûches brisées sacramentellement attestaient l'avalanche, et trois autres chamois écharpés, déjà se trouvaient être déchiquetés sur le sol par les rapaces et les bêtes puantes. Claude Mallet grimpa décrocher le chamois, qui se trouva justement être fait à point.

Voilà dits maintenant les mœurs du chamois, les lieux qu'il habite, les ennemis qui le détruisent. Ajoutons à cette esquisse, comme trait final et nécessaire, l'esprit de résolution avec lequel il fond sur l'homme pour franchir un *pas* gardé, lorsque, sur ses derrières, il se sent vivement attaqué. En voici quelques exemples :

Dans tout le pays de Briançon, nulle réputation de chasseur de chamois n'est plus populaire que celle du capitaine Marijon. Ce rude disciple de Saint Hubert, aujourd'hui amorti par l'âge, mais déjà devenu légendaire, appartient à la dynastie des Marijon de *Mont-Genèvre,* famille patriarcale et très-aimée, où l'on se transmet de père en fils, la capitainerie dans les douanes, le fusil et l'honneur.

Or, un jour, le capitaine se trouvait seul en chasse, val de *Névache,* près du *col des Rochies,* non loin du *Grand-Galibier.* Il cherchait à l'aventure, lorsqu'arrivé au sommet d'un couloir, il entend, sans les voir encore, des chamois monter à lui.

Il se tient prêt, les chamois passent ; le capitaine en tue un sur place, en blesse un autre mortellement, et c'est bien là le mieux qu'il pût faire. Mais ce n'est point fini, et d'autres chamois franchissent, encore et toujours.

Le capitaine n'ayant plus de balles, charge avec plomb n° 4, et successivement durant trois quarts d'heure, il tire, sans les arrêter, onze ou douze chamois qui, tous, forcent le poste, insouciants de la fusillade qui s'y fait entendre.

Le mystère fut bien vite révélé au capitaine. Une traque formidable dont il n'avait pas eu connaissance, enveloppait la base de la montagne. Quinze *courants de Saintonge* poussaient les chamois, et leur instinct les ayant fait éviter d'autres *pas* gardés, les chiens les avaient tous jetés dans le poste de hasard qu'occupait M. Marijon.

Tout près du même lieu, j'ai moi-même eu ma part

d'un épisode amusant, dans le même ordre d'idées et que je veux dire ici :

Et d'abord, voulez-vous, dans la délicieuse vallée de Névache, être guidé judicieusement dans vos chasses, et connaître un homme type que vous n'oublierez plus jamais? Adressez une invitation polie au père Faure. Je vous indique là une gourmandise cynégétique, et de l'esprit en même temps.

Le chalet-auberge justement se mire au *Claret*, rivière d'argent. Sur le gril fument et grésillent les côtes d'un mouton nourri aux lavandes de *Bufféra*, et la servante rebondie, au bord de l'eau déjà vous appelle pour offrir à votre choix les truites pantelantes, et vous donner le plaisir de rendre vous-même au flot, loin du filet, la vile multitude.

La serviette étant déployée (la vôtre, car la serviette est le seul ustensile que le père Faure néglige à table), vous vous trouvez en face d'un *sac de bure*, enfermant étroitement, à la manière du fourreau de mon parapluie, un corps sec et maigre, couleur de bure également.

Au sommet du sac, et sous un chapeau qu'on ne saurait analyser ni décrire, des yeux de braise vous regardent, dont soixante-quinze ans n'ont pu éteindre la flamme narquoise. Cet objet est le père Faure, marchand de moutons.

Au début, et conformément à une erreur que j'excuse, vous pensez le dominer de votre supériorité de citadin, d'homme sachant un peu et croyant avoir beaucoup vu. Mais avant d'avoir atteint l'os de la deuxième côtelette, vous vous sentez distancé incommensurablement. Avec fatuité, je n'en doute pas, vous avez parlé *politique et Paris.* De Paris et de la politique, le père Faure, qui les connaît et les méprise, vous a déduit et les mystères et la philosophie.

Naturellement vous tentez une revanche vers les monts Ourals ; il vous décrit, comme à l'Institut, les races *moutonnes* de la Sibérie méridionale. Une diversion sur l'Islande ne vous réussit pas davantage ; c'est le père Faure qui vous apprend qu'à son dernier voyage, l'Hécla était écroulé déjà, et qu'aujourd'hui il ne fume plus. Je vous parle ici de l'Hécla, non point du père Faure. J'ai omis de le faire jaser sur Saïgon et Yokohama.

Tant il y a, qu'au moment où vous est servi le *chaparet,* fromage intense, suc des mamelles, fourni par les chèvres noires qui pendent aux flancs du *Chaberton,* dès longtemps vous vous sentez asservi ; car du père Faure vous êtes devenu l'ami, l'admirateur et le disciple.

Le père Faure est un admirable instrument psychologique, dont un virtuose intelligent apprend bientôt à jouer. Je vous recommande énormément la note rabelaisienne.

Donc, il y a cinq années, nous chassions fructueusement à Névache, depuis quatre jours, avec le père Faure, mes excellents amis Henri B., Victor H. et moi. Nous avions passionnément promené notre plomb de la *Côte Rouge* à *Côte-Pinière,* de *Bufféra* au *lac*

des Serpents ; et notre joie eût été pure si nous eussions pu arracher de notre esprit le souvenir poignant d'une douzaine de vieux coqs.

Sans-Chagrin, fier braque tricolore parmi nos chiens, avait assumé l'entreprise et la spécialité de leur rencontre, et chaque fois, à son ferme arrêt, notre fusillade nourrie était allée se perdre dans l'enfourchure de la queue. N'importe, nous avions au croc tétras et bartavelles, jalabres et lièvres aussi, lièvres en abondance.

La situation était telle, lorsqu'au soir de la quatrième journée, le père Faure, notre président perpétuel, nous annonça une chasse au chamois, préparée pour le lendemain. Mon premier mouvement fut celui d'une vive résistance. Les tétras étaient si près ! et pour le chamois, nous avions parmi nos troupes, des recrues n'ayant point encore vu le feu.

J'objectai donc l'extrême fatigue pour mes compagnons ; mais le père Faure se montra inflexible. « De » la fatigue, s'écria-t-il ; mais je vous mijotte une » chasse pour les demoiselles, et je regrette trop que » vous n'ayez point amené vos dames. »

*
* *

À la suite il nous expliqua que, par pâtres ni chasseurs, le *Quérelin,* montagne bénie, n'avait point encore été défloré cette année-là ; que les chamois y dormaient depuis quinze mois dans une sécurité paradisiaque, et qu'il ne serait surpris aucunement de leur trouver des toiles d'araignée dans les jambes.

Il regrettait avec amertume que, de nos fusils, nous eussions négligé d'apporter les baïonnettes, tant il se sentait assuré, par sa traque et par ses chiens, de contraindre les chamois à *forcer sur nos corps* l'étroit et unique passage du col du Quérelin. Au reste, avant huit heures tout serait consommé.

C'était séduisant jusqu'à l'irrésistible, et le matin avant l'aube, des mulets paisibles nous portaient aux chalets de *Laval*, Henri, Victor et moi. Michel, neveu du père Faure, nous dirigeait. Le père Faure lui-même, parti deux heures avant nous avec ses chiens, et son autre neveu Baptiste, avait suivi notre chemin d'abord ; puis prenant à gauche, par Bufféra, il avait manœuvré pour mettre entre nous et lui tout le massif du Quérelin.

Aux chalets de Laval, et bien que les mulets pussent nous conduire aisément jusqu'au col, par prudence, nous les enfermâmes ainsi que nos chiens.

D'un pied léger nos troupes gravirent alors la pente gazonnée, et trente minutes après, nous touchions au poste. Le père Faure avait dit juste et tout était à souhait.

Figurez-vous la porte Randon, un peu élargie et capitonnée d'une herbe fine, limitée, en sa largeur de quinze mètres, par des murailles satisfaisantes. Arrivés là, nous ressemblâmes à des employés de l'octroi.

Selon l'avis du sage Michel, nous n'eûmes garde d'y accéder tout à fait, mais nous rangeâmes notre front de bataille en très-belle ordonnance, à vingt mètres à peu près en dessous.

Nous masquions ainsi traîtreusement au chamois

subtil, tout à la fois notre vue, notre *sentiment* et le murmure de nos souliers.

Moins d'un quart d'heure après, Phœbus bientôt levé nous versait des torrents de lumière. Nos nerfs étaient agacés par l'attente fiévreuse, sur nos fronts perlait la moiteur, et la proposition saugrenue d'allumer une pipe, à sa troisième lecture venait d'être courageusement repoussée, lorsque subitement, et j'en frissonne encore !

Un bruit, une ombre, un éclair ! et sur le col, six chamois, comme sortis de terre, dessinent leur silhouette effarouchée dans l'azur enflammé de soleil. Une seconde ils hésitent, puis ils fondent sur nous, aussi déterminés que les Anglais à Balaclava.

*
* *

Peut-être un peu nous nous enfuîmes ; cependant, tôt après, huit coups de feu fournirent une fusillade dont fut particulièrement honoré un très-grand mâle qui nous effleura tous. A nos yeux consternés, les six chamois divergents disparurent à tous les horizons cardinaux, à l'exception, toutefois, du vieux mâle qui, dévalant au droit, fit belle contenance tant qu'il eut l'herbe sous les pieds, mais s'affaissa dans les pavés d'une clapisse.

Michel et mes deux compagnons s'y précipitèrent, tandis que, sentinelle vigilante, je restais à la garde du col. Bientôt après, ils m'avaient rallié, traînant avec eux la noble victime.

Au col plus rien ne parut après, sinon le père Faure, ses chiens et son neveu ; lequel père Faure versa immédiatement dans le nectar de notre triomphe l'absinthe de sa catilinaire. Jamais, non jamais il n'avait rencontré telles ganaches! Cinq chamois manquaient à son compte, et c'était là une aventure à taire soigneusement dans le village.

Occupons-nous à présent de décrire la chasse au chamois et les divers modes ou procédés mis en pratique ; mais avant, jetons un coup d'œil sur le personnel des deux armées en présence, les chasseurs d'une part, les chamois de l'autre.

Les chasseurs d'abord. J'entends par là ceux qui font de cette poursuite leur profession, et, du chamois, leur denrée commerciale. Quelques-uns, à cette principale denrée, joignent encore d'autres menus articles : la truite, les tétras, les lièvres et les ptarmigans. D'autres, à la profession, font bien le semblant d'additionner une fonction quelconque, mieux accueillie dans le monde, celle de bûcheron, de cultivateur ou de marguillier. Mais pour tous, la chasse au chamois est l'occupation capitale, l'entraînement de plus en plus irrésistible et passionné, leur gagne-pain à parler vrai.

Cependant n'allez point les dire braconniers, et gardez-vous de les confondre en rien avec la race ignoble de pillards, de voleurs et d'assassins contre lesquels, en France, les chasseurs et les propriétaires réclament en vain depuis longtemps l'édiction de lois plus sévères. Ceux dont ici nous nous occupons sont braves gens, sobres, honnêtes, fidèles en tout point à leur parole, et à tous, lorsque vous les avez fréquentés, vous n'hésitez point à serrer la main avec affection.

Les régions où ils vivent les ont bien fait un peu ignorants de certaines lois écrites, et je ne veux point les prétendre familiarisés avec les dates d'ouverture ou de fermeture. Le port d'armes non plus n'est point encore domestiqué dans leurs habitudes, et jamais je n'en ai entendu un seul élever une objection sur le prix de ce *vade mecum*.

Tout cela n'empêche point qu'ils soient généralement hommes d'un commerce agréable et sûr, et qu'on rencontre parmi eux bon nombre d'esprits sagaces et de vieilles mémoires bourrées de judicieuses observations.

*
* *

A table, les plus longues séances ne rebutent point leur courage, mais *à la bouteille*, ils se montrent modérés, et la loi nouvelle sur ou contre l'ivrognerie n'aura pas avec eux de grands démêlés.

Ils se servent d'armes variées, mais le plus grand nombre, les plus renommés et *les purs*, sont affectionnés à une carabine singulière, dont plus d'une fois j'ai tenté de combattre dans leur esprit les dispositions paradoxales. C'est une longue carabine faite d'un seul canon, mais portant deux charges superposées. Il va sans dire que ce type alpestre comporte deux batteries distinctes, et que le coup mis le premier en charge sert de culasse au coup supérieur.

Quelle que soit l'arme, ils chargent le plus souvent d'une balle forcée d'abord, et de huit à douze chevrotines par-dessus. Vont-ils seuls tenter l'approche dans les lieux dénudés, ils chargent le canon de la balle forcée seulement.

★
★ ★

Décrivant l'attirail du chasseur de chamois, pas un raconteur *ès Alpes* n'a omis de charger cet homme fort de haches et de cordages, de lattes ferrées et de coins d'acier. Ces messieurs, sans doute, auront pris pour chasseurs de chamois des pompiers se rendant à leur ouvrage.

Pour moi qui, depuis un demi-siècle, les connais et les fréquente dans la Savoie et dans les Alpes du Dauphiné, je ne les ai jamais vus à l'œuvre que judicieusement dépourvus de tous *impedimenta*. Le fusil ou la carabine avec ses munitions, un peu de pain d'*un an* et l'eau-de-vie dans la modeste fiole plate, les espardilles dans la poche avec le bonnet *passe-montagne*, voilà tout le bagage. J'allais omettre la pipe, le tabac et le silex antique.

Les vallées du Valgodemar, d'Orcières, du Queyras, de Valbonne et de Vallouise sont, avec le val supérieur de Briançon, celles qui fournissent à la profession le plus grand nombre d'adeptes. Il convient de citer également la combe de *Malleval*, berceau de la Romanche, et les vallées du Vénéon qui s'élèvent jusqu'à la *Bérarde*.

Les plus renommés parmi les jeunes, dans la génération contemporaine, sont Giraud et Alesin, de *Villard-d'Arène*; Grivel, de *Saint-Firmin*, en Valgodemar; Quivogne, du canton d'Aiguilles; Faucheran, d'*Alefroide*, en Vallouise, et Perret, de *Laraldens*.

*
* *

Recherchons maintenant quelle peut être, par approximation, la population des antilopes contre laquelle luttent sans trève ces chasseurs déterminés. Sans doute, un tel dénombrement est difficile, et sur ce point fragile et délicat je ne prétends asseoir que des probabilités. Mais, avant tout calcul, nous pouvons dire que jamais les chamois n'ont davantage abondé qu'aujourd'hui dans les Alpes dauphinoises.

A Villard-d'Arène, il y a deux mois à peine, Giraud me racontait une chasse qui n'avait que cinq jours de date, et de laquelle, aidé de deux compagnons, il avait rapporté six belles antilopes. Il m'a conté que, dans la matinée du même jour, il avait eu d'abord en présence, et successivement, trois hardes considérables, dont une de trente-six têtes au moins, et qu'il n'avait tenté l'attaque d'aucune d'elles, ne jugeant pas la position favorable.

De même aux chalets supérieurs de *Bonnenuit*, qui forment limite entre l'Isère et la Maurienne, Michel Biron, de Valloire, pasteur depuis soixante années aux versants orientaux du Grand-Galibier, m'affirmait, l'an dernier, qu'à aucune époque il n'avait vu les chamois plus nombreux. Suivant son rapport, les hardes de plus de quarante têtes se montraient habituellement dans le voisinage de ses troupeaux, et rarement il accède au lac supérieur sans les y rencontrer.

Sur tous les points des Alpes dauphinoises, des témoigages pareils et unanimes établissent ce fait indiscutable : que le repeuplement de nos montagnes par le chamois est à peu près absolu.

*
* *

O Mélibée, quel dieu nous a fait cet âge d'or ? Les chasseurs le savent bien ; c'est l'annexion de la Savoie, par laquelle ont été plus loin transposées les lignes douanières.

Le douanier est un citoyen paisible et que j'aime. Bien des jours, en montagne, sa conversation toujours saine a été mon seul commerce avec les humains, et sa hutte de branchages, mère des rhumatismes, embûche des *pas* et des *cols,* masquée au regard avec un art de mohican, bien des fois abrita ma chevelure. Mais hélas ! *veniente die,* ou bien encore, *descendente die,* et davantage, s'il est possible, au clair de la lune, — ce qui vient s'offrir à sa carabine embusquée, ce n'est point le contrebandier subtil, mais c'est le chamois, c'est le lièvre, et l'arche entière des bêtes alpestres. Donc ainsi décimé par mille bras, le gibier tendait à s'effacer de la terre :

> Mais un péché si doux aisément se pardonne ;
> Que faire en un tel gîte, à moins qu'on y braconne ?

Voilà pourquoi notre fille était muette ; et voilà comment nos régions alpestres se trouvent aujourd'hui repeuplées. *Ablatâ causâ, tollitur effectus.*

*
* *

Arrêtons à présent, par un chiffre, notre pensée sur l'importance numérique du chamois dans les Alpes du Dauphiné. Je n'estime pas ce nombre inférieur à soixante mille, et j'obtiens ce chiffre par l'addition des quantités *minimum* que j'attribue à chacune de nos chaînes principales.

Tel est le stock formidable d'antilopes rochassières contre lequel s'escriment sans cesse l'homme et le gypaëte, l'aigle royal et l'avalanche, et que sans cesse aussi renouvelle et vient rajeunir la nature bénie, *alma parens*.

Pour nous en rendre un compte raisonné, portons nos regards sur le relief des chaînes ainsi peuplées, et sur le réseau qu'elles forment.

*
* *

A leur passage de la Savoie dans l'Isère, à la pointe du *Grand-Glacier-du-Gleyzin* et au *Bec-d'Arguille*, les Alpes s'annoncent chez nous tout d'abord par le *Pic de la Pyramide* ou *Rocher-Blanc*, qui commande les solitudes et les lacs des *Sept-Laus*.

Contemplées de ce point, on les voit étendre vers la droite, sous le nom de massif de *Belledonne*, une merveilleuse et longue chaîne, rompue, après *Champrousse*, par une *faille*, œuvre de la Romanche. Mais bien vite la chaîne se relève par la *Pointe-de-l'Infernet*, le *Grand-Galbert* et *Taillefer*, pour prolonger sa course, sous la forme des pics innombrables de *Lavaldens*, et ne s'éteindre qu'à sa rencontre à angle droit avec le *Drac*, dans la vallée du Champsaur.

Ayant ainsi suivi du regard et de l'analyse cette première et belle chaîne, si nous revenons au point de départ, nous trouvons immédiatement à notre gauche et courant au sud, suivant la même parallèle, la chaîne importante des *Grandes-Rousses*.

Déjà de vrais géants la dominent ; l'*Etendard*, le *Goléon*, les *Trois-Pics*, les *Trois-Ellions*, le *Savoyat* ; et des glaciers de premier ordre la revêtent, tels que

Les Quirlies et le *Grand-Sablat*. Cette chaîne se termine brusquement à sa rencontre avec le val d'Oisans, par le pays abrupte d'*Huez*.

Pour la troisième fois, regagnons notre observatoire. A l'extrême gauche, le *Grand-Galibier* jette sa chaîne vers l'Orient, par *Notre-Dame des Neiges* et le *Mont-Thabor*. Mais le paradoxe des géographies écrites nous oblige à la couper brusquement à la splendide montagne du *Chaberton*, malheureusement déjà plus italienne que dauphinoise. Juste au point où la frontière nous impose cette amputation, la chaîne a détaché brusquement à droite un chaînon, déprimé d'abord au *Mont-Genèvre*, mais qui, bientôt relevé, va s'exaltant de plus en plus, aboutir au *Mont-Vizo*.

Tandis que les deux premières chaînes que nous venons de signaler courent voisines et parallèles, suivant une ligne à peu près dirigée de l'est à l'ouest, la troisième chaîne, celle du Galibier, partie du même point, s'en éloigne promptement par un angle obtus, et laisse ouvert devant nous un hiatus immense.

C'est ce vaste espace qui est occupé par les vrais rivaux du *Mont-Blanc*, par le *Pelvoux*, la *Barre-des-Escrins*, le *Pic-des-Arsines*, l'*Alefroide*. A leurs flancs gigantesques vient se souder un amas de chaînes et de chaînons, se dédoublant entre eux par des caprices infinis, et formant comme un univers enchevêtré dont l'analyse est au-dessus de mon pouvoir. Je dirai seulement que les vallées innombrables qui sont les rides de ces masses soulevées, se déversent elles-mêmes et déversent leurs eaux dans la *Bonne* et dans le *Drac*, dans la *Durance* et dans la *Guizanne*, dans la *Romanche* et dans le *Vénéon*.

La splendeur de cette contrée est indescriptible, et, parmi les géants qui la commandent, citons encore le *Râteau*, les *Pics de la Grave*, *Jendri* et la *Meije*.

Telle est la contrée immense, infinie en ses méandres où le chamois vit et se propage. Hors du cercle que je viens de tracer, on le rencontre bien encore, mais en petit nombre ; dans le massif de l'Obiou, par exemple, et aussi dans celui de la Grande-Chartreuse. Le massif du *Villard-de-Lans*, qui n'est autre chose que le chaînon de la Chartreuse prolongé, n'en nourrit plus un seul ; et cependant il a des montagnes admirablement disposées pour ce bel animal. Mais ce pays est en proie, comme tant d'autres, à la lèpre de la possession et de la jouissance directe par la commune.

Abordons rapidement et sans plus tarder, les procédés de chasse en usage aujourd'hui.

Dans la région supérieure et dénudée, le chasseur des Alpes attaque le chamois par l'*approche* et par la *traque*. Voyons l'approche d'abord.

Elle est pratiquée par l'homme seul, ou par deux chasseurs associés, par trois au plus ; mais communément elle est faite par l'homme seul. Décrivons dans ce cas la manœuvre.

Dans son immensité, la région dénudée, grâce aux caprices de sa formation, présente des configurations

innombrables. C'est dire combien sont multiples aussi
et se trouvent modifiés suivant les lieux, et par voie
d'amendements, les principes généraux que nous allons indiquer ici.

Le chasseur de chamois en expédition se propose
le but d'explorer une région déterminée. La saison,
le vent qui règne, l'état du ciel et la connaissance
qu'il a des chamois présents dans le périmètre qu'il
envisage, l'ont guidé dans son plan d'attaque. Il s'agit,
par une marche savante et qui toujours le maintienne
dissimulé, d'apercevoir le chamois *par corps*, à l'œil,
à la lunette, sans en être vu.

Ce premier succès une fois obtenu, l'approche proprement dite va commencer, et c'est là que l'homme
a besoin de la connaissance exacte de tous les replis,
de tous les reliefs de la contrée. Son itinéraire est arrêté d'avance, et pour obéir à la loi suprême de
n'être ni vu ni éventé, aucun détour ne coûte au
chasseur.

A trois cents mètres de ses bêtes de chasse, si le
sol est rocheux ou semé de pierres, il chausse les espardilles, et parvenu enfin au *summum* de son approche, à cinquante ou cent mètres des chamois, il
s'arrête.

Voici l'heure suprême, car ici il faut que se montrent fatalement et la tête de l'homme et le canon de
sa carabine. L'homme alors met bas son chapeau.

*
* *

Vous avez suivi du regard, quelquefois, le mouvement à peu près insaisissable de la grande aiguille,
à l'horloge d'un cabaret du village. Tels vos yeux,

fussent-ils avertis, ne sauraient voir, poussant sur l'horizon, lentement et sans secousse, la tête *jusqu'à l'œil* d'abord, puis le canon de la carabine, savamment présenté par bout.

Les chamois paissent tranquilles, et le chasseur choisit sa victime, celle qui montre le mieux les poumons. L'explosion retentit, mais le chasseur reste immobile.

Il connaît quels sont, dans la montagne, les enchevêtrements de la répercussion, et se garde bien de perdre la chance d'un deuxième coup à bout portant, si, d'aventure, les chamois viennent lui passer sur le corps.

C'est cette erreur très-fréquente chez cette antilope qui donne au montagnard tant d'estime pour la poudre qui *ne fume pas*.

Plus la horde est nombreuse, mieux elle est gardée, et le chasseur, d'ordinaire, n'attaque qu'à toute extrémité celles comptant plus de douze têtes. Il les évite par de longs détours, dans la crainte de les faire fuir et porter l'alarme dans le canton qu'il a résolu de parcourir.

Habituellement, dans l'attaque ainsi décrite, la découverte du chamois se pratique *de bas en haut*, et son approche se fait *horizontalement*.

Mais fort souvent, et c'est le mode de prédilection des chasseurs les plus chargés d'ans et d'expérience, la découverte et l'approche se pratiquent de *haut en bas*. La manœuvre alors devient infiniment plus difficile; elle exige des détours et des précautions sans nombre, parfois une vraie débauche de kilomètres, et toujours une prudence consommée, unie à la patience de ramper à peu près sans cesse.

Mais ceux qui savent la pratiquer habilement en obtiennent des succès merveilleux, et le père Amar, du Lauzet, qui n'en admettait pas d'autres, me donnait pour sa raison — que *le vent monte toujours et le chamois aussi*.

L'approche par deux ou trois chasseurs est d'usage principalement dans les *couloirs*. Un ou deux des hommes associés, pratiquant un détour, vont s'embusquer au sommet, tandis que le plus habile à l'approche fouille, par le bas, les méandres de la montagne. Il recherche un coup pour lui-même, comme s'il était seul, et l'explosion de son arme fait fuir les chamois vers les sommets gardés.

Tels sont les principes et les procédés généraux de l'approche, et il devient facile d'imaginer et de conclure que la science consiste, pour leur application, à les adapter à la configuration des lieux. C'est pourquoi le chasseur le plus habile, déplacé, perd les trois quarts de sa valeur jusqu'à ce qu'il se soit approprié la connaissance exacte de la contrée nouvelle.

D'autres fois le chasseur seul fouille, à l'espardille, des éboulis enchevêtrés, formés de pierres géantes entremêlées de végétation. Dans ce cas, il charge son arme avec des chevrotines seulement, car le chamois se présente alors dans les conditions exactes d'un lièvre déboulant de vos pieds.

Assez souvent encore le chasseur isolé pratique une

ruse dont Jacques Lefort, de *La Morte*, avait fait tout un système. Durant sa vie entière, ce chasseur intelligent et presque toujours heureux, a chassé seul le chamois dans les replis de Taillefer et de ses annexes, depuis *Moulin-Vieux* jusqu'à *Lavaldens*.

Il avait érigé en science exacte le procédé que voici : après avoir découvert une harde, de *bas en haut*, il se montrait à elle franchement, d'assez loin pour ne pas la mettre en fuite, d'assez près pour bien attirer son attention. Dans le but de mieux assurer ce dernier point, il agitait les bras et se livrait à la pantomime des clowns; puis il fichait en terre un bâton, sur le bâton sa veste et son chapeau, auxquels il passait *sa procuration pour la présence*.

Cela fait, il se retirait cauteleusement par derrière, à la façon d'un Peau-Rouge, et bien assuré d'avoir fixé pour longtemps sur son mannequin toutes les facultés de la harde; il arrivait ensuite, au moyen d'un détour, *par-dessus et par derrière*, jusque dans les talons des chamois.

✳
✳ ✳

Le chasseur des Alpes emploie aussi l'embuscade. Il passe la nuit immobile dans son affût pour attendre le chamois gagnant, au lever du jour, ses *passes* accoutumées.

Mais l'embuscade presque sûre et rarement défavorable est celle qui se pratique aux abords des roches salpêtrées bien connues sous le nom de *Liches*, ou encore près des sources salines. Très-près de l'hospice du Lautaret, une source de cette nature est renommée pour l'embuscade.

Près des Liches et près des sources salées, d'ignobles êtres tendent parfois, sous le nom de *talaux*, d'abominables traquenards en fer. Mais c'est là une profession infamante, et nul vrai chasseur ne se rend coupable de ce crime vis-à-vis le noble animal.

La *traque* est connue de tout le monde. Elle se fait par des chasseurs en nombre, les uns gardant les *pas*, les autres fouillant *à cor et à cri*, souvent avec des chiens, tous les replis de la montagne.

*
* *

Ramenons ici à sa proportion vraie le danger auquel se trouve exposé le chasseur de chamois.

Les écrivains fantaisistes qui nous en ont entretenu, se sont tous copiés sur ce point. Sous leur plume le chasseur de chamois est voué sans espoir de grâce, à la mort violente ; et le père transmet à son fils, à titre d'héritage irrépudiable, un linceul de neige dans un cercueil de glace.

La vérité est celle-ci : Durant les soixante années en arrière, seize chasseurs de chamois ont disparu, victimes de leur témérité. Seize, en soixante ans, sur un personnel constant de deux cents hommes au moins.

La proportion statistique des morts violentes par faits de chasse, est donc infiniment moindre dans les Alpes que dans le reste de la France, et la raison en est simple : en montagne, les accidents par explosion de l'arme sont nuls, ou peu s'en faut.

*
* *

4

A cette nécrologie contemporaine de seize chasseurs, le bourg de la Grave, dans les Hautes-Alpes, a fourni la part la plus large. Dans ce pays, le chamois abonde, mais la configuration des montagnes y est si terrible, qu'un jour, ayant tenté d'y suivre à la chasse François Pic, je rebroussai chemin, épouvanté, malgré les encouragements de mon compagnon.

Les Pic ont été pendant un siècle, dans cette région tourmentée, les hardis pourvoyeurs de la diligence ; mais dans les douze dernières années, quatre ont péri. Les survivants, aujourd'hui devenus plus sages, se résignent aux chasses choisies, ou bien fournissent les excursionnistes de guides excellents et d'une conversation pittoresque.

C'est dans la région moyenne, à une altitude relativement très-faible, et bien loin des neiges, que les Pic ont trouvé la mort, tous au même lieu. Lorsque vous entrez par la *Rampe-des-Commères*, dans la gorge de Malleval, vous assistez d'un regard ébahi à la lutte victorieuse que livre aux convulsions de la nature une route vraiment impériale. A tous les pas se déroulent des splendeurs nouvelles, et subitement vous vous trouvez en présence de la cascade imposante *des Fraux*.

Tout à côté, un noir géant se dresse à pic, le front dans la nue, et, de la nue et de son front, vous voyez plonger et fondre jusqu'à terre, comme des hirondelles. Les hirondelles sont des paniers, chargés de plomb, chargés d'argent.

Des fils de fer puissants, mais invisibles dans l'espace, les dirigent ; vous êtes en présence de l'exploitation minière du *Grand-Clos*, la plus audacieuse familiarité que l'homme ait prise envers la nature.

Vis-à-vis le géant de plomb dont la tête au ciel est ainsi vermicellée par l'homme comme par des fourmis, et sur la rive opposée de la Romanche, se dresse tout un monde rocheux de clochetons entremêlés de pins, labyrinthe de précipices, que nul ne connaît, sinon les plus audacieux.

C'est la retraite et c'est le paradis des chamois; c'est aussi là le tombeau des quatre Pic.

Ils ont péri sans doute à la poursuite de chamois blessés. Le chamois blessé est la mort du chasseur. Tant que l'homme parcourt la montagne simplement *en quête*, il reste maître de lui-même, choisit son chemin, et, dans son calme, fuit le danger. Mais le chamois près d'expirer monte capiteux au cerveau du chasseur.

De roc en roc il se retire, toujours près d'être atteint, toujours insaisissable. L'homme se trouble, s'exalte et se grise. En proie à la passion, il ne se possède plus, et, dans ce duel inégal où l'antilope a le choix du terrain, l'homme affolé succombe.

Vingt fois le capitaine Marijon, et, comme lui, bien d'autres que je sais, ont failli périr au sein de cette ébriété.

Les gourmets en sottise humaine n'ont point encore oublié la mystification homérique à laquelle a donné lieu la disparition retentissante de ces quatre chasseurs infortunés. Patrice Morin, le loustic conducteur de la diligence de Briançon à Grenoble, raconta gravement dans les cafés de la place Grenette, que le glacier du *Pic-de-l'Homme*, plein de repentir, était en train de rendre lentement le corps de Jean Pic.

Le chasseur apparaissait l'arme au bras, enfermé dans la glace vive, et sa famille allait le contempler et l'attendre. Il était là visible au spectateur, à la manière des crevettes dans un aquarium, ou d'une écrevisse dans la gelée d'un aspic.

Et voilà pourquoi, sur la place Grenette, durant trois mois, tous les jours, la diligence de Briançon vit ses places les moins engageantes faire prime et se prendre d'assaut. Voilà comment Patrice Morin reçut de ses patrons une médaille commémorative et une gratification d'encouragement.

Eh bien! parmi les deux mille idiots qui ont fait ainsi le pèlerinage de la Grave, vous en compteriez douze cents qui se sont insurgés contre le pèlerinage de la Salette.

Pour mon compte, j'ai des amis excellents, hommes sensés et intelligents pour tout le reste, lesquels j'ai toujours soupçonnés d'avoir grevé leur budget des dépenses du voyage de la Grave, et qui, néanmoins, ironiquement se crochent à l'épaule leurs longues oreilles, si je leur conte véridiquement certains faits alpestres un peu épicés, tels, par exemple, qu'une pêche à la truite, indiscutable dans sa simplicité, que j'ai vue de mes propres yeux, et que, plus loin, je veux dire au lecteur lorsque naturellement elle viendra sous ma plume.

Un péril beaucoup plus rare, et que le chasseur intelligent évite sans peine, est celui de la rencontre avec le chamois sur les *pas* étroits, gardés par le chasseur. Sur ce point, les écrivains ont exagéré beaucoup encore. Ils se sont accordés à prêter à cet animal l'habitude de précipiter l'homme *intentionnellement*.

La vérité est celle-ci : le chamois, s'il a résolu de franchir un *pas*, ne se sent arrêté nullement par la présence de l'homme ; il s'élance et passe, rapide comme l'éclair. Sans doute, si l'homme a la maladresse d'occuper le bord du précipice, le chamois choisira le passage le plus sûr, celui qu'il aperçoit entre l'homme et le rocher. Sans doute, aussi, malheur à l'homme s'il est touché, car le choc est irrésistible.

Mais pour si peu que le chasseur s'appuie et s'adosse au roc de tout son corps, sa sécurité est absolue, et le danger reste tout entier au compte du chamois lui-même.

Ici se place naturellement un épisode de chasse trop intéressant pour être omis, trop merveilleux dans son succès pour être conté sans quelque embarras.

Mais un chapitre est à faire, qui ne s'est pas encore rencontré sous ma plume, et auquel je compte ne point faillir un peu plus tard. C'est celui dans le-

quel je m'insurgerai contre la suspicion systémati-
que dont se trouvent frappés sans appel les récits des
chasseurs. Il est hors de doute que tous ceux qui
me lisent sont gens entendus et toujours bien avisés ;
mais est-il vrai, oui ou non, qu'il y ait par le monde
une foule d'auditeurs ou de lecteurs imbéciles aux
yeux desquels un port d'armes n'est qu'un diplôme
de hâblerie ?

Je démontrerai sans labeur à ces linottes du parti-
pris, alors que journellement elles ostracisent les
vérités pures sorties de la bouche des disciples de
Saint-Hubert, qu'elles avalent, non moins quotidiennement et sans broncher jamais, par le canal des
feuilletonnistes, *les tourterelles blanches* dans les bois,
et *les bruyères fleuries* par-dessus les glaciers éter-
nels.

Acte étant pris de mon chapitre futur, j'aborde
mon épisode. Il est connu des praticiens dans la vallée de Saint-Laurent-du-Pont, où il reste vivant et
souvent raconté, avec son caractère double, historique et légendaire à la fois.

La scène est connue de tout le monde. Vous êtes
au monastère de la Grande-Chartreuse, et vous fixez
votre regard sur la croix sommitale que la foudre
incessamment met en pièces, et que les Pères religieux, avec une obstination non moins grande, labo-
rieusement vont replacer à la tête du Grand-Som.

De la place où vous le contemplez ainsi, le Grand-
Som dessine sa silhouette dans l'azur du ciel, et la
montre à vos yeux sous la forme d'un cône gigantes-

que. L'arête à votre gauche s'abaisse jusqu'au col de *Bovinant* qui sera votre passage si vous tentez l'ascension. L'arête de droite, infiniment plus prolongée, descend jusqu'au *Guiers-Mort*, à la porte orientale du *Désert*.

Naturellement entre vous et le sommet d'une part, et d'autre part entre les deux arêtes, un triangle immense se trouve circonscrit, dont la base est occupée par des sapinières, mais dont les régions, moyenne et supérieure, forment un chaos inextricable de rocs dressés ou de pierres brisées.

Une végétation maigre, par places, égaie ce désert; il n'est accessible qu'à quelques chasseurs déterminés, et c'est pour l'éviter que l'ascension au Grand-Som se pratique par un long détour à gauche, vers *Notre-Dame-de-Casalibus*. Cette région désolée est connue des chasseurs sous le nom de *Gavarnie-du-Som*.

Elle est barrée à sa partie supérieure par des apics infranchissables, et les chamois qui s'y trouvent, une fois dépistés, ne peuvent gagner les versants orientaux de la montagne, qui dominent le village de Saint-Pierre, qu'en franchissant l'arête de droite sur un point unique qui présente une faille, *un pas*, le *Pas-Perdu*.

C'est donc au Pas-Perdu que, traditionnellement, les chasseurs assez osés pour braver la surveillance des gardes forestiers de l'*Enclos*, allaient attendre les chamois dépistés par la *traque*.

Mais, en 1840, un écroulement formidable se produisit au Pas-Perdu. Son approche même devint impossible à l'homme. Cependant, les chamois, pour si peu, n'en continuèrent pas moins à le franchir.

Survinrent les *glorieuses* de 1848, et les braconniers de l'*entour* s'avisèrent, qu'en temps de révolution, la loi supporte d'assez grosses familiarités dans les villes pour n'avoir plus le droit de se montrer bégueule à la montagne. Ils décrétèrent une battue générale dans Gavarnie-du-Som.

La veille au soir, un grand conseil fut tenu à Saint-Pierre, à l'auberge bien connue de la *Grenouille-Equitable*. Dans le conseil l'irrésolution fut grande. Les hardis éclaireurs qu'on avait envoyés, dans la journée, étudier les écroulements du Pas-Perdu, firent un rapport décourageant. Ils n'avaient pu s'approcher davantage qu'à cent mètres en dessous, sur un point où le regard distinguait à peine son entablement brisé.

Or, chasser le chamois à la billebaude dans Gavarnie-du-Som, équivaut à chasser l'autruche, monté sur des souliers ferrés.

Ici, nous retrouvons Vialy, le tueur d'ours, et je répare l'omission que j'ai faite de son signalement : grand, long, maigre et l'œil ardent. De muscles, tout juste ce qu'il faut pour en avoir ; mais quels tendons ! Dans la *Prise de la Smala,* c'est lui qui a posé devant Horace Vernet pour sa figure si réussie du Kabyle.

Arrivé tard à l'assemblée, il résuma son opinion dans ces paroles : « Le Pas-Perdu, ou pas de cha-
» mois. Donnez-moi deux compagnons, bons fusils,
» reins et têtes solides, et je m'engage à parvenir
» avec eux tout près du Pas, peut-être sur le Pas
» lui-même. »

Ainsi fut fait. Le suffrage universel donna à Vialy, pour compagnons, Pierre Moutet et Joachim le Charbonnier. Le Pas-Perdu devant être gardé, il fut résolu qu'on attaquerait avec les chiens, à cor et à cri.

Mais Vialy avait trop présumé. Le lendemain matin, au lever du soleil, et trente minutes seulement avant l'heure fixée pour l'attaque, les trois chasseurs n'étaient encore parvenus qu'à cinquante mètres sous le Pas, dans une position absolument défavorable. Là, Moutet et Joachim furent à bout de leur courage, et Vialy voyant ses exhortations impuissantes, fut contraint de les laisser en cet endroit.

Quant à lui, pressé par l'heure suprême et par son honneur engagé, enfiévré de la passion qui voile tout danger, il se hissa, à force d'audace et de prodiges, jusqu'à cinq mètres sous le Pas-Perdu.

Victoire et déception cruelle à la fois ! à trois longueurs du bras tout au plus, au-dessus de la place où il a pu s'accroupir, les chamois franchiront, mais pour lui invisibles, tant est saillant sur sa tête l'encorbellement de la roche. Vialy se sentit désespéré.

« Le génie, a dit Montesquieu, est une inspiration, » une flamme ardente, mais passagère. » Vialy fut alors brûlé d'un rayon de la flamme ardente. Empoigné par un trait de génie, il dépose sa carabine, ses souliers ferrés, sa gourde et tous ses *impedimenta*. Puis, ainsi allégé et libre de ses membres d'acier, il se hisse, par les cramponnements du Chat-Tigre,

jusque sur la cassure du Pas-Perdu. « Arrivé là, dit-
» il, ma joie fut immense et j'eus grand'peine à rete-
» nir mes cris! »

Sans arme que va-t-il faire ? Attendez. Il s'avance
de quinze mètres sur la banquette étroite du Pas ainsi
conquis, choisit sa place et prend sa position.

Au bout de ses semelles et les effleurant, un abîme
de plus de cent pieds. Derrière son torse robuste, le
roc auquel il s'appuie, et dont le surplomb l'oblige à
courber la tête.

Sur la hanche et sur la cuisse, sa main droite ser-
rant son chapeau de feutre, prête à *faire feu*. Sa main
gauche, crampon de sûreté, crochée au roc comme
une pieuvre.

C'est dans cette pose antique, comparable à l'attitude des cariatides du Puget à l'hôtel de ville de Toulon, qu'il attendit immobile.

Il était temps. Dans Gavarnie-du-Som partout les
abois se font entendre, et bientôt éclate tout près le
formidable *quadrupetante putrem* des chamois.

Ils étaient cinq; tous les cinq ont roulé dans l'abîme.
Un mouvement du genou, un coup du chapeau, la
surprise et la terreur; d'ici vous voyez le drame: la
manœuvre est irrésistible.

D'autres arrivent, par deux, par trois et par six.
Après une heure, plus rien ne passe, et Vialy peut
essuyer en paix son front baigné de sueur.

Vingt-huit chamois gisaient au fond du précipice,
par un procédé renouvelé du baron des Adrets.

Moutet et Joachim, autour desquels crépitait cette
averse de chamois assommés, n'en perdront jamais la
mémoire.

*
* *

Maintenant, abordons la thèse que je me suis proposée, la démonstration de ce que la chasse au chamois peut être et doit devenir.

J'ai dit déjà, à propos de l'ours, combien celui qui veut se mêler d'écrire, se trouve souvent embarrassé par la présence de préjugés à combattre, et je ne sais pas, en effet, d'angoisse plus grande que d'avoir à présenter, dans le monde, une vérité *nouvelle-venue*, quand il s'agit de revendiquer pour elle une place dès longtemps usurpée.

Mais ici mon cas est bien autrement grave ; il s'agit tout bonnement de souffler sur une royauté plusieurs fois séculaire.

Si la méthode m'était familière des hommes de 1830, de 1848 ou du 4 septembre, je ne me sentirais point embarrassé pour si peu ; mais j'ai la manie des démonstrations, et je ne suis entrepreneur que de révolutions consenties.

Or, la souveraine régnante que j'invite sans façon à descendre du trône, n'est autre que très-noble, très-haute et très-puissante Dame *la chasse au cerf*. La prétendante à qui j'offre mon bras pour l'y faire monter à son tour, et selon moi, à titre bien plus légitime, c'est la forte fille aujourd'hui *mal-connue* et chaussée de sabots, la *chasse au chamois*.

Oh ! je sais bien que j'ai la tournure d'inviter une impératrice à descendre pour céder sa place à une pensionnaire. Mais les rudes labeurs ne rebutent point mon courage. *La chose vraie, la chose belle*, me presse de son aiguillon. *Vitam impendere vero !*

Et qui sait? Si d'aventure la Providence m'accorde de dessiller, sur ce point, les yeux et l'esprit de mes contemporains, et si cette révolution salutaire vient à être suivie, dans un ordre d'idées plus élevé, d'autres révolutions que chacun sait être si désirables; qui sait si, moi chétif, je ne récolterai pas la gloire d'avoir mis la première main à notre rénovation sociale, à propos du chamois, cause infime, mais en commençant ainsi judicieusement par le plus haut. Avez-vous pu sonder jamais les résolutions de la Providence?

Ces encouragements préliminaires m'étant ainsi décernés par moi-même, j'aborde, le front haut, la cause difficile.

*
* *

Vous connaissez Gordon Cumming, esq^re, et je ne vous fais pas l'injure de soupçonner qu'un seul recoin de sa vie épique vous soit étranger. Mais la noble armée des chasseurs, comme toute phalange, compte des traînards, des *quasi-fruits-secs* qui n'ont obtenu leur diplôme qu'à l'ancienneté.

C'est ceux-là que j'invite à faire le voyage de Londres, et à visiter l'*Hercule irlandais, Picadilly*, 122. Le héros lui-même leur fera les honneurs d'une collection de pelleteries, sans rivale dans le vaste univers.

Pareil au fils de Némée, mais ayant à faire à une géographie considérablement élargie, Gordon Cumming a parcouru la terre, et ne se repose si légitimement aujourd'hui, qu'après avoir victorieusement combattu corps à corps tous les monstres de la création.

Après avoir abordé successivement tous les *félins* en réputation du second ordre, il s'est mesuré, au pourtour tout entier du continent africain, avec le lion.

Dans les Indes et dans toute l'Asie, il s'est lassé de l'éléphant et du tigre ; puis la fascination du souvenir l'a ramené de plus belle dans l'Afrique méridionale, véritable *pandemonium* de tous les monstres, où l'homme se trouve perpétuellement condamné à la profession de *bestiaire*.

Là et seul, parmi les chasseurs les plus légendaires, seul ou du moins n'ayant qu'un rival, Adulphe Deleguorgue, il a osé affronter, habituellement et face à face, le plus redoutable des animaux, sans en excepter aucun, le grand *buffle-rouge* du pays des Kaminouquois, l'effroyable *Bos Cafer* des naturalistes.

Adulphe Deleguorgue et Gordon Cumming ont tous deux chassé passionnément l'antilope. Cumming s'est familiarisé avec toutes les espèces, et ses récits les plus ardents se rapportent précisément aux antilopes rochassières, proches parentes avec le chamois, qu'il a poursuivies dans les Alpes Thibétaines aussi bien que dans les Alpes Transatlantiques du Far-West.

Cumming et Deleguorgue seront tous les deux entendus dans la cause ; mais puisqu'il s'agit ici d'une lutte de noblesse, voyons les blasons.

*
* *

Faisons comparaître d'abord la souveraine aujourd'hui régnante, la chasse au cerf. Certes, je n'ai aucun goût à démolir les royautés ; Dieu m'en est témoin et qu'à jamais il m'en garde ! Mais j'aime refouler les usurpations et je dis : Non , le cerf n'est pas le plus noble *animal de meute* de la création.

Distinguons avant tout entre *la chasse au cerf* et *le courre du cerf*. Le courre du cerf est père de *la vénerie*.

La vénerie, aujourd'hui défunte, a droit à nos respects. Elevée à la hauteur d'une science, et noble délassement des souverains et des grands de la terre , elle a été , à travers les siècles, l'école et le culte des nobles exercices du corps, des belles traditions, de la tenue, de la courtoisie , et autres *bagatelles* scellées aujourd'hui dans la tombe de leur mère.

Mais la vénerie, au point de vue cynégétique, avait ses défauts et ses vices. Il en est un que jamais je ne lui ai pardonné, celui de faire mourir le cerf *époumoné*. Vous avez été témoin des dernières refuites et de la dernière heure du malheureux animal. Eh bien, je le déclare avec vous : le chasseur, en l'ardente satisfaction de ses instincts, obéit à l'entraînement de la nature, et *met à mort*, dès qu'il rencontre et dès qu'il peut.

Il met à mort, et c'est son devoir. Mais Dieu n'a pas donné à l'homme le droit funeste d'imposer à ses créatures le supplice épouvantable de l'étouffement, de l'*hallali* à jamais exécrable.

La vénerie était aussi gâtée un peu par autre chose. Pareille à toute institution entachée d'un péché originel , et portant la peine d'avoir faussé la nature , elle s'était fait une langue conventionnelle et barbare , à laquelle on ne pouvait faillir sans *forfaiture*, hors de laquelle il n'était point de salut.

Par exemple, en parlant du cerf, pour *la tête*, il

fallait dire *le massacre*. L'homme à qui échappait de dire *tête* pour *massacre* était déshonoré sans espoir de réhabilitation.

Mon ami Gavet, mon Pylade en montagne, est bien le plus universel et le plus rude chasseur, parmi ceux qui font aujourd'hui *parler la poudre*. Ce qui se trouve logé dans sa cervelle, de remarques lumineuses et de faits concluants, m'a toujours semblé infini comme les étoiles.

Un jour, à Paris (mais que diable Gavet allait-il faire à Paris?), dans un cénacle de veneurs *in partibus*, il dit *tête* pour *massacre*.

Tout autre que Gavet immédiatement eût succombé sous le formidable froncement de tous les sourcils, moins un, qui s'ensuivit et qui le foudroya. Mais mon ami Gavet est un garçon que rien ne désarçonne. Il répondit victorieusement par l'*hiatus* de son rire alpin, silencieux et sardonique à la fois, et qui n'appartient qu'à sa bouche; un rire renouvelé de *Bas-de-Cuir*, en présence des méprisables civilisés.

*
* *

La vénerie donc étant morte, reste *la chasse au cerf;* la chasse et ses deux modes, *prendre le cerf,* et *tuer le cerf.*

Prendre le cerf, c'est une réminiscence de la vénerie, et j'ai dit ce que j'en pense. Tuer le cerf, à renfort de meute, à cor et à cri, *avec les armes*, c'est une chasse et je l'admets. Seulement je le répète : ce n'est point la plus noble chasse.

Quelle est la noblesse d'une chasse, et quels éléments la constituent? C'est d'abord la noblesse de l'*animal de meute*, et nous comparerons tout à l'heure; c'est ensuite l'appareil et la cérémonie de l'attaque d'une part, et, de l'autre, la rapidité, ou mieux et comme les Arabes l'ont dit poétiquement, la *splendeur de la fuite*.

Quant à la splendeur de la fuite, ne discutons pas. Les exagérés à qui j'ai reproché tout à l'heure de nommer le chamois *une hirondelle*, sont là pour répondre.

Pour ce qui est du cérémonial et de l'appareil de l'attaque, cette noblesse, toute de convention, du reste, et dont un vrai chasseur a toujours fait bon marché, cette noblesse est morte avec la vénerie. Même aux plus beaux jours de sa splendeur, on la sentait fardée. Aujourd'hui vous ne sauriez tenter de la remettre en scène, sans laisser paraître un maquillage insensé.

Mais aux temps héroïques de la vénerie, *dùm Athenæ florerent*, dans ces temps-là même la vénerie de France, ou d'Europe, si vous voulez (car l'Allemagne eut ses beaux jours), ne fut nullement la première par la noblesse de l'appareil.

Tel le chêne altier domine l'humble bruyère, ne manquerait point de vous dire ici mon classique ami Gavet, telle la vénerie africaine, bien vivante encore aujourd'hui, déroule des splendeurs dont la comparaison est écrasante.

« Oserez-vous mettre en regard (c'est Gavet qui
» parle) la culotte étriquée de nos veneurs et la
» veste correcte de chasse avec les burnous étince-
» lants d'or et de neige, flottant au vent comme ban-
» nières? Quels chiens, parmi les nôtres, ont jamais
» pu se mesurer, pour la noblesse généalogique, et
» pour *le feu* et pour l'audace, avec les *levriers sacrés*
» des Arabes de Grande-Tente? Et le cheval, *ce socle*
» *du veneur*, oh! de grâce, n'en parlons pas! Interro-
» gez seulement les hardis voyageurs à qui fut donné
» de voir les grandes races de Numidie, ou bien les
» races héraldiques de la presqu'île arabique, d'où
» fut chassé Godolphin Arabian, comme fruit sec et
» cheval de réforme.

» Arrivons maintenant à la noblesse de la bête de
» chasse. Si vous la voulez mesurer au lyrisme qu'elle
» inspire, parcourons s'il vous plaît, la littérature ri-
» mée de nos fanfares, chants du cerf et chants du
» chevreuil, poésie de caramels et de papillottes, et
» donnez-vous la peine de la mettre en comparaison
» avec les images ravissantes que la gazelle, et ses
» pieds et sa grâce, et son regard et sa vitesse, ont
» fait sortir à grands flots de la bouche des *Bardes*
» *africains*! »

*
* *

Ainsi parle Gavet, passionné et fougueux selon sa
coutume, mais ici je l'approuve, et son lyrisme est
dans le vrai.

En effet, l'homme chasse, parmi les ruminants,
et en outre des antilopes, — les chèvres moins nobles

sans doute que les buffles, — les buffles, moins nobles que les cerfs, — et les cerfs, moins nobles eux-
mêmes que les antilopes. Gordon Cumming, dans
tous les pays du monde, a chassé concurremment
les cerfs et les antilopes. « Jamais, répète-t-il tou-
» jours après ses récits les plus émouvants, jamais
» un homme, les ayant vus tous deux, n'hésitera
» dans sa préférence. L'antilope est invinciblement la
» plus noble bête de chasse de la création. »

Absolument tel est le jugement qu'en porte Adulphe
Deleguorgue, et avant lui encore, Levaillant, Spen-
cer, Ribbes et tant d'autres.

*
* *

Quant à Gavet, son jugement est plus sévère encore. Pour lui le cerf est un animal qui *s'embourbe*,
et le chasseur du cerf est un mortel qui *barbotte*.

Et s'il entreprend de mettre en comparaison les
lieux de la scène, vite et sans façon il encadre la
chasse du cerf dans une fondrière marécageuse, et
sa favorite, la chasse du chamois, dans l'horizon incomparable des monts alpestres. « En vérité, je vous
» le dis, a-t-il coutume de s'écrier en manière de pé-
» roraison, dans l'épopée cynégétique, le poète c'est
» le chamois. Votre cerf et votre chevreuil ne sont
» qu'honnêtes épiciers.

» Et, même parmi les cerfs, votre cerf est moins
» noble que l'élan, cerf chevalin aux quatorze an-
» douillers. »

*
* *

Mais à présent que la cause est bien près d'être entendue, je vais l'arracher pour un instant aux lèvres trop ardentes de mon ami Gavet, et froidement envisager son *dada* qui est aussi le mien et que voici : La chasse au chamois, avec meute de chiens courants, est facile à créer et deviendra, dès le premier jour où elle aura été bien comprise, la plus noble, la plus enviable et la plus inépuisable des chasses de France.

M. Adolphe d'Houdetot ayant entrevu seulement nos Alpes Dauphinoises, s'est écrié découragé : c'est trop grand! je préfère les Pyrénées; on peut les parcourir et les comprendre.

M. d'Houdetot a raison; les Pyrénées sont des Alpes en chambre. Mais le *c'est trop grand* n'est-il pas une révélation? eh oui sans doute, c'est grand et c'est tout un monde, je vous l'ai dit. Aussi la chasse *aménagée* y sera-t-elle inépuisable.

Ce brillant écrivain a dit encore : « La chasse au » chamois serait la plus noble et la plus enivrante sur » la terre, si l'action du chien, cette inséparable moi- » tié du chasseur, n'en était bannie invinciblement. »

Si M. d'Houdetot pouvait avoir dans les oreilles quelques-uns des cent mille beaux *coups de gueule* qui ont délecté les miennes dans la poursuite du chamois en forêt, il se montrerait surpris bien délicieusement.

Vous avez tous connu M. Frédéric de Certeau, ce type charmant du gentilhomme campagnard, le mot étant pris dans son acception la meilleure.

Aimable et bon, conteur inépuisable et fin, caustique un peu dans sa bonhomie, mais compagnon toujours délectable, aucun de ceux qui l'ont fréquenté n'a perdu la mémoire de ce chasseur passionné et sans défaut. Sans défaut, je me trompe : tous nous avons connu quelques-unes de ses exploitations minières sérieusement exploitées.

Mais il avait, en outre, une foule de mines *in partibus*, situées au plus bas à deux mille cinq cents mètres d'altitude, et c'étaient là précisément *ses filles chéries*, bien qu'il ne les eût jamais vues.

Or, il avait la douce manie, sachant que je fréquentais encore plus haut, de m'investir de leur inspection, et plus d'une fois j'ai pu lui rendre bon compte de leur existence sereine, sous l'œil de Dieu, dans l'incognito et la virginité.

Mais devant Dieu et devant les hommes, M. de Certeau était un grand et vrai chasseur. Un jour il me convia à ce qu'il appelait *sa chasse au loup à grand orchestre*, qu'il entreprenait tous les deux ou trois ans seulement. C'était l'époque où ce carnassier se montrait encore fort abondant dans les Alpes, et le programme de la chasse, judicieusement étudié, embrassait dans le projet de la battue, les trois vastes forêts attenantes de l'*Encula*, de la *Grande-Gérée* et de la *Petite-Gérée*. Ces forêts couvrent, en Oisans, le versant nord de la montagne de *Villard-Reymond*.

*
* *

Cette expédition est restée dans mes annales comme une des scènes les plus charmantes et les plus instructives auxquelles jamais j'aie pu prendre ma part. C'est pourquoi je vais conter ici brièvement le petit drame en action de cette entreprise de chasse.

Je rencontre en quelques-uns de ses épisodes, la preuve de faits dont je recherche précisément la démonstration, et le lecteur y trouvera, de son côté, le spectacle intéressant et l'effet de l'introduction, au sein des forêts alpestres, de grandes meutes pur sang, bien créancées, mais créancées sur un terrain bien différent.

Le rendez-vous fut donné à Ornon pour la soirée du 3 septembre, la journée du 4 devant être consacrée aux préparatifs, et celle du 5 restant désignée pour l'action.

Le 3, et de bonne heure, M. de Certeau était arrivé suivi de son piqueur Lamarque, accompagnant les trente grands chiens *pur-Saintonge* qui formaient sa meute ordinaire. Tôt après, nous vîmes déboucher une meute auxiliaire de vingt-quatre courants, race de Poitou, les plus beaux et les plus sans mélange que j'aie rencontrés jamais. Ce renfort était amené par les ordres de M. de Certeau, des chenils du manoir de Chapeau-Cornu, résidence de son frère, et marchait sous la conduite du piqueur Mal-Blanchi.

* * *

Depuis qu'est morte la chevalerie, nous n'avons plus *la Veillée des armes*, mais il reste aux chevaliers de Saint-Huhert les émotions si douces de *la Veille de chasse*, et le lecteur le connaît bien, pour l'avoir savouré, ce mets exquis dont voici la recette : *une pincée de vérités, une poignée d'illusions. Brassez tout ensemble, saupoudrez d'une chapelure de blagues rapées, et servez chaud.*

Jamais *veille* ne fut plus belle ni plus séduisante. Ornon est un observatoire. Vis-à-vis nous s'étageaient, en déroulant leurs plis immenses, les sapinières imposantes de l'Encula et des deux Gérées. Les pieds trempés dans les eaux du Rivier, on les voyait expirer à la région dénudée des pâturages, et cette région montait à son tour jusqu'à sa rencontre avec les éboulis cahotiques.

De l'œil et de la lunette nous dévisagions le terrain.

La ligne déjà très-élevée et séparative entre les forêts et les pâturages fut désignée pour les tireurs, et l'attaque progressive, commençant par le bas, fut confiée au commandement de Lamarque et de Mal-Blanchi. A chacun d'eux fut désigné, comme base d'opérations, un point opposé, et cinquante rabatteurs leur étaient adjoints, armés de gourdins et de pistolets chargés à poudre seulement.

Le secours des détonations incessantes était ici conseillé par la prévoyance, en vue de la sécurité pour les chiens, l'enceinte à fouiller étant présumée contenir un nombre très-considérable de loups.

Le 5 au matin, quand l'aube vint tout blanchir de sa molle lumière, elle nous trouva militairement placés le ventre aux sapins, le dos aux pâturages. La ligne gardée par notre bataillon de vingt tireurs était anfractueuse et tourmentée, et chacun de nous connaissait, sans les voir, la position de ses deux voisins.

Mais derrière et par-dessus nous, le pâturage ras, droit et raide, s'élevait jusqu'aux roches brisées des éboulis, formant ainsi un immense champ de Mars disposé pour *le débûcher*, et dans lequel pas même un lièvre n'eût échappé à nos regards.

Au sommet de cette enceinte triangulaire, et nous dérobant absolument les éboulis si bien éclairés la veille, un nuage opaque, couleur d'argent, reposait immobile sur la montagne comme ferait un vaste édredon.

J'occupais le poste extrême et supérieur, et j'avais à l'esprit non point une inquiétude, mais un étonnement. Mon inséparable ami Gavet, parti un peu avant nous, m'avait-on dit, nulle part ne nous avait rejoints. J'attribuai son absence à quelqu'une des erreurs si fréquentes dans les marches de nuit, et rompu que j'étais à sa sagacité, je ne m'en inquiétai pas davantage.

Le soleil se leva matinal comme il l'est en montagne, et son premier rayon vint illuminer la pyramide de Taillefer. On eût dit un signal, car incontinent, dans les profondeurs de la Grande-Gérée, les premiers abois se firent entendre et, à leur suite, les détonnations et les cris.

L'Encula ni la Petite-Gérée ne se montrèrent paresseux pour répondre, et bientôt s'éleva, de toutes les sapinières déroulées à nos pieds, un fouillis désordonné de coups de gueule, de coups de feu et de cris inhumains.

Les chasseurs accoutumés aux répercussions étranges du moindre bruit dans les monts Alpestres, peuvent seuls se rendre compte des vacarmes enchevêtrés dont nos oreilles furent alors régalées.

Je ne veux point prétendre qu'au point de vue de l'art, notre situation fût irréprochable et correcte.

Au veneur qui nous eût demandé lequel de ces bruits sonnait *le bien-aller*, lequel *l'à-vue*, ou bien encore lequel avertissait d'un *hourvari*, chacun de nous se fût senti bien embarrassé pour répondre.

Mais vous pouvez être assuré que la Déesse de l'imprévu nous versait à flots, dans ce moment-là, son nectar le plus épicé, et qu'aucun de nous n'eût vendu sa part pour quatorze loups dans les jambes.

Le premier loup fut un chamois. Au rez-de-chaussée de notre ligne (j'ai dit que j'occupais le galetas), une double détonation vint l'annoncer, et de suite l'élégante antilope apparut sur le turf des pâturages, déroulant à nos yeux *la splendeur de sa fuite*.

Le feu, bientôt après, s'alluma sur toute la ligne, et en moins de trente minutes, une huitaine de grands loups et cinq ou six chamois avaient débûché, chacun pour son compte, et détalé vers le sommet. Le spectacle était charmant.

Les loups avec la fuite basse et honteuse que vous leur connaissez, les chamois avec la prestesse qui les porte à confondre les pentes raides avec les paliers, convergeaient tous au même point de l'angle sommital, et, parvenus au nuage d'argent, s'y engouffraient au regard comme dans du coton.

Que n'eus-je point donné pour avoir eu, trois heures plus tôt, la pensée lumineuse de grimper jusqu'au nuage et de m'y blottir à la faveur d'une pierre propice?

Durant l'heure qui vint après, dix-huit ou vingt loups passèrent encore sur le pâturage, et deux chamois seulement, salués tous par au moins une double détonation. Un seul épisode vint trancher devant moi sur toutes ces invasions ; trois grands chiens de Saintonge apparurent enfin sur le pâturage, donnant à gorge pleine et *soufflant au poil* à un grand loup dont l'épaule était évidemment brisée.

Parvenus à trois cents mètres de moi, mais juste à ma hauteur, ils l'atteignirent et l'attaquèrent. Je courus au groupe et je pus me donner la jouissance de brûler la cervelle à ce vil brigand, acharné sur le plus ardent des trois valeureux gendarmes.

Par mon exploit le brave *Tambour* eut la vie sauve; mais le pauvre chien me parut d'abord n'en valoir guère mieux après.

Achever les mourants, sur aucun champ de bataille n'est un rôle chargé d'honneur; mais, à la chasse, la Providence me l'a souvent assigné. En outre de ce fait d'armes, j'eus l'occasion, dans cette matinée mémorable, de tirer deux autres loups qui n'en détalèrent pas moins vers le nuage. L'un d'eux toutefois, je puis le dire, y traîna sa cuisse pendante.

*
* *

Durant ce temps, j'avais pris d'abord pour une illusion certaines détonations sourdes et cotonneuses qui semblaient émerger du nuage d'argent. Mais dès la sixième environ, je ne doutai plus, et une intuition soudaine vint illuminer mon esprit : Gavet ! m'écriai-je, et tout me fut expliqué ; son froid dédain de la veille lorsqu'en conseil fut choisie la ligne du

tir, et sa disparition de la nuit. Le nuage enfermait dans ses flancs Gavet *lançant sa foudre.*

Satané Gavet! suivant sa coutume il avait eu *son idée*, et, comme toujours, il m'écrasait de *ses avantages.* Quelle hécatombe et quelle lupercale pouvait-il bien faire là-haut? Tous les serpents de l'envie me mordirent au cœur.

Peu d'instants après, lorsqu'au signal de M. de Certeau, nous nous ralliâmes tous, Gavet daigna sortir de la nue, à la manière de Jupiter, et nous le vîmes dévaler vers nous traînant avec aisance, sur la pente raide, deux cadavres de grands loups accouplés.

Un conseil fut tenu. Trois loups et un chamois faisaient figure au trophée de notre victoire; mais par comparaison avec le nombre de bêtes tirées, la joie du succès n'était pas sans mélange. Sur le pâturage, plus rien ne débûchait depuis longtemps, et cependant trois chiens seulement étaient montés jusqu'à nous. A nos pieds, et dans toutes les directions, des abois épars mais ardents se faisaient entendre.

Pyrodon, chasseur intelligent de *La Grenonnière-d'Ornon* donna son avis. « Tous les loups, dit-il, » depuis longtemps ont vidé l'enceinte, et mainte- » nant les chiens poursuivent en forêt des chamois » qui ne débûcheront point, puisque déjà ils ne l'ont » fait. »

Le devoir se trouvait tout tracé, et il fut résolu de descendre en forêt, éparpillés et chassant à la billebaude, au hasard de la fourchette. C'est dans cette occasion qu'il me fut donné de constater une fois de plus, et par des exemples à chaque instant répétés, combien, sous bois, le chamois est une bête de chasse particulièrement savoureuse au nez des chiens, et de belle et bonne tenue devant eux.

⁎
⁎ ⁎

Les *Poitou*, aussi bien que les *Saintonge*, dispersés comme nous l'étions nous-mêmes, par deux, par trois, ou quelquefois seuls, faisaient à des chamois, tous isolés (et c'est une observation à retenir), une poursuite acharnée.

Dans le cadre immense, souvent très-couvert et presque toujours tourmenté où se déroulait l'action, tout autre animal de chasse eût eu beau jeu, et, néanmoins, malgré notre fatigue et notre désir d'atteindre le gîte, trois chamois furent tués, tous trois à bout portant. Nulle bête, en effet, se sentant poursuivie, ne se préoccupe autant du chien et si peu de l'homme.

Dans la Grande-Gérée, nous rencontrâmes enfin Mal-Blanchi et Lamarque, mariant leurs désespoirs. Depuis le matin ils exerçaient la profession de généraux sans soldats, et le nombre de loups dont ils avaient eu connaissance par corps, les avait tenus, en vue des chiens, dans des inquiétudes mortelles.

M. de Certeau leur adjoignit, pour rallier les meutes, douze rabatteurs choisis parmi les plus intelligents, et nous nous dirigeâmes avec empressement vers le bourg. Je ne dois point omettre de dire que, dès notre départ de la prairie supérieure, un cacolet ingénieux et léger, de l'invention de M. de Certeau, avait emporté à dos d'homme le pauvre Tambour très-bien pansé, et qui se releva de sa cruelle aventure.

Le soir, au Bourg-d'Oisans, dans le recommandable hôtel Martin, les truites de la *Rive* et de la *Sarène* grésillaient sur un feu clair, tandis qu'à la joie des narines un mouton de *Vaujany* présentait sa croupe arrondie à la braise ardente. On but très-largement à la santé de mon incomparable ami Gavet et à la gloire de son pèlerinage dans le nuage d'argent, tant et si bien qu'avant le dessert, Gavet était remonté dans les nuages.

Il eut néanmoins la condescendance d'élucider à notre profit un point intéressant d'histoire naturelle. M. de Certeau en était témoin pour la première fois, et sa longue expérience de chasseur s'en trouvait toute déconcertée.

Le matin, sur le pâturage, un loup splendide avait détalé, porteur d'une fourrure éclatante d'un noir de jais. Notre regret de le voir s'évader avait été très-vif, et, dans les éboulis, Gavet n'en avait pas eu connaissance.

Mon savant ami nous expliqua que le cas n'est point rare et se trouve avoir été observé sur tous les points de l'Europe. Les naturalistes ont fait du loup noir une espèce distincte sous le nom de loup lycaon, *canis lycaon*, mais les observations très-précises des chasseurs ont aujourd'hui mis la vérité en pleine lumière.

M. Ravelet, lieutenant de louveterie à Châtillon-sur-

Loir, attaquant une portée de louvards, les a tous tués, y compris un loup noir, notoirement frère des trois autres.

Fortin, piqueur du duc de Bourbon, a vendu à M. Pelvy-Desmare, lieutenant de louveterie de l'arrondissement de Falaise, un superbe louveteau noir pris au liteau en compagnie de toute une portée fauve.

Les exemples semblables abondent, et le loup lycaon n'est point une espèce, mais simplement une variété accidentelle. C'est un cas de *mélanisme* opposé au cas d'*albinisme*.

Et de même que l'albinisme dénonce l'affaiblissement, de même, par opposition, le mélanisme dénote l'exubérance. Le loup noir est généralement plus fort, plus robuste encore et d'un pelage plus opulent. Sa queue, admirablement fournie, forme un panache magnifique.

La Providence, un jour, m'a puni bien cruellement en la personne d'un Lycaon. Antoine de Gérando, ami regretté, était pour moi un très-aimable compagnon ordinaire ; mais, malgré sa noble ardeur, il n'était passé chasseur qu'à l'ancienneté.

Plus d'une fois, abusant de sa bonhomie et me livrant à des manœuvres d'un goût équivoque, je l'avais introduit en des aventures dépourvues d'agrément. Deux débats très-vifs, par-devant le juge de paix, l'un pour assassinat de pintades, et l'autre en raison d'une hécatombe de canards de Barbarie, l'avaient surtout exaspéré.

Aussi sa défiance était devenue proverbiale parmi

ses amis, et toute pièce de gibier dont la tenue n'était point correcte, ou dont la livrée s'éloignait tant soit peu de l'habit d'ordonnance, était assurée de son mépris. Un jour je l'ai vu refuser, obstinément et par trois fois, de tirer sur une bécasse Isabelle, papillonnant autour de lui.

Donc nous étions en chasse, Gérando et moi, sur les plateaux du *Grand-Raz*, lorsqu'au-dessous de notre terrain les cris *au loup!* se firent entendre, et des bergers qui m'aperçurent crièrent : *A vous !*

Au même instant j'eus dans les jambes un grand loup noir passant assez calme et me présentant amiablement son vaste travers. La plus belle fille ne peut donner plus qu'elle n'a, et je ne pus faire mieux que d'offrir à cette bête inopinée deux rudes charges de plomb n° 4, l'une dans l'épaule et l'autre au ventre.

L'animal s'enfuit, *mal en point, sanglant et gâté*, et comme si les dieux eussent pour lui marqué cette journée d'une pierre noire, il prit au droit à travers la bruyère, juste à la rencontre d'une roche au coin de laquelle j'apercevais Gérando battant du briquet. Je criai donc à mon compagnon déjà averti par mes détonations, et je le vis avec joie saisir son arme et se disposer à tirer, sans qu'il sût quoi.

Aussi *en belle* qu'à moi, le loup lui vint aux jambes ; mais subitement je le vis mettre l'arme au bras, et, de sa main libre, me faire le signe narquois que vous connaissez, du pouce sur le nez, les cinq doigts étant étendus. Antoine de Gérando a emporté dans la tombe la conviction que, ce jour-là, j'avais voulu lui créer une contrariété avec le propriétaire d'un magnifique terre-neuve.

Guillot criant *au loup !* — est immortel.

Mais revenons à notre souper de chasse à l'hôtel Martin. Avant de lever la nappe, Gavet proclama le devoir de ne point vider cette terre hospitalière sans une fanfare *à l'honneur d'Oisans*, et de suite embouchant son pipeau :

« Salut, dit-il, vallée chérie des dieux, terre opu-
» lente que n'ont pu dévorer encore cent mille
» chèvres suçant tes flancs, acharnées à dessécher
» tes mamelles plantureuses ! Salut, ô mère mé-
» daillée de la truite exquise, *salmo truta*, de la rei-
» nette sans rivale et de la parmentière supérieure !
» Je bois à toi, terre bénie, dont le sein porte, par
» alternance, et la charrue et les navires ! »

A ces derniers mots je jugeai tout d'abord que Gavet venait d'atteindre les sommets suprêmes de l'ébriété, mais il s'empressa de nous donner, avec une lucidité relative, des explications rassurantes :

Le Val d'Oisans doit sa fertilité prodigieuse à l'opération que voici : depuis plus de trente siècles, la Providence l'a soumis à un assolement dont l'homme a pris exemple pour la culture des étangs : *deux ans d'avoine, trois ans de poisson.* Seulement l'assolement du Val d'Oisans est d'échéance un peu plus longue.

Tous les deux siècles, la Providence le barre à la gorge, et le transforme en un lac de quinze kilomètres de longueur ; et tous les deux siècles aussi, la Providence détruit son barrage. L'adjudicataire des travaux est à perpétuité la *Grande-Voudène*, qui s'engage à fournir *subito* trois millions de mètres cubes.

L'*Inferney*, qui demeure vis-à-vis, s'associe à l'opération. La fourniture a lieu en trente minutes, sur place et à grand bruit.

Et voilà comment cette contrée se nomme alternativement *Lac Saint-Laurent* ou *Val d'Oisans* selon qu'elle est arable ou navigable.

M. de Certeau obtint la parole à son tour pour défendre l'article premier, relatif aux cent mille chèvres.

La statistique attribue à l'Oisans douze chèvres pour un habitant. Les roches s'en trouvent encombrées, et les sauterelles algériennes ne sont rien en comparaison.

Gardez-vous ici toutefois de regarder les chèvres de travers ; avec furie vous seriez mal venu et cela sans miséricorde. Sur ce point unique, j'en conviens, car ils sont bonnes gens, sur ce point unique, ces montagnards sont intraitables. C'est là leur idée ; pour eux la chèvre est un droit, et vous connaissez la formule, un droit *primordial, antérieur* et *supérieur*. Il n'y a rien à faire et il faut en passer par là.

Vous les avez connus, ayant eu le bon goût de se

faire représenter au Conseil général de l'Isère par un de ses membres les plus intelligents, M. l'avocat général Berger. Eh bien! je n'eusse jamais osé conseiller à l'honorable M. Berger de traverser le pays sans prendre affectueusement des nouvelles des chèvres en couches, et sans s'informer du succès des allaitements. Les gens sensés ne comptent plus, pour éteindre le fléau, que sur le prochain barrage de la Grande-Voudène.

Minuit sonnant, nous gagnâmes nos lits délicieusement. Je m'endormis réfléchissant que si j'avais eu la précaution, depuis seulement dix années, de retenir cinq pour cent sur les dires érudits de Gavet, je poserais aujourd'hui ma candidature à l'Académie Delphinale.

*
* *

Au cours de cette *chasse à grand orchestre* dans les forêts de Villard-Raymond, nous avons vu quelle fut la contenance constante des chamois devant les chiens : peu de ruses, *fermeté* et toujours *bien-aller*. Fortifions cette remarque par d'autres faits.

Durant toute leur vie, les frères Raynaud, de Pommiers, ont chassé le chamois dans le massif de la Grande-Chartreuse avec des chiens courants tricolores de la plus grande race. M. Barroil, de Voreppe, a tué plusieurs fois des chamois en pleine forêt ou en plein taillis devant les chiens de ces deux chasseurs ou devant les siens propres.

Dans cet exemple des frères Raynaud, prolongé durant trente années, un fait caractéristique et qu'il convient de retenir, se présente à notre attention. La forêt *du Roi*, domaine de l'Etat et par conséquent gardée, était l'enceinte où plus communément avait lieu le *lancer*. Or, ces chasseurs n'osant s'y aventurer avec leurs chiens dont les puissants abois les auraient trahis, allaient se poster au sommet, à la rencontre des sangles supérieurs avec les pâturages, et là ils attendaient les chamois.

Assez souvent ils réussissaient ; mais plus souvent encore, et c'est là ce qu'il faut noter, le succès était compromis par l'obstination du chamois à rester en forêt. Ces animaux se faisaient battre, durant la journée entière, surallant leur voie dans la vaste enceinte, et dédaignant les ruses.

Cette ignorance ou ce dédain de ruser m'a toujours semblé, chez le chamois, provenir de la puissance inépuisable de son jarret et de ses poumons. Jusqu'à preuve contraire, je tiens le chamois pour une bête qu'on ne force pas, Dieu soit loué !

*
* *

Francisque Brunet, de *Molines* en *Queyras*, une fois devenu vieux et peu valide, n'a plus chassé le chamois qu'en forêt avec chiens courants. Dans toutes les vallées de nos Alpes j'ai connu des chasseurs familiarisés avec cette pratique, et si l'on veut considérer que les forêts sont à peu près toutes communales ou nationales, c'est-à-dire prohibées pour la chasse, on en conclura que, sans cet obstacle, la poursuite du chamois avec le secours des chiens serait depuis long-temps généralisée.

Pour épuiser ce sujet, je veux consigner ici les observations de M. Thil, aujourd'hui encore garde général à la résidence du Bourg-d'Oisans.

L'exercice de ses fonctions, dans ces dernières années, l'a obligé à parcourir habituellement la forêt de *Rioupéroux*. Des gardes l'accompagnaient, et l'un d'eux était suivi d'ordinaire par un petit chien sans profession.

Néanmoins, et c'était le plus souvent, le chien dépistait des chamois avec abois, et fort souvent les bêtes ainsi mollement poursuivies sont venues s'arrêter à quelques pas seulement de M. Thil et des gardes. Très-effarouchées au premier moment, bientôt après elles se montraient profondément distraites par les abois du chien, et paraissaient oublier la présence de l'homme. « Souvent, dit M. Thil, il nous eût été facile » de brûler la cervelle à des chamois avec des pisto- » lets de poche. »

J'ai la confiance que déjà nous voilà bien loin du chamois, *animal dont la chasse ne peut se faire avec le chien ;* mais avançons toujours.

*
* *

Non-seulement, dès longtemps et sur un grand nombre de points, le chamois se chasse à courre dans les forêts et dans les sangles, mais encore il se chasse aujourd'hui *avec chiens*, et non point par un fait nouveau, dans la région supérieure des pâturages et des rocs.

Quoi ! partout, direz-vous ? Nullement, et ce n'est point là ce que je veux prétendre. Avec ses plis tourmentés, ses anfractuosités sans nombre et les caprices infinis de sa formation, la région supérieure à elle seule est tout un monde, quelquefois un chaos. C'est dire que sur beaucoup de points, sur la plupart si

vous voulez, les chiens n'y sauraient être employés,
soit en raison de l'impossibilité pour eux d'accéder,
soit à cause des dangers terribles et certains où les
précipiterait leur ardeur.

Mais sur d'autres points aussi, cette région se présente infiniment plus tranquille, et alors elle offre de
vastes croupes, ridées de vallons réguliers et de couloirs accessibles jusqu'à leur sommet. C'est là précisément que l'action du chien devient praticable, et
dès longtemps est pratiquée.

J'en connais de nombreux exemples que je pourrais
citer tous ; j'en choisis un seul, les autres sont identiques.

J'ai quelque part nommé déjà le Chaberton. Lorsqu'au-dessus de Briançon, vous avez atteint le charmant plateau du Mont-Genèvre, l'Italie s'abaisse à
vos pieds. Mais, un peu sur votre gauche et vers
l'orient, la chaîne alpestre détache une sentinelle élevée, absolument comparable au Mont-Vizo par la
position qu'elle occupe à la limite des deux pays ; c'est
le Chaberton. En outre de ses splendeurs naturelles,
le Chaberton est recommandable encore par ses admirables dispositions cynégétiques.

A partir du Mont-Genèvre il s'élève à la hauteur de
plus de trois mille mètres, par des pentes douces, par
des vallonnements faciles à parcourir, par des rides
peu profondes, mais enchevêtrées et toutes praticables. Le versant italien, infiniment plus raide, présente
seul des anfractuosités redoutables. Les versants qui
regardent la France forment donc, jusqu'aux arêtes

sommitales, une région de chasse très-élevée, extrêmement étendue et partout accessible.

Le chamois y abonde et ses retraites y sont infinies.

Pendant plus de vingt ans, le capitaine Marijon a eu sa résidence à Mont-Genèvre, et, en outre des nombreuses entreprises particulières que faisaient alors les chasseurs dans les parages du Chaberton, il m'a souvent entretenu d'une grande chasse internationale qui s'exécutait deux ou trois fois chaque année, et dont voici la disposition :

*
* *

Au jour choisi, douze ou quinze tireurs partaient des bourgs français de *Mont-Genèvre* et de *Plampinet* et du bourg italien de *Cézanne*. Dès avant le point du jour, chacun d'eux avait atteint le poste qu'un triumvirat directeur lui avait assigné d'avance, toujours aux derniers sommets du Chaberton, c'est-à-dire, aux cols et aux pas que le chamois est contraint de franchir, toutes les fois que, trop longtemps et trop vivement harcelé sur les pentes françaises, il vient chercher un abri dans les apics du versant italien.

Les passages réputés les meilleurs étant ainsi gardés, d'autres groupes de chasseurs apparaissent au bas du Chaberton. Au bas du Chaberton, traduisez : à deux mille mètres d'altitude, et si vous voulez connaître l'aspect des lieux où vous vous trouvez alors, je vais tenter de vous le dire : la grande végétation forestière vient de s'éteindre, et c'est à peine qu'en témoignent encore quelques boquèteaux de mélèzes étiques, ou de pins *cembro* tortillards.

*
* *

Mais le rhododendron commence !

Non point ici l'arbuste que vous savez, ployé par les neiges et faisant à la montagne la chevelure mal peignée dans laquelle vos jambes de chasseur se sont si souvent empêtrées, mais le rhododendron *érigé*, élevant sa tête jusqu'à deux mètres du sol, étalant sa membrure à la façon des lauriers-roses.

Le *rhododendron ferrugineum* dans toute sa splendeur, dont les massifs peuvent abriter l'homme aussi bien que le chamois. Devant vous il va former, jusqu'à la hauteur où la nature le condamne à s'éteindre à son tour, des taillis sans fin, délicieux à fouiller à la billebaude.

C'est donc là qu'apparaissent, dans la chasse que je décris, de nouveaux groupes de montagnards tenant en laisse les meutes ardentes de la race briançonnaise, dès longtemps créancées sur le chamois.

La fête commence, et quelle fête ! un lancer n'attend pas l'autre, et, de tous les vals, berceaux mollement couchés sur la montagne gigantesque, les chamois bondissent, en ces élans qui n'appartiennent qu'aux antilopes.

Imaginez, si vous en avez le pouvoir, les gaudissements des *bienheureux* placés *au paradis* de cette salle de spectacle, et suivant toujours de l'oreille, de l'œil presque toujours aussi, ces *bien-aller* et ces *refuites* qui font incessamment monter le noble animal jusqu'à leurs pieds ! Saint-Hubert, dans le ciel, sa demeure dernière, assurément alors se met à la fenêtre.

On le voit donc; le chamois, aujourd'hui même, là où le terrain le comporte, se chasse avec chiens, non-seulement dans les forêts, mais également au-dessus de la région forestière et jusques aux dernières cîmes.

Il ne nous reste plus qu'à *cueillir* nos conclusions.

Ici, je me sens possédé d'un orgueil légitime. J'ai frappé le monstre séculaire des grossières erreurs et je contemple le géant se débattant à mes pieds.

J'éprouve bien quelque entraînement à faire ressortir moi-même avec quel art j'ai manié la fronde de la Vérité pour frapper Goliath au front; mais il est plus conforme à la modestie que je laisse le lecteur tirer lui-même ces déductions favorables.

Imaginez maintenant dix ou douze jeunes hommes venant à s'ingénier tout à coup que leurs pères ne s'abrutissaient pas tout le jour au bézigue, et qu'il est peut-être quelque part de plus nobles délassements que les cocottes éreintées de la rue Montorge.

Mes douze réformateurs établissent et votent un budget annuel de 3,000 fr. Eh bien! l'affaire est faite, le facile problème est résolu.

Deux mille francs pour la jouissance du droit de chasse dans une montagne alpestre judicieusement choisie; la jouissance embrassant la montagne entière, forêts domaniales, biens communaux, roches et pâturages.

Mille francs pour émoluments d'un garde *piégeur*, et pour loyer d'un chalet bien placé.

Dès la première année, je promets à ces douze apôtres, des jouissances rémunératrices, et, après trois ans tout au plus, un paradis cynégétique.

J'ai bien dit : *un garde piégeur* et *un paradis cynégétique*. Ce sont là deux termes qui s'enchaînent, et je m'explique :

*
* *

Envisageons la situation actuelle des monts alpestres, au point de vue de la chasse. L'Etat, possesseur des forêts, ne prend qu'un soin bien naturel, celui que réclament le maintien et l'accroissement de la richesse forestière. Ici, contrairement aux conditions de sa possession dans les autres contrées de la France, le produit du droit de chasse pour lui n'existe pas.

Des choses cynégétiques, l'Etat propriétaire n'a donc aucun souci dans nos Alpes. Cette fatale conséquence en découle que *le poil* et *la plume* y sont la proie du banditisme.

Les bandits, eux aussi, portent poil et plume, et nombreuses sont leurs dynasties. Ce sont d'abord, dans l'ordre des Rapaces, et, en outre du gypaëte et de l'aigle royal dont nous avons parlé :

Le grand aigle commun, le jean-le-blanc, la buse commune, la buse pattue, la buse bondrée, l'aigle nœvia, le balbuzard, l'orfraie géante, le harpaye, le faucon commun, le faucon pèlerin, le hobereau, le kobès, la cresserelle, l'épervier, l'autour et quelques autres menus drôles.

C'est ensuite le groupe des nocturnes ou crépusculaires, plus lâche encore, car *il profite de la nuit*. Ce groupe comprend :

Le grand-duc, le moyen-duc, le hibou, l'effraie, la hulotte, la chevêche et le scops.

Viennent ensuite les mammifères carnassiers, porteurs de fourrure, qui sont : le renard, la fouine, la marte, le putois, la belette et l'hermine. J'allais oublier le chat harret, *felis catus*, et le lynx, *felis linx*.

*
* *

Toute cette clique de pillards et d'assassins croît et multiplie sans contrainte au sein de nos oasis dans les Alpes. L'homme, son seul ennemi naturel, n'y prend garde ; ses poules et ses lapins vivent plus bas et n'en souffrent point. Pour moi, je me suis demandé souvent comment un lièvre ou un tétras pouvait être encore rencontré sur nos montagnes, en face de cette multiplication effrénée des rapaces et des bêtes puantes.

Par la pensée, supprimez d'un trait tous ces bandits, ou bien, ce qui revient au même, supposez dans une montagne un bon garde piégeur, et la face des choses se trouve changée promptement.

L'art du piégeur est une science, et son exercice est une chasse qui passionne autant que la chasse au fusil. Au bon piégeur tous les moyens sont excellents, les traquenards et piéges divers, les coups de fusil au cul des larges nids, le feu, le fer et le poison ; je lui passerais le pétrole.

Le piégeur est essentiellement né *animalier*, tout comme le chasseur du premier degré et non moins bien. Il vous semble se promener tranquillement dans son canton; mais là où vos sens ne perçoivent rien, *il voit tout, il sait tout, il entend tout.*

Pour lui, la cire molle du noir humus est un livre; la feuille morte dérangée lui parle à l'oreille, et le babil des mésanges l'avertit qu'un repris de justice marche sous bois ou plane dans les airs.

Je vous le dis, un garde piégeur pour le gibier, c'est la *renaissance.*

Vous voilà donc avec votre montagne bien assainie et bien purgée; votre montagne alpestre au grand complet, vastes forêts, landes immenses de rosages et de myrtilles, sangles et pâturages, éboulis et couloirs. Rien ne manque, et vous y additionneriez encore une montagne voisine, même deux, que je n'y trouverais point à reprendre.

Dans cet Eden que vous avez ainsi au préalable soigneusement ratissé, quelles richesses vont être votre récompense? Je vais vous le dire :

La gloire d'abord, la gloire et la jouissance ineffables d'avoir fixé, fondé et démontré *le courre du chamois avec meute hurlante.*

Vous l'aurez démontré comme fut démontré le mouvement, en marchant tout bêtement vous-même.

Et n'ayez ici souci d'aucune entrave. J'ai toujours ri *ab imo pectore* à la lecture des règlements des Sociétés cynégétiques de la plaine : *Article cinq. La part annuelle de chaque sociétaire est fixée à deux chevreuils.*

Vous figurez-vous Gavet en face du troisième chevreuil lui bondissant des pieds? La chasse est une passion, ou je ne m'y connais pas, et que dire d'une passion tirée à quatre épingles? Essayez donc, je vous en prie, une réglementation de l'amour!

Ici vous n'avez rien à redouter de semblable, et vous n'êtes point dans une épicerie. Tirez et tuez à votre aise. Savez-vous quelle est la moyenne *des chamois annuels* de chaque chasseur, dans les Alpes? Elle dépasse le chiffre de vingt-cinq. Grivel, de Saint-Firmin, atteint toujours la cinquantaine.

Sans le savoir, et à tout hasard, je gage que Giraud, de Villard-d'Arène, en a tué cette année plus de soixante. Et leur chasse n'est gardée ni aménagée; tout se passe à la bonne franquette.

*
* *

Voilà pour le chamois; voyons maintenant pour le reste, lièvres, perdrix et tétras. Aux lieux que l'homme habite et cultive, il est superflu de vous l'apprendre, la plupart des nichées périt dans les emblavures. La perdrix, dix fois sur douze, fait faucher son nid avec les sainfoins ou les luzernes, et le nombre ne se compte pas des levrauts à la mamelle que le faucheur ou le moissonneur s'approprie incontinent.

N'oublions pas, dans cette nomenclature des fléaux cynégétiques, le chien de garde ou même le simple *loulou*, toujours présent à la journée de labourage, et qui, sous le prétexte équivoque que la charrue n'est point son affaire, emploie son entière journée à nettoyer les alentours des nids à terre ou des petits non sevrés.

Ce n'est point tout; vous avez les enfants encore,

cet âge sans pitié, et le chat campagnard. Certes, le chat de ville est un animal parfaitement désagréable, et s'il n'était soutenu par les dames, dont l'intérêt est de pouvoir dire toujours, *c'est le chat*, l'homme depuis longtemps eût rompu avec lui tout commerce. Mais le chat des champs, plus exécrable encore que le renard lui-même! L'imprécation de Camille contre lui n'est pas suffisante.

⁓⁓◉⁓⁓

Il n'est pas un chasseur un peu réfléchi qui ne sache bien que, si ces périls pouvaient être tous conjurés, les emblavures de la plaine seraient bondées de poil et de plume. Eh bien, en montagne alpestre, aucun n'existe, ni à aucun degré, de ces dangers permanents pour les portées et pour les couvées.

L'homme n'est plus là, ni sa faux, ni son chien, ni ses enfants, ni son chat, ni ses piéges, ni son fusil. Pour la mère qui couve ou qui nourrit, la montagne, *purgée des rapaces et des bêtes puantes*, devient un eldorado.

Vous verrez alors les effets merveilleux de *la fécondité protégée*. Dans les Alpes, les ressources d'alimentation pour le gibier sont inépuisables. Une flore sans rivale y préside. Au lièvre aussi bien qu'aux gallinacés, les graminées et les plantains, les baies savoureuses et les herbes parfumées, les larves succulentes et innombrables d'un monde d'insectes que l'homme ne vient pas détruire, tiennent toujours servie la table la plus délicate.

Tous les tétras adorent les baies. Notre coq à queue fourchue les mange toutes; le tétras supérieur, ami des neiges, se contente de la baie qu'il rencontre vers les sommets, *la perle de feu* de la Busserole, *arbutus uva ursi.*

*
* *

Vous avez vu la Busserole étendre à vos pieds ses tapis de braise. Un jour de ma vie, dans l'*Embrunais*, je conduisis à *Côte-Bénie* miss Arabella Brooke, belle comme savent l'être les Américaines quand d'aventure elles s'en mêlent. Subitement arrivée devant les perles éclatantes de l'uva ursi, elle poussa un cri d'admiration d'abord et de colère ensuite.

Portant alors ses mains de fée à son cou d'albâtre, elle en arracha ses coraux de Messine, et se mit à les lancer aux quatre vents.

Gavet qui vit la chose en fut touché lui-même, et le lendemain, au matin, il avait déposé aux pieds d'Arabella, à titre d'indemnité pour ses colliers, deux cent quarante vers où se rencontraient en abondance *des perles* comme celles-ci :

> Vous rappellerez-vous l'odorante prairie
> Dont le soleil à peine avait séché les pleurs,
> Où nous marchions le cœur joyeux, l'âme attendri,
>   Et les pieds baignés dans les fleurs ?
> Où tout était péril pour vous, ô ma timide,
> Où l'innocent grillon vous faisait tant de peur.....

(Oh, Gavet!)

Il y avait encore :

> Et la forêt profonde, et la molle pelouse,
> Dont la mousse à nos pas étendait sa toison,
> Où se perdait toujours votre pied d'Andalouse
>   Qui m'a fait perdre la raison !

Et il y avait à la fin :

> Vous rappellerez-vous qu'assise alors dans l'herbe,
> — Moi sur les deux genoux, — d'un soin timide et lent,
> De vos longs cheveux bruns je renouai la gerbe,
>   Maladroit, confus et tremblant?

Je ne vis point *renouer la gerbe*. Mais Gavet en a fait bien d'autres, et je l'en tiens capable. Il est certain que miss Arabella faisait un furieux effet dans les airelles.

*
★ ★

Et maintenant, ô chasseurs, mes compatriotes, envisageons du regard et de l'esprit la route que nous venons de parcourir ensemble, et la besogne, qu'à l'aide du raisonnement et de la logique, nous avons accomplie.

Dans une région comblée de la faveur des dieux, mais dont à peine les vulgaires humains soupçonnent l'existence, dans un temple où savent adorer seulement quelques Brahmanes fidèles, je viens de vous introduire avec moi. Devant nous, j'ai brûlé, non sans labeur, la broussaille épineuse des préjugés et de l'erreur, et désormais un large chemin, sablé avec amour, conduit vos pas à la Terre promise : *Une station de chasse bien ordonnée, au sein des Alpes dauphinoises.*

Dans cette terre de Chanaan que du doigt je vous

ai montrée, nouveau Moïse, je ne serai point avec vous ; mais, puisse alors le grand Saint-Hubert, qui m'aura reçu dans son sein, me donner, pour vous y voir, une place à sa fenêtre.

*
* *

Ici, j'allais clore ma parenthèse ou mon chapitre sur le chamois, mais un dernier devoir, impérieux et oublié, me réclame. Comme élément culinaire, cette antilope n'a pas été l'objet d'erreurs moins grossières que comme bête de chasse.

La chair du chamois n'a pas de rivale en Europe comme viande de venaison. Tenez la chose pour certaine.

Vous l'avez toujours trouvée *médiocre*, me direz-vous ? Je n'en doute pas et vous auriez prononcé *mauvaise* que je n'en serais point surpris. C'est le contraire qui m'eût étonné. Ma cuisinière, un jour, m'a servi une bécasse fraîche *à la poulette*, et je l'ai trouvée à bon droit détestable. Mais, *oyez un peu, bonnes gens !*

Au dictionnaire de l'Académie, je crois, on trouve le mot *venaison*. Venaison s'entend de chair ou de viande ne pouvant être manufacturée en cuisine qu'après une opération préliminaire. Or, si vous me citez en Dauphiné un seul *fourneau* où soit pratiqué ou même soupçonné *le préliminaire*, je consens à manger toute ma vie le chamois au bout du fusil. Donc, vous n'avez jamais dégusté le chamois.

*
* *

Oyez encore : Ici j'ouvre une page de l'*Evangile selon Gavet*, et si vous possédez un cabinet où vous entassiez avec amour les merveilles les plus rares des arts perdus et des sciences égarées, au milieu de ce temple et dans un cadre ciselé, en lettres d'or, gravez ce chapitre :

« Dix jours durant, et vingt jours en saison froide,
» dans une terrine aux larges flancs, vous étendez
» votre cuisseau sur un lit délicat de serpolet et de
» lavande, de thym d'Espagne et des feuilles nou-
» velles et bien séchées du laurier d'Apollon.

» Sur lui vous amoncelez les arômes. Vous égre-
» nez les perles de tout un chapelet du petit oignon
» jaune, les rondelles éclatantes de la pastenade, les
» caïeux rosés de l'échalote et aussi les caïeux d'i-
» voire de l'ail lui-même, à tort détesté d'Horace.

» Le monticule s'élève ainsi sous vos doigts, légè-
» rement parfumé, à toutes ses assises, des clous
» dorés du géroflier des Moluques, discrètement dis-
» tribués, de la poudre aujourd'hui mise en oubli
» du muscadier de Bourbon, des prismes argentés
» du gros sel.

» Vous enflammez ensuite votre monument des
» grains entiers du poivre de Ceylan et des longues
» virgules d'un piment rougi au soleil de Cayenne.

» Repoussant alors avec horreur l'hérésie du vinai-
» gre, *durcisseur des fibres*, versez à flots l'huile
» sincère, suc des oliviers qui se mirent aux étangs
» de Marignane.

*
* *

» Votre cuisseau entre en cellule, dans un lieu
» frais et retiré. Quatre fois, chaque jour, la cuisi-

» nière avec tendresse le retourne sur sa couche,
» maniant de ses doigts diligents la paillasse ardente
» et parfumée.

» Aux derniers jours seulement, vous amenez à la
» rescousse une bouteille rebondie d'un vin mûri aux
» *Côtes-Rôties* du Rhône. Loin de vous le Bourgogne,
» erreur du jour, vin des brouillards.

» L'heure est sonnée, et, quel que soit l'apprêt,
» objet de vos préférences, restez sans crainte; mais
» si vous êtes tenté de vous abreuver à une manne
» inéluctable, *oyez toujours :*

» Au sein d'une cloche de pur airain, mère des
» réflexions et des attendrissements, enfermez le cuis-
» seau, braise dessus, braise dessous.

» Qu'il baigne dans le nectar liquide et finement
» passé de sa maîtresse marinade, et que sa prison
» soit à l'avance capitonnée avec largesse de ceps
» bronzés, cueillis au levant.

» Abandonnez sur un feu doux, et surveillez durant
» trois heures. Aux dernières minutes, arrosez pieu-
» sement de deux cuillerées d'un rhum de mon
» âge. »

Assemblez alors, je vous en conjure, l'aréopage
des palais académiciens. Le chevreuil, j'en conviens,
peut être offert équitablement à des demoiselles ;
mais si les tranches du chamois ainsi compris n'exal-
tent pas jusqu'à l'extase le palais de vos savants con-
vives, fassent les dieux, pour me punir, qué mes
yeux ne s'ouvrent plus jamais sur la splendeur des
monts dauphinois.

Et s'il arrive à des estomacs filandreux d'oser encore mettre en comparaison le cerf ou le chevreuil

avec notre antilope rochassière, nous dirons ensemble
à ces profanes :

« Pareils trésors de sérieuse gastronomie et de
» haute venaison ne sont point pour vos estomacs de
» papier mâché. Retournez à votre blanquette de
» veau. »

LE COQ DE BRUYÈRE.

Le petit coq de bruyère, tétras *birkan*, tétras à queue fourchue, *tetrao tetrix* de Cuvier, est un peu plus grand que notre coq et notre poule ordinaires. Une espèce voisine et plus forte, le grand coq de bruyère, tétras *aueran*, *tetrao urogallus*, à queue rectiligne, existe dans les Vosges, dans le Jura et dans les Pyrénées.

Dans les Alpes dauphinoises, elle est depuis longtemps détruite par l'aigle royal et le gypaëte, mais les cantons favorables à cette espèce y abondent, et sa restauration y sera facile dès que seront organisées des stations de chasse.

Le mâle du tétras à queue fourchue est plus ou moins d'un noir violacé et métallique, avec du blanc aux couvertures des ailes et sous la queue. La femelle est fauve, rayée en travers de noirâtre et de blanchâtre. Elle pond de huit à dix-huit œufs d'un blanc jaune, maculé de taches d'un vert rougeâtre.

Le coq de bruyère est-il un coup de fusil difficile ?
Un peu, beaucoup, passionnément, pas du tout.

Un peu, s'il part, comme c'est le cas le plus ordinaire, à portée, dans la pente.

Beaucoup, quand il vous arrive déjà *lancé*.

Passionnément, si, fondant sur vous des régions supérieures, il a conquis cette vitesse de projectile qu'il faut avoir vue pour y croire.

Pas du tout enfin, lorsque d'un palier où votre chien le tient à l'arrêt ferme, il se trouve contraint de s'élever sur lui-même et de se déchausser de la broussaille.

Quels que soient ces cas si divers, et précisément parce qu'ils sont tellement divers, la chasse au tétras est la plus enivrante que puisse offrir un gibier de plume. N'allez en rien, par exemple, comparer le coup de feu qui précipite sous vos pieds, dans la pente, le noble oiseau, avec le vulgaire coup qui fait entrer dans votre gibecière le faisan des parcs.

Le faisan des parcs, *phasianus colchicus*, a eu ses jours de noblesse. C'était au temps où, dans l'Europe, moins encombrée par l'homme, il vivait à l'état d'oiseau libre, ne relevant que de Dieu. Aujourd'hui, le faisan est un serf, et l'homme, son seigneur, le nourrit.

Au contact de son maître, profanateur de toute belle chose, il a perdu, avec sa dignité, même le sentiment de sa déchéance. Nulle part vous ne le rencontrez plus aujourd'hui à l'état sauvage ; il est trop civilisé pour y pouvoir vivre, et si l'homme lui retirait sa main, qui lui donne la picorée et le protége, en moins d'un an cet oiseau aurait disparu de la création.

*
* *

Le cadre aussi où le tétras se recherche, concourt avec puissance aux délices de sa chasse. Les Alpes sont toute une Genèse. Pour le peintre et pour le botaniste, pour l'entomologiste ou pour le chasseur, pour tout être que passionnent les splendeurs ou les secrets de la nature, — c'est un livre sacré dont les feuillets inépuisables versent au vrai disciple un nectar délectable. A ceux qui, ayant une fois ouvert ce livre, en ont compris la langue, n'allez plus demander d'étudier la nature là où la main de l'homme a tout dérangé.

Sur quelques-uns d'entre eux (et je le dis ici malgré ma pente naturelle), l'impression me paraît même exagérée. Sur Gavet, par exemple, la vue des Alpes produit toujours les effets du hatchich, et son lyrisme atteint souvent alors des proportions inquiétantes.

A d'autres, au contraire, la vocation évidemment fait défaut. Vous connaissez le *Pré-d'Ornon*, ou bien vous en avez entendu parler. A deux mille mètres d'altitude, sur l'épaulement oriental du Taillefer, une prairie des Alpes déroule devant vous six kilomètres d'un seul tapis de fleurs.

Le tapis est troué de lacs charmants, faisant des taches bleues, et le plus grand de tous, le *Lac-Fourchu*, vous laisse admirer, à toutes les profondeurs, ses truites géantes.

Devant vous sont rangés en ligne, très-décolletés et montrant leurs épaules chargées de glaces, tous les Goliath de nos Alpes. A droite s'élèvent à votre vue, jusqu'à la pyramide, les mille clochetons du Taillefer, forêt de granit et paradis du chasseur, colombier des jalabres.

*
* *

Faites apporter en ce lieu un épicier de cinquante années d'exercice, le plus encrassé de jus de réglisse que vous puissiez vous procurer, et si votre oreille n'entend point sortir de lui le bruit d'une admiration bien sentie, de suite empressez-vous de le redescendre dans sa mélasse.

Eh bien, j'y conduisis une fois mon ami Paul B. et il ne sut y voir qu'un rhume de cerveau et des ampoules aux pieds. Je confesse que le rhume y était, et les ampoules peut-être aussi. Mais, que diable! le Pré-d'Ornon aussi était là, et le soleil sur les glaciers, et le Lac-Fourchu avec ses truites et avec ses satellites, et les aiguilles de Taillefer. De tout cela, Paul enrhumé ne sut rien voir.

Ce qui fait le malheur de Gavet, c'est qu'au contraire il voit trop et tout à la fois, et tout d'un pareil amour. Parmi nous, *les Alpins* (c'est le nom qu'on donne aux disciples), chacun, sans être indifférent pour le reste, est *empoigné* par une passion favorite, ou bien par deux ou trois.

C'est ainsi que mon aimable et savant ami Bouteille se *gaudit* en présence du *Peltis grossa*, et que les sabots sans pareils du *Cypripedium* le font tomber en pamoison. Mais, du moins, il conserve son calme à l'endroit des choses cynégétiques, et nous explique avec sang-froid ce qui distingue les terrains jurassiques des terrains crétacés.

Un autre Alpin très-aimable et très-aimé, Ravanat, peintre cénobite à Proveysieux, rue du Ravin, nᵒ 3, s'exalte devant les infirmités d'un sapin séculaire et

cent fois foudroyé, ou bien il pleure à chaudes larmes
en contemplation des *robustes bûcherons buvant
au cabaret ;* mais il reprend possession de lui-même
quand il entasse froidement, dans les feuillets de son
herbier portatif, le *pinguicula* ou la *soldanelle.*

Gavet, lui, ne garde aucune mesure. Il horripile
de joie et monte sur le trépied de sa sybille, à propos de toutes les belles choses à la fois ; et, par surcroît, il additionne souvent ses ébriétés d'aphorismes
insensés sur les femmes, la politique ou les choses
sociales. N'importe, c'est une rude et furieuse cervelle, et pas une voix au dernier conclave, n'a omis
de le maintenir dans sa dignité de *Cardinal des
Alpins.*

Est admis dans la *Corporation* ou dans l'*Ordre des
Alpins,* tout chasseur passionné et tout enragé
pêcheur à la truite, tout naturaliste ardent et tout
peintre ou tout poëte dépourvu de modération, un
artiste quelconque enfin, pourvu qu'il justifie d'un
amour désordonné pour les Alpes dauphinoises.

Les symptômes ordinaires de la vocation sont un
mépris profond pour la mode, pour la toilette et les
autres arts efféminés ; une horreur instinctive pour
les choses maussades d'en bas, les avocats, les brasseries, les paperasses et la musique. M*, bon tireur
et doué encore d'autres aptitudes, a été refusé impi-
toyablement pour avoir fait monter un piano au
pied du Taillefer. Les Alpins, depuis, ont purifié les
lieux.

Néanmoins, la constitution est essentiellement libérale et n'admet pas les incompatibilités. On peut même être Alpin et notaire à la fois. Le culte philosophique pour la femme est toléré.

Il y a un dictionnaire. Gavet et Victor Cassien sont ceux qui l'ont enrichi davantage. Une géographie aussi, qui divise, pour les Alpins, la France en deux parties, — les Alpes qui sont la patrie, et tout le reste, qui s'appelle *le pays-plat*.

Il y a également des récompenses et des distinctions. L'Alpin qui fait franchement coup double sur de vieux tétras dans la pente, prend un chevron. Celui qui trouve le *carabus nodulosus*, ou qui découvre un nouveau champignon comestible passe d'emblée *dizenier*.

Tous les Alpins font semblant d'avoir une profession dans le monde ; pour eux c'est une tenue au pays-plat. C'est ainsi que Grivel affectait, à Grenoble, de porter sous son bras une caisse à violon. Beaucoup s'y sont trompés et l'ont cru musicien, tandis qu'il n'a jamais été que chasseur, *compaignon* et dizenier parmi les Alpins. Des chasseurs même s'y sont laissé prendre, voyant ses coups de feu toujours partir à la manière des doubles croches. Pour moi, je n'ai connu de lui d'autre musique que sa désopilante chanson de *Père-Grégoire* :

> Onze demoiselle,
> Gracieuse et belle,
> Et bien fournie.....
> Voilà qui est bon !

Nul parmi ceux qui ont entendu et vu Grivel, à la

tribune du cabaret, *rabelaiser* ses quatre-vingt-quatorze couplets de *Père-Grégoire*, ne perdra jamais la mémoire de ce Talma de la chanson.

*
* *

Aimable et bon Grivel ! *optimus* parmi les *compaignons*, et Pylade pour tous les Alpins ; *vas insigne* de la gaudriole, toujours moqueur et jamais offensif ! Qui nous rendra cette fontaine éternellement jaillissante de gaietés bonasses et de mots charmants ?

Un jeune dénicheur de croches, enflammé des premières ardeurs, et trompé comme tant d'autres par la caisse à violon, vint un jour proposer à sa signature les statuts d'une association musicale. — C'est dans le but de nous réunir chaque dimanche, dit le jeune homme, et de nous divertir à la musique. — Mon jeune ami, lui répondit Grivel, avez-vous vu quelquefois les cordonniers se réunir le dimanche, avec le projet avoué de se divertir en faisant des souliers ?

Dans les dernières années de sa vie, l'ayant rencontré un jour d'ouverture sur les coteaux de Montferrat, il se plaignit de son tir qui faiblissait. — Mon ami, me dit-il, si la caille part droit devant moi, je la pelote encore. Mais si elle prend par travers, infailliblement je la manque. — En avez-vous beaucoup fait lever ce matin, lui dis-je ? — Une soixantaine. — Et combien en avez-vous tué ? — Mon cher ami, répondit-il, avec ce bon rire de toute la figure qui n'appartenait qu'à lui, elles ont toutes pris par le travers.

*
* *

Il habitait une vieille maison de Grenoble dont, à tous les étages, les planchers étaient branlants. Au-dessus de sa tête, M. et Mme X...., bonnes gens, mais mélomanes plus qu'il ne convient de l'être, vivaient en proie aux doubles croches. Chaque soir, dans cette famille, éclatait une débauche instrumentale du père, de la mère, des fils et des demoiselles.

Grands Dieux, disait à Grivel un ami, ils feront crouler le plancher sur votre tête !

Oh ! n'ayez point peur, répondait Grivel avec bonhomie. Ils sont si attentionnés ! figurez-vous que, par précaution, au lieu de battre la mesure tous ensemble, je les entends frapper du pied l'un après l'autre.

Dans sa dernière année, et sa santé déclinant vite, il me disait, toujours avec son bon sourire : « Mon ami, la vie est un escalier. Les autres le descendent, moi je le dégringole. »

Pour chasser le coq de bruyère, quel chien doit être préféré ? Le chien d'arrêt, sans hésitation. Certes, j'ai chassé souvent le tétras, et longues années et avec fruit, aidé de chiens n'arrêtant pas ; mais quels chiens et quelle éducation ! Ici où nous posons des principes, disons donc qu'il faut le rechercher avec des chiens d'arrêt.

A l'heure néfaste où j'écris, de toutes les décadences, ainsi que nous avons fait de chacune des idées saines de nos pères, nous avons fait aussi du soin qui présidait au maintien de nos races françaises. La

France avait importé d'Espagne un braque qu'elle avait perfectionné. Les trois couleurs, brun, noir et blanc, fondues dans un admirable et parfait mélange, le paraient d'un manteau tigré, aux tons chauds, plus adoucis sous le ventre.

Sa vaste poitrine enfermait des poumons inépuisables, et sur la tête aussi bien qu'aux jambes, les muscles grêles, amincis et comme *raclés*, lui prêtaient les formes plastiques du cerf.

Ardent et souple à la fois, docile et croisant toujours bien, par intelligence comme par nature, il était, à la nage, supérieur à l'Epagneul lui-même, et dans la broussaille épineuse, préférable au griffon de Bretagne. A la chaleur, nul ne lui pouvait être comparé, et les ardeurs de midi n'altéraient en rien les délicatesses de son nez.

*
* *

J'ai possédé de cette race deux chiens restés célèbres et dont le nom viendra plus d'une fois sous ma plume. *Bruno*, magnifique mâle, un peu trop plein, peut-être, du sentiment de sa dignité, et *Mensonge*, chienne admirable.

Je l'avais baptisée de ce substantif, d'abord en souvenir de son premier arrêt qui fut *un four*, ensuite dans le but de corriger l'Académie qui a fait la faute dans son dictionnaire, de ne point féminiser ce mot.

« N'est-ce pas une honte, s'écrie Gavet, que toutes
» nos races de chiens, cynégétiques aussi bien que
» les autres, se trouvent effondrées aujourd'hui dans
» les abîmes d'un communisme hideux? Qui peut,
» sans gémir, voir défiler sous ses yeux *les barba-*
» *rismes à quatre pattes* qui grouillent dans les rues

» de nos cités, depuis *le Havanais*, photographie du
» *petit crevé*, jusqu'à l'infecte boule-dogue, précurseur
» du communard et sa parfaite image ? »

Armé de ce seul indice, Gavet depuis longtemps,
— Cassandre jamais écouté, mais finissant toujours
par avoir le dernier mot, — a pronostiqué tous nos
abaissements.

*
* *

Donc notre race exquise de braque moucheté est
aujourd'hui perdue. Dans la France méridionale,
cependant, vous en trouverez peut-être quelques épaves, mais si vous voulez faire mieux et plus sûrement,
reconstituez la race. Le procédé, emprunté à nos
devanciers, est facile aux mains d'une association cynégétique.

Faites venir d'Espagne, et mieux de Majorque, deux
chiens et deux lices choisis, tout dressés, variés de
poil. Vous les recevrez *rouges*, *rouges et blancs*, —
rouges, noirs et blancs ; c'est bien là votre affaire. Vous
avez, dès lors, pour chasser de suite, des chiens excellents, et après trois ou quatre croisements dirigés
avec intelligence, vous aurez fondu les couleurs et
reconquis la race tigrée, la race perdue, la race exquise.

Vous voilà donc en possession d'un chien et vous
pouvez vous mettre en quête du tétras. On commence
à le rencontrer à six cents mètres d'altitude, mais
la hauteur de quinze cents à deux mille mètres est
celle qu'il affectionne. Marchez et tenez vous prêt
pour l'action, dès que vos pieds vous auront porté,
comme le dit si bien notre poëte Ravanat,

> Aux lieux bénis où se rencontre
> La fraise à côté des glaciers ;
> Où jamais on ne butte contre
> Les avocats et les banquiers.

L'Alpin Ravanat, dans le monde, est réputé peintre, et cela s'explique à voir de lui tant de charmants tableaux ; mais il est poëte avant tout, et particulièrement *Vates* des Alpes. Nul n'excelle autant que lui à flétrir les entraves et la *convention* des cités, et ce n'est pas à lui, ni de lui qu'il faut aller dire, à Proveysieux : *sua si bona norint !*

*
* *

Dans la région où vous voilà parvenu, les sapins rabougris et clair-semés ne s'offrent plus que par bouquets épars. Le rosage et l'airelle alternent leurs tapis et quelquefois les mélangent. C'est la terre bénie que vous allez fouiller.

Votre chien, *d'un pas docile et lent*, croise devant vous et témoigne d'un *sentiment*. Ce n'est rien encore, et pourtant c'est bien quelque chose. Voilà déjà les *grattés* profonds du tétras. Le tétras est un oiseau *pulvérateur* par excellence. Aux heures chaudes de la journée, il aime, dans un trou creusé en baignoire, coucher son corps et poudrer ses chairs, au travers de ses plumes retroussées, — d'un terreau fin, sec et salutaire.

Ce sont là ses *poulailleries*, suivant la juste et pittoresque expression de Victor Cassien, un autre Alpin encore celui-là, chargé du dictionnaire, aimable artiste au crayon duquel nous devons de si charmants dessins dans l'*Album du Dauphiné*.

Les poulailleries sont des témoins à charge. Elles disent, ou peu s'en faut, à quel nombre de tétras vous allez avoir affaire, et vous désignent aussi les sexes par les plumes qu'elles ont retenues. Si les oiseaux y ont fait leur nuit, non loin du bord un bourrelet de crottins frais, bien roulés en colimaçons, vient vous l'apprendre.

Mais nous causons, et votre chien tient l'arrêt. L'avez-vous jamais vu plus beau ni plus en extase? Ah! comme il sait bien quel noble oiseau palpite sous son œil torve!

Si vous ne jugez pas votre position sans défaut, vous pouvez la corriger, l'oiseau tient au ferme; descendez un peu. Vous voilà sous l'arrêt splendide, dans la pente, et les tétras entre deux feux, dévoré vous-même aussi bien qu'eux par l'œil enflammé du chien. Prenez garde et tenez-vous bien! les tétras vont vous décoiffer.

*
* *

Dans la pose critique où je vous laisse, le danger c'est l'appréhension du départ. Les mieux doués et les plus endurcis reçoivent alors un coup de poing dans la poitrine, c'est le *minimum*.

Un vol de perdrix émotionne, la bartavelle fait tressauter; mais comment peindre le départ du tétras? Gérando, dont j'ai parlé, tombait alors évanoui, et si son arme, lui partant aux jambes, ne le réveillait pas, il me fallait le traiter avec des cordiaux. Mais Gérando n'a jamais pu se faire à aucun départ, sinon celui de sa maîtresse.

La détonation éclate, celle du tétras d'abord, la vôtre ensuite. Certes, je n'admets pas que vous ayez tiré droit, mais un plomb *séparatiste*, la *graine sif-flarde*, si chère à Grivel, par miracle a brisé la tête.

Vous descendez à cinquante mètres plus bas ramasser votre conquête, et lorsqu'éperdu de joie, dans la paume de votre main bien étendue, vous *soupesez* sa masse charnue et pantelante, du coin de l'œil, vous voyant ainsi en proie au saint délire, Saint-Hubert, n'en doutez pas, essuie une larme furtive.

A la rescousse maintenant. Vous avez suivi du regard les coqs de bruyère survivants, et cet oiseau, d'ordinaire, est de bonne remise. La recherche ici doit être plus soignée encore que tout à l'heure. Vous n'avez plus à votre aide ni les *poulailleries* des tétras, ni le *sentiment* de leur promenade matinale aux environs des *trous*.

Mais vous avez l'intelligence et l'ardeur décuplée de votre chien. Il a vu *par corps* les tétras échappés, et brûle de les retrouver. Tempérez ses ardeurs d'une mixture d'admonestations, et tâchez vous-même de faire provision d'un sang-froid meilleur.

Le *mettre-au-vol* n'est pas toujours aussi facile. Bien souvent vous verrez, dans d'autres cas, votre chien revenir dix fois sur lui-même, multiplier ses arrêts mal assurés, reprendre la voie et la ramener parfois jusque dans vos jambes. Vous diriez devant lui d'un râle de genêts, tant la résistance est tenace et les crochets renouvelés.

Prenez garde, ce sont des tétras, si peu croyable que la chose puisse vous sembler, et leur vol tout à coup va vous surprendre. Mais ils ne s'enlèveront qu'au nez du chien, et lorsqu'ils se verront près d'être happés. Ce sont là des tétras d'une autre année, des tétras à chevrons, et ce sont des femelles ordinairement.

Les chasseurs novices souvent les abandonnent, à bout de patience, et croyant leur chien halluciné sur une voie *creuse*.

*
* *

Le vieux coq, et plus il est vieux, vit ordinairement solitaire. Fort souvent il décampe au bruit, ou bien à la première approche du chien. S'il n'a pas alors élevé son vol pour prendre un grand parti, vous allez le retrouver devant vous, remisé cette fois dans un couvert d'airelles ou de rosages et tenant au ferme l'arrêt.

Lorsque, au contraire, dès le premier départ, il a pris un grand parti, suivez-le de l'œil, toutefois, pour connaître à peu près sa remise, et si, dans la journée les méandres capricieux de votre chasse viennent à vous en rapprocher, l'expérience vous aura fait deviner bien vite le point précis où vous devez le rechercher.

Durant les heures caniculaires, les tétras s'abritent contre la chaleur. Les coqs ou poules solitaires et les adultes restés en petits groupes affectionnent alors pour leur refuge, dans la région des forêts élevées, ce que Victor Cassien nomme *les pois lupins*.

Les pois lupins sont des étendues considérables de l'osmonde royale, *osmunda regalis*. Sous les sapins très-éclaircis à cette hauteur, cette magnifique fougère rencontre précisément la pénombre et l'altitude qui conviennent le mieux à son développement le plus splendide.

Le chasseur y disparaît jusqu'aux épaules, et le chien y est littéralement englouti.

De onze heures à trois heures, foulez silencieusement les fougères, marchant avec lenteur, et croisant devant vous sans cesse et sans souci du chien. Le chien vous ne sauriez le voir, et le *remou* des fougères à la surface, seul vous marque sa présence.

Vous pourriez du reste, sans inconvénient, mettre son nez dans votre poche. Aussi bien que vous, il est abandonné au hasard de la fourchette, car, dans le dessous où il fouille, les tiges serrées de l'osmonde interceptent le *sentiment*.

Cette manœuvre silencieuse, ce bruit discret, est présisément ce qui fait lever les tétras. Ils partent de près, de très-près, à grands fracas, pleins de terreur, et vous avez des coups superbes en plein tapis de fougère.

Lorsque devant vous, ce qui n'est point rare en montagne, se présente une ligne, une série de petits sommets dont la hauteur n'excède pas deux mille ou deux mille trois cents mètres, suivez et parcourez ces crêtes. Il est bien rare que de vieux tétras, par un, par deux ou par trois, n'aient pas choisi ces belvédères pour y passer la saison d'automne, et voici pourquoi : Le temps, grand professeur en toute chose, a renseigné le vieux tétras sur les allures de rotation du soleil.

Or, le tétras est un cacique, et il adore le soleil à son lever, à son coucher. S'il le fuit au milieu du jour, c'est dans *les creux* seulement où ses rayons s'accumulent insupportables. Mais dans l'Ether des sommets, rafraîchi par toutes les brises, l'altitude le lui fait trouver toujours bon.

Vous comprenez maintenant : le tétras en villégiature sur une crête, du matin au soir, se mesure le soleil à sa guise, en accomplissant un mouvement rotatoire, avant-coureur, hélas ! du mouvement de la broche, *sa demeure dernière*.

Et tenez, nous venons, vous et moi d'en rencontrer une paire sur un sommet, et, j'admets, puisque la fiction m'autorise, que nous les avons *pelotés* tous deux. Sachons tirer un fruit de la victoire et dévisageons leur domicile.

Aux quatre points cardinaux de la crête qu'ils avaient choisie, vous trouvez leurs poulailleries, leurs trous, leurs chambres. Le vent du nord a régné durant la nuit entière ; ils ont couché, soyez-en sûr, dans la chambre du sud. En doutez-vous ? Regardez : la chambre du sud est couronnée à son bord d'un bourrelet de crottins frais.

C'est par l'habitude de ces observations seulement, par cette anatomie sur le vif obstinément pratiquée, que vous deviendrez chasseur digne de ce nom, *venator eximius*.

Méprisez les exemples du vulgaire *Bizet* qui empoche grossièrement son gibier sans rentrer jamais en lui-même, et sans ouvrir son esprit et ses yeux pour cueillir *la moralité*.

Suivez, au contraire, les préceptes de Gavet. Il a cueilli en sa vie tant et de si belles moralités, qu'il est devenu à lui seul toute une Sorbonne. Et quelle Sorbonne éternellement lucrative ! Vous allez voir !

Un jour, à *Lans*, aux *Gorges du Furon*, un brouillard, s'exprimant en une pluie fine, nous fit nous abriter sous le dôme d'un plantureux fayard, *sub tegmine fagi*.

La pipe obligatoire et propice étant allumée, notre attention fut attirée par le bruit sec d'un grésillement autour de l'arbre. A nos pieds pleuvaient incessamment les débris de la *faine*, fruit du fayard. Qu'est ceci, dis-je ?

Gavet alors me regardant du haut de cette supériorité à laquelle aujourd'hui je suis accoutumé et dont je ne souffre plus, répondit : *Loxia coccothraustes*. Puis, levant son arme, il détacha une *bourrée* dans la bedaine du hêtre.

A la détonation, un vol énorme d'oiseaux moyens s'enfuit de l'arbre, tandis qu'à nos pieds une manne bienfaisante de quatorze *gros-becs* vint pleuvoir avec grâce. Depuis ce jour seulement, j'ai su que la Providence avait départi à ce succulent oiseau son bec inqualifiable de Toucan, pour la besogne spéciale de décortiquer les fruits du hêtre-fayard.

Revenons aux crêtes. J'en ai pratiqué souvent le parcours, presque toujours avec succès. Seulement, dans cette chasse, le coup de fusil, d'ordinaire, est difficile. Le gibier *a de l'aile* autant qu'il s'en puisse voir, et plus qu'on en veut, et la pente propice est par lui tôt rencontrée.

*
* *

Dans les hauteurs moindres, fouillez les gaulis clairs. Je ne parle pas des boqueteaux d'arbres poussifs, sapins, mélèzes, pins sylvestres ou cembro; tout chasseur connaît l'affection des coqs de bruyère pour ces derniers bosquets des forêts expirantes.

Mais j'entends par gaulis, de petits bois d'essences très-diverses, formés par les derniers bouleaux et les derniers érables, entremêlés de noisetiers, de saules *Marceau* et de saules *Daphné*, et des essences si variées des arbrisseaux et des arbustes des Alpes. Ces gaulis sont pleins de baies appétissantes, et surtout les nerpruns divers, *Rhamnus saxatilis*, *infectorius* et quelques autres, y convient le tétras au festin de leurs perles d'ambre.

En montagne, ne négligez jamais les prescriptions du cinquième verset des commandements, au Décalogue des Alpins :

> Les pâtres interrogeras
> Pour en apprendre longuement.

Les pâtres sont les grands prêtres des Alpes, et ce sont eux qui tiennent dans la montagne le livre des *Védas*. Ils vous préciseront les places où les tétras ont chanté au matin. Hors la saison des amours où le mâle chante perché, cet oiseau chante à terre jusqu'au lever du soleil. Mais les pâtres vous diront bien d'autres choses encore ; ils sont une source de science que vous ferez jaillir, si vous savez frapper le rocher.

*
* *

Bien souvent le tétras, se sentant rapproché par le chien, gagne les abords d'un bouquet d'arbres résineux et se branche dans le noir feuillage. Quelquefois il accomplit cette manœuvre discrètement et sans que le chien l'y oblige, mais alors même vous êtes averti par le bruit, car son coup d'aile n'est pourvu que d'une discrétion relative. D'ordinaire il attend, pour cette opération, que le chien l'ait rapproché sous le boqueteau, et le serre de trop près. Un bruit éclatant se fait alors entendre.

Après avoir tressailli, car c'est la règle, vous attendez l'oiseau superbe. Rien ne paraît, le bruit a cessé tout à coup, le coq est dans les branches. Mais l'œil et l'oreille vous ont informé.

Tirez promptement alors, car s'il se voit observé, — de son perchoir, tremplin favorable, il va s'élancer comme la foudre.

*
* *

Nous chassions un jour le coq de bruyère aux parages magnifiques de *Champcella* et de *Pallons*, au-dessus de Mont-Dauphin. Mathonet, qui faisait ses débuts, vit devant lui se brancher un tétras splendide, et le coucha tant de fois en joue avec incertitude, que l'oiseau partit avec éclat, salué vainement des deux coups de son adversaire. « Je l'apercevais bien *blanc* » *et noir*, dit-il après, mais pour tirer plus sûrement » je cherchais la tête. »

« Imbécile, lui dit Philippe, à la chasse aux tétras, » souviens-toi bien : dès que tu vois *noir et blanc* » tire au milieu, et surtout tire vite. »

Mathonet, le lendemain, sans tarder prit sa revanche. Devant son chien très-animé, il aperçut *noir et blanc*, tira vite et sans hésitation, et s'en fût ramasser une belle chèvre. Son budget se trouva grevé, de ce chef, d'une somme de quarante francs, selon la facture.

Cette mésaventure et d'autres pareilles, inséparables des nobles ardeurs du début, n'ont point empêché Mathonet de devenir *Marcellus*. Non-seulement il est aujourd'hui classé parmi les chasseurs d'élite, mais, sur les traces de son oncle, le célèbre botaniste de la Grave, il a pris le rang de premier *herboriste* dans l'ordre des Alpins.

Mathonet est le dénicheur le plus heureux d'espèces nouvelles, et c'est lui qui a prouvé contre Mutel que le *salix lautaretica* est bien une espèce constante et parfaitement distincte, tant par ses caractères que par son *habitat*.

En archéologie, il a vraiment l'œil de l'aigle. Dans tous le pays d'Oisans et principalement au-dessus de Saint-Christophe, vers les régions qui montent à *la Bérarde*, des ruines d'habitations humaines, accusant une destination culturale, attestent que l'homme, autrefois, habitait et labourait des hauteurs abandonnées aujourd'hui. Mathonet a découvert, jusqu'au contact des glaciers, des habitations même féodales qui témoignent qu'au temps passé, des forêts épaisses protégeaient ces hauts parages, et que l'homme, dans son imprévoyance, prend soin lui-même aujourd'hui de faire descendre jusqu'aux vallées — et les glaciers maussades et les rigueurs hivernales. C'est Mathonet aussi qui est dépositaire des archives géologiques des Alpins.

Vous n'ignorez pas que le coq de bruyère est polygamme. Il ne l'est point tout à fait à la façon du coq de nos basses-cours, qui conduit et gouverne plusieurs poules, leur donnant régulièrement *satisfaction*. Cependant au moment des amours, lorsqu'il chante et se démène sur la cîme extrême d'un arbre résineux, on voit les poules se rassembler au pied de l'arbre. Le coq descend alors, et temporairement il est comparable au coq ordinaire au milieu de ses poules.

Dans d'autres occasions encore, mais accidentellement, on rencontre, hors la saison des amours, de vieux coqs au milieu d'un sérail de femelles, et j'en ai vu un cas singulier, un jour où je chassais à *Fontgillarde*, au pied du *Viso*, en compagnie de Philippe.

Philippe est un Alpin très-distingué, chasseur éminent et mycophile. Comme chasseur, il est fort estimé non-seulement pour l'excellence de son coup de feu, mais aussi en raison de l'ingéniosité de ses procédés, quand il faut passer la nuit à la belle étoile, *sub Jove frigido*.

Comme mycophile, il n'a pas son pareil dans la Corporation. Nul ne tressaille d'autant de joie à la rencontre d'une escouade de *ceps charbonniers*, semblables à des ramoneurs, ou bien en présence des *clous* de rose et de neige de la *Pratelle comestible*. L'aspect subit des oronges *pourpues* le fait entrer en défaillance.

Nul, non plus, ne flétrit de mots plus amers l'abject

champignon de couche, enfant du fumier, fumier lui-même.

Il expose que Lamarck et de Candolle, dans leur *Flore française*, et quel que soit dans cet ouvrage le mérite scientifique de la classification, que Bulliard ou Dutrochet, Cassini et Turpin, Palissot de Beauvois, et Linné avant tous les autres, n'ont décrit, et imparfaitement décrit dans leurs œuvres, qu'un nombre d'espèces fort restreint, et que la Mycologie alpestre à grand peine y est soupçonnée.

Il expose encore que des ouvrages très-récents, parisiens et hors de prix, viennent de rééditer, à grand renfort de planches exécrables, sans corrections, sans additions, et par un travail de copiste, toutes les insuffisances de la tradition.

Et il déclare enfin qu'au point de vue culinaire, les écrivains qui ont pris la plume sur la matière, se sont montrés aussi incomplets et médiocres observateurs que les écrivains botanistes.

Tous ces aphorismes, Philippe les appuie, le long des sentiers ou des pâturages, par des exemples à la main, ou bien, le soir, par des justifications dans la casserole. Il termine toujours par cette conclusion : que *le besoin se fait sentir d'une Mycologie des Alpes*, destinée à faire grand bruit dans le monde, dont il détient tous rassemblés les éléments merveilleux, et pour laquelle il demande à l'Ordre des Alpins les fonds nécessaires à sa publication.

Malheureusement, depuis l'introduction de sa requête, le budget le plus heureux de l'Ordre s'est trouvé
clos par quatre francs cinquante centimes de déficit,
et les Alpins se voient forcés, à regret, d'ajourner Philippe jusqu'à l'époque où, — trois cent mille francs se
trouvant condensés dans leur caisse, — ils pourront
publier eux-mêmes leur grand ouvrage projeté, illustré
de planches toutes prêtes par Victor Cassien, l'*Encyclopédie des Alpes dauphinoises*.

Un dernier coup de crayon au portrait de Philippe.
HIPPOS, *cheval*, *Philippe en vient :* ainsi s'expriment
les *Racines grecques*. Mais ici les Racines tombent au
plus mal.

En aucun temps je n'ai connu d'accointance entre
Philippe et les chevaux, et je ne suppose pas qu'il
devienne jamais Centaure, à moins que la mode arrive
de rechercher les champignons à la chevauchée.

Philippe, en revanche, est *premier soulier* parmi
les Alpins, et la Providence, en lui distribuant son nom,
s'est complue dans un euphémisme pareil à celui que
je l'ai vu commettre lui-même le jour où il nous présenta sous le nom de Modeste, la seule maîtresse qu'on
lui ait jamais connue.

Depuis son entrée dans l'Ordre, Philippe a été quatorze fois chevronné pour Nomenclature ou Monogra-
phies de champignons inédits, et pour Pratelles *Bursa-
pastoris*, sautées *à la Philippe*.

Quand il prêche l'amour divin de la science mycologique, Philippe inspiré me semble toujours une fontaine d'enseignements.

« O savants toujours les mêmes, dit-il alors, *quous* » *que* vous obstinerez-vous à cacher la lumière? De » puis un siècle, copiant l'erreur avec acharnement, » vous tenez l'homme suspendu entre la crainte de » l'empoisonnement par acide fungique, et l'igno » rance des trésors culinaires que la Providence avec » tendresse a déposés à ses pieds! »

Des douze points du sermon de Philippe, entre autres choses, j'ai retenu ceci :

Parmi les champignons, et sur un nombre d'espèces aujourd'hui décrites, qui se chiffre par plusieurs mille, — une trentaine, au plus, sont reconnus vénéneux à des degrés différents.

Sur ces trente malfaiteurs, *trois* sont atteints et convaincus, à eux seuls, des *quatre-vingt-dix-neuf centièmes* des meurtres accomplis.

Ce sont, par ordre de culpabilité, — l'amanite vénéneuse, *amanita venenosa* (Persoon), l'amanite fausse-oronge, *amanita muscaria*, et le bolet indigotier, *boletus cyanescens*.

Dans ce triumvirat funeste, l'amanite vénéneuse, véritable Troppman parmi les champignons, s'adjuge pour sa part *les quatre-vingts centièmes* des assassinats.

Elle doit cette supériorité et cette prépondérance dans le forfait, à sa couleur *blanche ou blanchâtre*, qui lui permet d'être confondue par les ignorants avec les pratelles comestibles, les mousserons divers

et les nombreuses espèces de champignons des prés,
tous, comme elle, au chapeau *blanc ou blanchâtre*.

Si les savants daignaient imprimer et vendre à
trois sous *un opuscule vulgarisateur de trois pages et
de trois planches*, l'enfant lui-même, sans labeur et
du premier coup, en saurait assez dès lors sur la
fausse oronge et le bolet pernicieux, pour ne les confondre jamais avec l'oronge vraie et les bolets comestibles, — pas plus que vous ne confondez une ci-
trouille avec le bonnet à poils du sapeur.

Quant à Troppman, quelques caractères judicieusement indiqués, — *la couleur des feuillets de son
livre, — le manche de son parapluie, — son chapeau
toujours crasseux, — les mauvais lieux qu'il fréquente*, — le signaleraient pareillement, et par des
moyens sûrs, à la vindicte publique.

Et d'ores et déjà, c'est-à-dire au bout de ce premier et court chapitre de *l'opuscule à trois sous*, seraient écartés les empoisonnements si fréquents par
l'amanite vénéneuse, et ceux aussi, moins nombreux,
mais qui se rencontrent néanmoins, par l'oronge
fausse et par le bolet indigotier.

Après avoir ainsi vigoureusement instruit le procès
contre ces trois bandits, en un premier chapitre à
part, — l'opuscule donnerait encore, en un chapitre
moindre et deuxième, le signalement et la nomenclature des malfaiteurs en sous-ordre, au nombre de
vingt-cinq environ, beaucoup moins à craindre que
les sus-nommés, attendu qu'ils n'affectent point comme eux la tournure et la physionomie des champignons honnêtes.

*
* *

C'est ainsi que les plus novices catéchumènes, débutant dans l'étude des précieux cryptogames, se trouveraient familiarisés bien vite avec la rencontre et la reconnaissance :

1º De huit espèces d'amanites malfaisantes que la Providence a marquées de signes infamants, *les stigmates dartreux d'une lèpre honteuse;*

2º De six *lactaires*, — de suite signalées par le liquide coloré et abondant qu'elles versent de toute cassure ;

3º Et de douze agarics, tous d'assez piètre mine, à chair *mollasse et filandreuse*, ou *foliacée et sans consistance,* aisément reconnaissables dès qu'on les a deux ou trois fois dévisagées.

Par l'étude facile de ce dernier chapitre, et fortifié de plus par quelques promenades mycologiques, le néophyte prendrait sa deuxième inscription, et en même temps prendrait possession sans crainte, — dans les basses terres, d'une trentaine d'espèces, — et dans la montagne, d'une trentaine encore, — de champignons exquis, *pratelles* et *cortinaires*, — à la chair épaisse, plantureuse et parfumée.

Voilà pour la vaste famille des champignons à pédoncule et à chapeau, agarics et bolets, — *champignons en parapluie* suivant le dictionnaire de Victor Cassien.

*
* *

Mais du sermon de Philippe j'ai retenu d'autres bribes encore :

Au premier printemps commence à naître tout un monde cryptogamique, n'ayant, par la tournure, aucun rapport avec les champignons en parapluie. Ce sont, toujours d'après le dictionnaire de Victor, les champignons — *en bonnet, en ciboire, en oreilles.*

Les champignons en bonnet d'abord. Vous en connaissez quelques-uns, les morilles diverses, par exemple, portant sur un pédoncule épais, irrégulier, tordu, un bonnet de laine alvéolé de plis, d'affaissements.

Ensuite les champignons *en ciboire.* Oh! c'est là tout un trésor, pareil au trésor de Notre-Dame de Paris, et Philippe va vous en ouvrir les armoires :

Ces champignons sont les *pézizes,* genre très-nettement caractérisé, détaché judicieusement aujourd'hui du genre *helvelle,* trop vaste et mal déterminé.

Brongniart et Fries, aidés de Persoon, comptent trois cent trente espèces de pézizes. Supprimons de suite pour notre commodité, et puisque ici nous ne sommes point en Sorbonne, — trois cent quinze espèces, petites ou très-petites, parasites ou gélatineuses — et retenons seulement environ quinze espèces, les plus grandes du genre, de trois à huit centimètres en tous sens. Leur forme est *en coupe, en gobelet, en petit verre, en ciboire.* Elles ressemblent, en leur jeunesse, au calice cupulaire qui couronne et retient le fruit du chêne, le gland des pourceaux.

Ce groupe très-distinct de pézizes croît sur la terre. Sa consistance est celle de la cire. Toutes les espèces sont comestibles, quelques-unes sont délicieuses, et sont, de tous les champignons, ceux qui, par le goût, se rapprochent le plus de la truffe.

L'espèce la plus printanière, et qu'on peut nommer également l'espèce type, — est la *pézize en ciboire, peziza acetabulum*, dont la récolte commence en mars pour ne finir qu'aux derniers jours de mai. Voici sa description :

Couleur enfumée, noirâtre, brunâtre, quelquefois blanchâtre en quelques parties, surtout à l'extérieur. Elle a d'abord la figure d'un grelot, et peu à peu elle s'évase de manière à prendre la forme d'un ciboire.

Dès le 15 mars, si le temps est doux, fouillez attentivement dans votre parc, ou bien, — et c'est ainsi que je fais moi-même pour des raisons particulières, — fouillez dans le parc des autres, — sous les résineux, les mélèzes, les pins divers, les sapinettes et les sapins.

Soyez attentif. Il s'agit ici d'un champignon que mille fois vous avez rencontré sans le voir, et dont cependant, en bon temps, vous allez apercevoir des foules, une fois que vous y aurez l'œil.

Courbez-vous accroupi, et restez immobile. Interrogez l'humus dénudé, et aussi la mousse naissante, et pareillement les tapis d'aiguilles jaunes, feuilles desséchées des conifères. Voici tout à coup devant vous, un petit ciboire élégant, un vase antique, enfumé comme un ramoneur. C'est la pézize ; mais à côté, voyez donc ! par deux, par trois et par quatre, elles viennent vous réjouir : c'est un fourmillement, et vous êtes en pleine récolte.

Cette première leçon et ce premier succès suffisent à votre éducation. Désormais à la plaine aussi bien qu'à la montagne, vous rechercherez et vous trouverez, vous devinerez toutes les espèces de pézizes comestibles.

Quelques espèces enfouissent leur ciboire dans la mousse ou dans la terre, ne montrant à la surface que la bouche pour respirer. Mais vous avez l'éveil, et votre œil exercé a bien vite découvert, — sous les pins, les sapins et les mélèzes, — des trous arrondis, semblables aux orifices des nids de la mygale, la plus ingénieuse des araignées.

Alors, du bout de la lame de votre couteau, enfoncée avec intelligence tout à côté, vous faites jaillir la calebasse savoureuse, ventrue comme une amphore.

La chasse aux pézizes est douée du plus vif attrait. Elle commence aux premiers beaux jours, et bien que le printemps soit la saison de l'éclosion la plus abondante, toute l'année vous rencontrerez, échelonnées, les diverses espèces de pézizes comestibles.

Quelques-unes sont *bivoltines*, même *trivoltines;* aucune n'est vénéneuse.

Philippe en est amoureux tellement qu'il termine ainsi son sermon :

« O pézizes, don des immortels, famille succu-
» lente et qu'aucun meurtre n'a jamais entachée,
» sois louée, — depuis tes modestes coupes d'Europe,
» rivales de la truffe, jusqu'en ta fille géante de Java,

» *peziza aculeus*, dans laquelle on baigne un en-
» fant ! »

Les pézizes me rappellent un grand triomphe de Philippe.

Le soir d'une chasse au *Peuil-de-Molines*, dans le Queyras, et Mathonet ayant obtenu dans la journée les honneurs du triomphe à l'endroit des coqs de bruyère, Philippe fut à son tour complimenté, le soir, pour avoir divinement réussi, *à la provençale*, la *cortinaire géante* des pâturages, *agaricus esculentus alpestris*, de la future encyclopédie des Alpins.

Exalté par le vin généreux de Guillestre et par l'encens que, dans un toast, nous fîmes monter jusqu'à son cerveau : « Mes amis, s'écria Philippe, je prends » l'engagement, sommé par vous, et quel que soit le » jour de l'année, de vous faire manger, à midi, des » champignons frais, cueillis le jour même en votre » présence ! »

Connaissant bien Philippe incapable de récolter l'immonde champignon de couche sur son lit de fumier, nous nous hâtâmes de relever le gant.

L'homme est parfois généreux, mais rarement quand il parie. Donc, au 20 décembre qui suivit, et nous trouvant tous, par les frimats, déportés au pays plat, nous allâmes réveiller Philippe au point du jour, deux pieds de neige encombrant la place Grenette.

A notre sommation narquoise, Philippe serein répondit qu'il ne se sentait disposé nullement à se *dématiner* de la sorte, et finalement il nous ajourna à onze heures. A onze heures moins le quart nous étions chez notre victime.

Le misérable ! sans même daigner sortir de la ville, il nous conduisit au faubourg Très-Cloîtres, dans un entrepôt où les bois attendaient la scie, et là, — sur les flancs maladifs d'un tronc géant, *populus alba*, il cueillit avec dignité plein son chapeau de la pézize des troncs, *peziza epipendra*.

Ces champignons, midi sonnant, interrogés et dégustés en concile à l'hôtel de l'Europe, étaient reçus bacheliers sans boule noire.

Encore un mot, pour en finir sur cette grande et précieuse famille des champignons *faciles*.

Dans les champignons *en bonnet*, vous avez les Morilles. En outre de celles que vous connaissez et récoltez, l'étude et la recherche vous en feront découvrir, dans les Alpes, des variétés précieuses, des espèces distinctes, selon Philippe.

Vous avez ensuite les champignons *en oreilles*, les Auriculaires, selon Lamarck et de Candolle. L'espèce type est l'Auriculaire Cariophyllée, *Thelephora cariophyllea*, qui croît sur la terre et s'étend sur le sol en forme d'une vaste oreille qu'on aurait coupée. Elle atteint jusqu'à quinze centimètres de largeur, et varie de la couleur mordorée au brun bistré, ou bien au gris de fer.

D'autres espèces sont comestibles aussi bien qu'elle, et croissent à terre ou sur les troncs. Aucune n'est malfaisante. Les forêts alpestres vous en fourniront des espèces nouvelles et succulentes; quelques-unes, à première vue, présentent l'aspect des grandes espèces de lichens, et notamment des *Patellaires*.

Donc, en ces jours-là, nous nous trouvions en chasse, Philippe et moi, dans les travers de Fontgillarde ; en ces parages immenses qui sont les faces septentrionales du Mont-Viso, tournées vers la France.

Aux *Pinières de Rochecourde*, tous les cônes du *formica* nous parurent grattés *de vieux* par les coqs de bruyère, bien que nos chiens, pas même *Mensonge*, ma chienne tigrée si parfaite, eût pu ramasser aucune voie. Mais aux approches de l'ourlet supérieur, la scène changea subitement, et nos trois braques à la fois se montrèrent tellement exaltés et sur des voies croisées dans tous les sens, que la prudence nous commanda de *coupler* derrière nos jambes *Faribole* et *Pluton*.

Mensonge alors, restée seule, nous donna le spectacle d'un *rapprocher* qui lui valut un chevron nouveau.

Tel le chien sagace du berger, sur l'immense pâture, *ramasse* les moutons épars et les condense en un troupeau, — telle on vit Mensonge, toujours savante et toujours attentive, multiplier avec sagesse ses enceintes en *grands-devant* et ses courbes dans *les arrière.* Admirable bête! combien vite elle nous fit savoir à quel point le cas était grave autant qu'insolite!

Vers un bouquet épais de pins tortillards encombrés de roches, retraite sacrée qu'à chaque instant son œil chargé de flammes contemplait avec amour et comme une arche sainte, — nous la vîmes longuement ramener, — sous ses arrêts hypocrites, mal assurés et comminatoires, — les tétras invisibles dont le nombre nous parut ne plus finir.

Sa besogne académique se trouvant accomplie, sans que la moindre imprudence fût venue rien compromettre, le noble animal, plus fier que l'homme qui vient de danser sans accident une gavotte sur des œufs frais, à trois pas du bosquet *planta* son arrêt superbe.

Philippe alors prit sa place à droite, selon son tempérament, et je me rapprochai de la gauche, malgré ma répugnance. Une joie inouïe nous fut alors réservée durant douze minutes.

Sans que Mensonge une seule fois sourcillât sous les détonations, sans qu'elle quittât jamais d'un pouce sa pose de *chien de pierre*, ni nous-mêmes, d'une semelle, la place que nous avions choisie, — trois fois nous pûmes recharger nos armes avant que le bosquet béni fût devenu *creux*.

La toile étant baissée, nous eûmes à cueillir sept tétras de première grandeur. Du bosquet enchanté il en était sorti vingt-deux.

Cet exemple, et avec lui cinq ou six autres semblables, démontre que les vieux tétras, rarement mais quelquefois, se réunissent ainsi par bande. Ce sont ces bandes que Gavet nomme des *agglomérés*.

Cet instinct, ou cette pratique, est constante et bien plus prononcée dans le tétras des neiges. Dans le tétras à queue fourchue elle paraît accidentelle, sans qu'on puisse dire quelle en est la cause déterminante.

Le soir, à Molines, nous fîmes un souper plantureux, où les truites du Guil figurèrent *en camisole*, suivant un apprêt bien connu des Alpins. Pour les *truites en camisole*, Philippe est le rival de Maurice de B. lui-même.

Après Gavet, qui sans contredit est la science universelle, Maurice de B. est le plus riche titulaire de diplômes *ès sciences alpestres*. En entomologie, son cerveau est le seul que l'on puisse comparer au cerveau de Bouteille, l'admirable ordonnateur des collections du muséum de Grenoble. Mais ses aptitudes de vulgarisateur sont surtout inépuisables.

Consilio manuque, par la greffe, par les plants et par les graines, par la prédication et par les exemples, Maurice introduit et fait monter progressivement, dans les bourgs et hameaux des Alpes, la culture des légumes appropriés et des poires savoureuses.

Il a *haussé* de quinze cents mètres la pomme *gauloise, galoise* par corruption, au ventre tanné, et si délicieuse après sa pénitence de douze mois sur la paille.

Il sait par cœur les écrits de Paul de Mortillet, et, des enseignements oraux de l'utile et honorable M. Paganon, son maître, — jamais son esprit n'a rien laissé perdre. Il enseigne que la poire *glace, vilgouleuse* en Dauphiné, a précisément les mœurs et les exigences de la reinette franche, amante de Borée et fille du Septentrion.

*
* *

Les curés sont ses collaborateurs. En pisciculture il est le seul homme pratique en France, et ses *tanchières*, dont je veux parler plus tard, commencent à faire la richesse des rares campagnards qu'ils a convertis.

Maurice est d'humeur charmante, mais il est un point sur lequel il n'entend pas la plaisanterie. Il s'agit de la pêche à la ligne. Les autres arts et sciences, à ses yeux, sont *doués* d'une infériorité regrettable.

Dans la corporation nous protestons bien un peu, mais il est certain que, de la pêche à la ligne, Maurice a reculé les limites.

*
* *

Son corps, né malingre, est devenu d'acier au souffle prolongé de la *div-aria*. Mais il est bon de vous expliquer la *div-aria*.

Vous connaissez la *mal-aria*, cette première étape de notre peintre dauphinois Hébert vers la Renommée, et, dans cette toile attachante, vous avez admiré les effets morbides de l'air Pontin sur la figure jeune et mâle, énergique et toutefois vaincue. Eh bien, la *div-aria* est précisément le contraire de la mal-aria. Pour l'étendre en rôtie sur une toile, ce ne serait point trop du pinceau de Rubens, le peintre-poëte des muscles surhumains et des santés improbables.

Vous savez aussi que les effets salutaires de l'altitude, par aucun peuple ne sont ignorés, et que les Hollandais à Java, aussi bien que les Anglais dans l'Inde, vont radouber sur les sommets leurs corps affligés d'avaries. Mais nulle part le phénomène ne montre autant de puissance que dans les Alpes du Dauphiné, et c'est pour qualifier cette manifestation exubérante que l'Académie des Alpins l'a nommée justement la div-aria. Voici quel en est le mécanisme :

A mesure qu'on s'élève, l'air se raréfie et s'épure en même temps. A quinze cents mètres déjà, l'analyse le démontre entièrement dégagé des immondices humains qui l'empoisonnent à la base.

Mais il y a mieux, et cette couche assainie se trouve être, de plus, incessamment saturée et parfumée par les aromates des armoises, des valérianes, des mille-pertuis, des aspérules, et des innombrables espèces dont se compose la flore des Alpes du Dauphiné.

Il en résulte, pour la chambre d'air des poumons, une opération de lessive, un gargarisme épuratoire de toutes les effluves de cette pharmacopée bienfaisante ; et l'homme sent alors distinctement — Dieu souffler en lui, sur la flamme de la vie, comme avec le chalumeau d'une lampe.

L'âme, aussi bien que le corps, se redresse régénérée, délivrés tous deux des maladies et des souillures du pays-plat, prêts à la lutte.

Les exemples de div-aria sont merveilleux, et je
veux vous en dire un qui m'a particulièrement pénétré d'admiration.

Non loin de l'*Etendart*, aux versants méridionaux
des *Trois-Ellions*, le père Marin, vieux pâtre parche-
miné de *la Crau*, vivait, l'été, sur les mêmes pâturages depuis trente ans. Ces trente saisons de div-aria
et de transhumance avaient accumulé sur sa tête la
rosée profitable d'une santé de fer et de trente mille
livres de rente.

Mais le père Marin n'en était pas enorgueilli davantage, et ses relations avec la corporation des Alpins,
dont il était membre honoraire, ont été toujours
pleines d'intimité. Une année, nous le vîmes arriver
avec sa nièce Marinette.

Au pays d'Arles, nulle ne peut être appelée Au-
gusta ni Marguerite ; mais si son père ou son oncle,
par hasard s'appelle Marin, obligatoirement elle est
baptisée Marinette.

Or, Marinette était tout simplement ravissante. Sa
peau charmante manquait évidemment de carmin ;
son œil trop doux dénonçait une morbidesse, et l'on
devinait sans peine pourquoi son oncle l'avait ame-
née se retremper aux montagnes, bien que Philippe,
toujours soupçonneux à l'endroit des convoitises d'en
bas, ait accusé d'abord l'aimable fille *d'amorcer* en
vue d'héritage. Toujours est-il que les indiscrétions
de son corsage avaient échauffé les têtes, et que,

durant la saison, les Alpins se cotisèrent pour des *stances à Marinette.*

Maurice avait d'abord entonné :

> Belle fille de la Provence,
> Que tu recèles de trésors !
> Eve du jardin de la France,
> Dieu se plut à parer ton corps.
> Il te donna de la Gazelle....
> . . . .

Mathonet avait dit ensuite :

> Je ne connais pas de basquine,
> Ni de châle dont les contours
> Serrent une taille plus fine
> Que ton corsage de velours.

Et Philippe :

> Ton épaule blanche et polie
> Se baigne aux flots d'un blanc mouchoir
> De mousseline — qu'humilie
> Le beau sein que tu laisses voir !

Enfin Gavet, qui a découvert des imperfections à la Vénus de Milo, avait fini :

> Si bien qu'on voudrait, fille d'Arles,
> A genoux t'adorer toujours !
> — Mais, *tron de Diou !* lorsque tu parles,
> Tu mets en fuite les amours.

Marinette descendit, en octobre, avec son oncle et les moutons, les mains pleines de stances, et pleine elle-même des trésors de la div-aria ; les joues pleines du carmin des Bengales, et de gorge, plein son corset.

Beaucoup d'Alpins poussent plus loin encore la théorie de la div-aria, et, pour eux, l'assainissement moral n'est pas moins saisissant que le rétablissement de la santé physique.

« Au souffle de la div-aria, disent-ils, l'âme s'épure, » et pas une difformité morale ne résiste à ce redres- » sement. »

Ce système singulier, ardemment soutenu, n'est point mal vu parmi les Alpins, attendu qu'il n'est entaché à aucun degré de la lèpre du matérialisme, exécré dans la corporation. Gavet, qui toujours va droit au côté pratique, est convaincu qu'un *Péni- tentier* dans les Alpes, serait un bienfait pour la France, et qu'après une saison de div-aria, les Avo- cats-Râbagas pourraient en être redescendus, et réintégrés dans l'épicerie, juste niveau de leurs apti- tudes natives.

*
* *

Le coq de bruyère *de l'année* reste fidèlement associé par compagnie, s'il n'est trop dérangé, jus- qu'aux derniers jours d'octobre. Pendant ce temps vous le rencontrerez avec certitude aux environs du lieu qui l'a vu naître, et d'autant plus près qu'il sera plus jeune. Ne commencez pas trop matin sa recher- che.

La rosée, dans les Alpes, est incomparable après une nuit claire, et votre chien, sans que vous puissiez l'en blâmer, enjamberait une nichée intacte, dont aucun *sentiment* ne serait venu lui révéler la pré- sence.

Ne vous mettez donc en quête qu'une heure au moins après le soleil levé, et tant que les fourrés d'arbustes seront mouillés, obligez votre compagnon fidèle à ne point les fouiller encore. Bien vite vous l'aurez dressé à ne quêter, à cette heure, que sur *les nus*, sur *les sentes*, et c'est là précisément qu'il va rencontrer *le pied*. Car les tétras, pas mieux que vous, n'ont aucun goût pour la mouillure, et, le matin, ils ne se promènent que dans *le clair*.

Nous disons donc que les compagnies de l'année ne s'éloignent guère. Il n'en est pas de même des vieux tétras, et leurs groupes de deux à six se permettent des promenades assez lointaines. Lorsque votre chien sera devenu bachelier *ès coq de bruyère*, vous le verrez, au milieu de la journée, accomplir la manœuvre que je déclare la plus intéressante, *le rapprocher de la voie du matin*, sur un développement de plusieurs centaines de mètres.

C'est là une opération savante, un écheveau plein de méandres, dont il débrouille sous vos yeux les fils enchevêtrés. Bruno, mon chien célèbre, était incomparable pour *ramasser une vieille voie*.

Un jour où je m'étais installé à *Cholonges*, en *Mateysine*, dans un simple but de préméditation contre les cailles, je fus abordé près d'un champ d'avoine par un pâtre messager qui me remit ce billet :

> La présente a pour but de te faire savoir
> Qu'hier à Pravourey j'arrivai vers le soir,
> Ayant tout près de là déjà pris connaissance
> De trois vols de tétras en leur pleine croissance,

J'en frémis de bonheur, mais toujours délicat,
Je t'attends, viens chanter à leur REQUIESCAT.

Ces six vers épiciers de Gavet me causèrent autant de joie que les plus belles strophes du *poëte mourant* de Lamartine, et juste *aux feux de midi*, j'atteignis Pylade que je trouvai fumant son chiboucque, paresseusement accroupi, comme un chef, à l'entrée de sa case.

Le sybarite! il s'était construit avec génie, au bord du lac *Claret* incomparable, et tout autour de la colonne d'un pin cembro protecteur, un *ajoupa* à deux places, couvert d'un triple airain de branches résineuses, capitonné des édredons fournis par la *grande mousse de Laponie*, tapis plantureux, rivaux d'Aubusson.

Donc il fumait; mais il faisait autre chose encore, — il pêchait.

*
* *

Dans la pratique de l'existence en montagne, les Alpins ont introduit une science infinie. Mais nul autant que Gavet ne s'est montré fertile en découvertes ingénieuses. Vous connaissez l'*araignée*, le plus subtil et le moins lourd de tous les filets; Gavet a perfectionné l'araignée, ou plutôt il l'a *subtilisée*, ou mieux encore, suivant sa prétention ambitieuse, il l'a *volatisée*.

De la maison Hartwig and Cie, 112, Charring-Cross, à Londres, il reçoit de vrais *fils de la Vierge*, résistants à l'égal du *crin de Florence*, et faits de deux brins *tordus* de la soie du *Bombix mori*, — nourri durant ses quatre âges, de la feuille robuste et gommeuse du mûrier des Osages, *Maclura auranciaca*.

Avec cette matière à peu près invisible, Gavet fabrique le *samblon*, filet aranéide de quinze pieds de long sur un mètre de haut, beaucoup moins lourd et moins encombrant qu'un foulard de poche.

A l'ourlet supérieur, douze globules de liége, à peu près homéopathiques, le fixent à la surface. A l'ourlet d'en bas, douze graviers, déposés dans de petites sacoches toutes prêtes, le font descendre verticalement.

Donc midi sonnant au pays-plat, Gavet pêchait au bord du lac Claret, couché mollement à l'entrée de sa case, son semblon étendu devant lui, dans l'eau profonde. Il fumait son chiboucque, et du pouce et de l'index, il lançait sur l'onde, comme boulettes de pain, les sauterelles rouges des pâturages élevés, *petasia montana*.

Gavet amorçait à droite, amorçait à gauche, comme ferait un gouvernement, — sur les flancs opposés du filet invisible, — et les truites noires, ocellées de feu, passaient et repassaient, — et se crochaient par les oreilles.

O charmes inoubliables des jouissances alpestres ! Celui de vous, lecteurs, qui se fût rencontré là, voluptueusement couché à l'entrée de l'ajoupa de Gavet, devant les truites frémissantes, devant le lac Claret réflétant dans son eau profonde les pins sylvestres, et réflétant aussi les clochers sublimes du Taillefer ! — celui qui, subitement, se fût trouvé immergé dans cette div-aria et dans ces effluves balsamiques et résineuses, — et qui se sentant ainsi régénéré de corps et d'âme, n'eût pas *loué Dieu* et voué sa haine généreuse aux avocats politiques, toujours présents à la parole, toujours en fuite dans le combat, — à celui-là Gavet eût crié : Redescendez à la ville, parmi les avoués, les banquiers et les notaires.

*
* *

Après le repas, le chiboucque et la sieste, Gavet, qui commande toujours, me dit : « Rassure-toi, nous » n'attaquerons pas aujourd'hui mes compagnies de » tétras ; c'est pour demain. Aujourd'hui, nous allons » simplement flâner dans le parc. »

Mes jambes, lasses de quatre heures de marche forcée, approuvèrent cet ukase. A Taillefer, le parc c'est *Pravourey*, c'est-à-dire un jardin immense de sapins capricieux, tantôt ramassés en boqueteaux, et tantôt solitaires, entremêlés de verts tapis d'osmondes et d'ombellifères. Le parcourir est un délassement, tant le tir est partout favorable et l'accès facile au chien aussi bien qu'au chasseur.

Pravourey s'étend du lac Claret au lac Culasson. Vous n'y trouverez pas les nichées, si ce n'est à l'ouïr-let supérieur, mais vous y rencontrerez toujours les vieux tétras et le lièvre en abondance.

Après dix minutes de quête, je vis Bruno, mon braque moucheté, ramasser une vieille voie sous les ardeurs du soleil de trois heures.

En forêt alpestre, dans les journées chaudes, le *sentiment* du matin vite est dévoré, et la faible trace qu'en retiennent le sol et les plantes se perd inaper-çue dans les senteurs résineuses et balsamiques dont l'air est saturé.

Les chiens d'élite, seuls, savent rencontrer ces

voies presque éteintes, et s'y passionnent comme fit Champollion jeune aux hiéroglyphes.

Gavet se montra vraiment émerveillé quand il vit Bruno-Champollion, le long de trente minutes et de cinq cents mètres, décrire sans hésitation, sous nos yeux, des arabesques sans nombre, et finalement acculer sous son *flaire* quatre vieux tétras surpris dans leur sieste. Gavet l'en récompensa par un coup double irréprochable, et les deux autres tirés par moi en position *mauvaise*, disparurent dans la profondeur.

Deux fois encore, dans cette soirée, Bruno renouvela pareil tour de force, et Gavet vit avec joie son excellente chienne *Fleur-de-Lys*, issue du fameux *Cliquot* de Grivel, s'associer enfin à la manœuvre de mon braque incomparable.

Si vous avez un chien de haut-nez, il ne tient qu'à vous de lui faire prendre ce diplôme précieux et suprême. Mais, pour atteindre ce but, le tête-à-tête est indispensable. Jamais votre chien ne s'apercevra d'une voie du matin chauffée par le soleil, s'il quête avec l'animation qu'entraîne toujours après elle la rivalité.

Seul avec lui parcourez donc les forêts claires des régions supérieures. Elles sont fréquentées par les vieux tétras, soyez-en sûr ; elles sont parsemées de voies du matin brûlées par le soleil, n'en doutez pas davantage.

Marchez lentement et forcez votre chien à n'aller pas plus vite. Retenez-le devant vous, sous le canon de votre fusil. *Attention, mon ami, ils sont par-là !*

Or, vous connaissez par cœur, aussi bien que moi, l'admirable intelligence du compagnon de l'homme. Vous l'avez ainsi averti, le voilà attentif, attentif et retenu tout à la fois. Il quête à vos pieds avec un scrupule, avec une application que jamais encore vous ne lui aviez imposée. Il y aura bien du malheur si plus d'une demi-heure s'écoule sans qu'il ait *reniflé* sur un vieux *pied*.

*
* *

Voulez-vous mieux, et voulez-vous, avec une certitude absolue, *trouver vous-même* les vieux *pieds?* C'est bien facile, ouvrez les yeux :

Je vous ai parlé du *Formica rufa* et des cônes énormes dont il sème les forêts. Vous savez aussi qu'en outre de l'ours, grand dévastateur de ces docks, le renard et les tétras y viennent puiser des gourmandises, habituellement, quotidiennement.

Eh bien! partout en forêt alpestre, vous trouverez des cônes, et partout où il y a des tétras, vous trouverez les cônes grattés par les tétras.

Donc, devant vous, voilà des cônes, des cônes grattés du matin. Les tétras sont éloignés, et le sentiment qu'ils ont laissé est presque éteint par le soleil. Mais au pied des cônes, autour des cônes, ils ont marché et piétiné, vous en êtes sûr, et si votre chien, que votre index oblige à mettre le *nez dessus*, n'en sait rien percevoir, — changez son nez, ou bien faites-y faire des réparations.

*
* *

Mais il a senti, voyez-le! et c'est le moment de reprendre votre entretien avec lui.

Ah là bien, le voilà ! qu'est-ce là ! mon ami ! A demi-voix vous lui parlez sans relâche, et vous le retenez toujours. Mais il faut le convaincre de l'importance de ce *sentiment* presque éteint qu'il perçoit, car cent fois il en a négligé de semblables, ou de meilleurs. *Oh que c'est bon, mon ami, doucement, doucement !* Voyez déjà; la vieille voie que tout à l'heure il sentait à peine, peu à peu il s'en grise. Le chien rapproche toujours, la voie rajeunit, la voilà chaude, les tétras courent devant lui.

Si vous réussissez à lui faire *gueuler* un coq de bruyère à cette première leçon, la deuxième ne vous offrira plus de difficultés, et trois ou quatre *variations*, exécutées sur ce thème, vous mettront en possession d'un chien de première force.

Avec un chien ainsi dressé, c'est-à-dire attentif à *ramasser* les vieilles voies, en bonnes montagnes vous trouverez du coq de bruyère partout et à toute heure de la journée.

Donc le soir, propriétaires de cinq beaux tétras, nous couchâmes dans l'ajoupa de Gavet, et le lendemain au matin, nous montâmes aux rhododendrons des *Porcelets,* à la recherche des compagnies signalées par mon ami.

*
* *

« En vérité, en vérité, je vous le dis, il y aurait plus
» de joie dans le ciel et sur la terre, pour un seul
» voyou reniant sa foi républicaine, que pour douze
» Casimir Perier tombés en République. »

Ainsi parlait Gavet grimpant la côte ardue, et je vis bien qu'il était grimpé pareillement sur le trépied de sa sybille, et ma figure prit aussitôt un air de componction.

O douceurs infinies de l'amitié cynégétique, mère et nourrice de la tolérance ! De Gavet je souffre tout. Il m'affirme, par les chemins, que si la France porte allégrement aujourd'hui des impôts éléphants sur n'importe quoi, et si les milliards de sa rançon pleuvent dans les caisses teutonnes sans respirer davantage que le marteau, — quand il frappe le fer rougi qui ne saurait attendre, — c'est grâce au stock de prospérités que nous a légué Tibère.

Il me conte encore que la dictature Gambetta nous a coûté cinq milliards, un milliard pour chaque mois, sans préjudice de notre honneur, ni de l'Alsace, ni de ceci, ni de cela ; et que les cas mortels de la France ont été augmentés d'un Thiers.

Il parle ainsi durant une heure et davantage, sans que l'insanité de ses axiomes soit édulcorée jamais par aucune mixture des opinions saines qui se rencontrent dans les estaminets.

Eh bien, ces dires carnavalesques, qui me rendraient exaspéré dans toute autre bouche, dans la bouche de Gavet sont couverts pour moi d'une indulgence plénière. Comment pourrais-je oublier tant de joies partagées avec ce Pylade, et tous les secrets alpestres que sa science inépuisable m'a dévoilés, et la faculté qui nous est commune, parce qu'il me l'a communiquée, de vivre trois jours, s'il le faut, des feuilles hastées de l'oseille des rochers, *rumex acetocella rupestris !*

8

Mais quelquefois le ciel moins indulgent, ou bien à bout de pardons, appesantit sur Gavet sa vengeance.

C'est ainsi qu'en octobre dernier, le bras de la Providence a pesé sur lui d'une façon éclatante. Trois jours durant, Gavet avait chassé solitaire, du *Mont-Thabor* à *Notre-Dame des Neiges*, et suivant son usage, il rentrait chargé de dépouilles opimes. Franchissant le col des *Rochies*, il arrivait à la grosse nuit à *Valloire*, ployant sous le faix d'un chamois et de trente-trois ptarmigans.

Coucher en un bourg alpestre est une entreprise toujours délicate, et qui demande une expérience consommée. Mais coucher à Valloire, dans l'unique auberge du lieu, est un quasi-suicide impardonnable.

Vaincu par la fatigue, Gavet commit cette imprudence, et le lendemain au matin, saigné aux quatre veines par les phalanges vermineuses, saigné en sa bourse par l'hôtesse acariâtre, il descendit philosophiquement à Saint-Michel en Maurienne pour prendre la voie ferrée.

A la gare, et se sentant, comme Hercule, plus que jamais dévoré, il prit un parti héroïque, sous les espèces d'un billet de première classe. « Les pre- » mières, dit-il, sont un lieu solitaire, et j'y vais être » à l'aise pour travailler à ma délivrance. »

A peine enfermé, et le train parti, Gavet plein de dextérité, divorce avec son pantalon de Nessus, divorce avec sa chemise, et les secoue ensemble hors de la portière avec tant de fureur, que tout échappe à ses mains.

*
* *

Lorsque Gavet n'a plus ni sa culotte ni sa chemise, hormis son béret, je vous jure qu'il ne lui reste pas grand'chose, et telle est la pose où je le livre à vos réflexions, mis en cellule dans un compartiment de première classe.

C'est dans ce cas désespéré qu'éclatèrent toutes les ressources de cette nature indomptable. Par une fatalité qui montre bien le doigt de Dieu, à toutes les stations, — ne laissant voir que sa tête, — Gavet eut à défendre son domicile, par des subterfuges homériques, contre l'invasion de voyageurs féminins. A la gare de Goncelin, il lui fallut jurer, à quatre dames obstinées, qu'il était un médecin distingué, accouchant en wagon une femme prise des douleurs de l'enfantement. « J'étais sur les dents, » a-t-il dit depuis, et, ce jour-là, il y avait sans » doute une grande foire *aux premières.* »

Aucune gare ne lui fut propice. A celle de Grenoble, un gendarme l'emporta au bureau de police, roulé dans son manteau, le manteau du gendarme, bien entendu. En police correctionnelle il eut à s'expliquer et à se défendre pour insuffisance dans sa mise.

Mais ces dures leçons ne le corrigent pas.

Lorsque nous arrivâmes aux pins rabougris de *Côte-Brune*, où, l'avant-veille au soir, Gavet avait poussé sa reconnaissance, une voie fraîche vint nous réjouir. Sagement rapprochée par Fleur-de-Lys et par Bruno, qu'on eût dit couplés et comme tenus en laisse, tant ces deux chiens précieux étaient incapables de se jalouser, — elle aboutit bientôt au double arrêt de nos braques.

*
* *

Il fut un jour discuté, au pied de la pyramide du Taillefer, quelle était la sensation la plus forte et la plus enivrante que Dieu ait accordée à l'homme sur la terre comme échantillon des délices du Paradis.

Il va sans dire que *gagner cinq cent mille francs à la loterie* fut tout d'abord écarté, bien que cinq cent mille francs, pour un Alpin, ait toujours passé pour un très-joli denier. *Cueillir un siége* dans une Babel-République, par la vertu du suffrage de cent quatre-vingt mille crétins, — n'obtint pas davantage les honneurs de la discussion. Pareilles vilenies ne sont jamais *présentées* en pays de div-aria.

Maurice, qu'il a fallu souvent morigéner pour escapades et navigations sur le *fleuve du Tendre*, rompit une lance en faveur de

> Voir passer sur son front l'ombre de la pensée,
> La parole manquer à sa bouche oppressée,
> Et de ce long silence entendre enfin sortir
> Ce mot qui retentit jusque dans le ciel même,
> Ce mot... le mot des dieux et des hommes : Je t'aime!
> Voilà ce qui vaut un soupir!

Moi, plus solide, je vantai la gloire de ramener les hommes au culte de la vertu, ou bien les communards aux saines doctrines de la réaction, et Mathonet invoqua le souvenir de nos cris de joie, le jour où nous découvrîmes, au versant nord des Trois-Ellions, l'étonnante *joubarbe*, nouvelle dont l'apparition fit son bruit au sein du monde botanique, *sempervivum mirabile*.

Philippe évidemment ébranla l'auditoire, lorsqu'il dépeignit la rencontre inopinée d'une couple d'*oronges rebondies*, sortant du corsage, — adorables seins naissants d'une princesse de Golconde.

*
* *

Mais Gavet :

« Arrière, dit-il, toutes ces jouissances. Sans
» doute, en elles, la Providence a déposé des délices
» dont je n'ai point le droit de médire. Mais pouvez-
» vous, ô mes amis, en comparer aucune au splen-
» dide arrêt du chien?

» Aux flancs des monts, au sein de la *div-aria*, en
» pleine sublimité des Alpes et sous l'œil de Dieu, —
» *Bruno* tient *sous son flaire* le tétras farouche.

» Noble compagnon! la sculpture ni le pinceau
» ont-ils pu rendre jamais la magnificence plastique
» de sa pose? Quelle effigie d'empereur romain, ou
» quel Jupiter, nous a pu montrer une attitude plus
» tonnante, un regard chargé d'autant de menaces?

» L'oiseau frémit, et d'épouvante et de colère,
» l'homme contient son sein prêt à se rompre, et la
» poudre elle-même frémit condensée. »

« Et c'est alors, dit froidement Maurice, que l'oi-
» seau part, et que tu le manques, comme, par
» exemple, ce matin à *Pravourey*. »

Gavet exècre qu'on jette ainsi de l'eau glacée sur

son lyrisme en ébulition. Son œil écrasa Maurice de son mépris.

Mais nous oublions Bruno et Fleur-de-Lys, à Côte-Brune, consternant, sous leur *flaire*, toute une compagnie de tétras.

Comme toujours Gavet fut merveilleux. Deux fois il fit coup double, tandis que moi, pour autant de poudre brûlée, je n'eus à faire rapporter par Bruno qu'une modeste paire du noble oiseau. N'importe, le succès était présentable, et nous le célébrâmes par un repos sur le plateau de *Broffier*.

Couchés sur cet Olympe, nous ne pûmes admirer assez que de telles splendeurs restassent aussi profondément ignorées, alors qu'elles touchent aux portes de Grenoble.

Assurément, en France, nos Alpes du Dauphiné sont moins connues aujourd'hui que la Cochinchine ou la Nouvelle-Calédonie. La raison en est simple. Des dragons multiples, et qu'aucun courage ne saurait affronter, en gardent toutes les entrées. A leur tête, vous trouverez la puce noire avec son état-major, et l'intense malpropreté.

Il a fallu aux Alpins toute la science et toute l'ingéniosité de leurs méthodes, pour conquérir ce paradis terrestre sans se soucier des dragons, et à leur barbe même. Mais si jamais, comme en Suisse, viennent à s'édifier en Dauphiné, jusqu'au pied des glaciers, de somptueux hôtels à vingt francs par jour et par tête, — ce jour-là sera pour les vrais disciples un jour néfaste.

Je vous prédis que Gavet sera plus inconsolable que Calypso, s'il voit dételer sur le Pré-d'Ornon les chevaux fumants d'un omnibus bondé d'épiciers, et sa douleur devant ce spectacle navrant ne pourra plus être comparée qu'au morne désespoir d'*Œil-de-faucon*, lorsque tombaient devant lui, sous la hache des squatters, les arbres dix fois séculaires du Nouveau-Monde.

Néanmoins, telle qu'elle est aujourd'hui, et en l'état actuel des gîtes, cette contrée admirable peut être accédée en quelques points. La corporation des Alpins n'est point une franc-maçonnerie obscure, hérissée de secrets malsains, et fuyant la lumière. Je vais donc vous indiquer quelques lieux accessibles, et vous préciser la manière dont vous les visiterez profitablement, au point de vue pittoresque, ou bien cynégétique et d'histoire naturelle.

Ici, pour vous bien conduire, j'aurais besoin des méthodes descriptives de M. Antonin Macé, qui vous prend si bien par la main que vous pourriez vous mettre un bandeau sur les yeux. Mais votre sagacité viendra secourir mon insuffisance.

Prenons, par exemple, pour objectif une station au *Lautaret*. Le Lautaret, dans les Alpes, a des rivaux à n'en plus finir, et pas mal de supérieurs à des points de vue divers.

Mais il a sa notoriété, puisqu'une route impériale le franchit, et qu'il est, à deux mille cent mètres au-dessus des mers, le point culminant de l'itinéraire entre Grenoble et Briançon. Mais le Lautaret n'en a pas moins une valeur très-sérieuse, et qui se décuple aux mains de celui qui sait en tirer parti.

La configuration de ce col est bizarre. Immense et contourné, il a tous les soleils comme il a tous les vents; et très-fréquemment, alors que les monts qui le dominent aux quatre points cardinaux, ne portent qu'une épaisseur de neige fort modérée, le Lautaret disparaît tout entier sous une couche de quatre ou cinq mètres.

C'est que, par une disposition singulière, il est le point central des tourmentes, et comme la cible des géants des Alpes. Sur lui *le Galibier* et *le Goléon*, *le Pelvoux* et *la Barre-des-Ecrins*, *le Pic-de-l'Homme* et *la Meije*, soufflets gigantesques, vomissent à la fois les neiges destinées à la contrée tout entière. De même, pendant l'été, quelques-unes de ses expositions sont ventilées sans relâche par une *bise noire* qui lui constitue ainsi, par places, un climat hyperboréen.

Il m'est impossible, ici, de ne point ouvrir la plus large des parenthèses, pour *verser mon âme*, selon mon devoir, dans le sein du lecteur. Une aventure formidable autant qu'inopinée, vient de porter le trouble en tous mes sens. Le propriétaire du journal qui m'abrite m'a demandé une entrevue.

« Monsieur, m'a-t-il dit, je vous félicite. De tous

» côtés je reçois des compliments sur mon feuille-
» ton. »

Figurez-vous ici — *la pomme* fine d'un arrosoir,
versant sur l'épiderme de votre vanité les mille jets
aromatisés de la louange. Toute ma peau frissonnait
d'aise.

« Mais, monsieur...

Ah ! grands dieux ! voilà le mais !

« Des hommes d'un goût délicat et des dames fort
» distinguées sont venus me dire : Jamais nous n'a-
» vons rien lu d'aussi *instructif*. Nous sommes heu-
» reux de nous en nourrir et d'en abreuver également
» nos jeunes garçons et nos jeunes filles.

» Nous pensons même qu'il serait extrêmement
» profitable de condenser ces écrits en un ouvrage
» qui serait décrété classique, — tant les vérités
» substantielles nous y paraissent distribuées sans
» parcimonie, — drues et saisissantes à la fois.

» Seulement, quelques traits un peu vifs nous
» donnent à réfléchir. La *gauloiserie* a du bon *peut-*
» *être*, mais assurément sa place est ailleurs que
» *dans les familles*. Si, par hasard, vous connaissez
» Alpinus, transmettez-lui notre objection. »

« Vous le voyez, Monsieur, c'est simplement une
» prière. »

*
* *

Devant ce speech inattendu, comme moi vous vous
fussiez senti ballotté entre les sensations les plus diverses. Il y avait là tout à la fois un coup de massue,
— et le gain d'un quine à la loterie.

Pendant quinze ans de ma jeunesse, j'ai écrit aux
dames, *ut singulæ*, sans que jamais aucune ait con-

senti à me lire, et j'en avais bien *fait mon deuil*, me résignant à cette destinée — de mourir sous ce rapport-là *vieille fille*, et sans avoir parlé jamais devant ce délicat auditoire.

Et voilà qu'en mes derniers ans, cette fortune m'était donnée — d'avoir *des lectrices*. Je flairai tout d'abord un piége. « Etes-vous sûr, Monsieur, que » d'autres me lisent que des chasseurs ?

» — Je vous le jure !

» Et que les dames demandent..... sincèrement....

» — Je vous le jure ! »

C'en était fait, car, devant les *dames*, j'ai toujours été un *capitulard* désordonné. Mais il est dans mes principes de ne jamais livrer *la place* sans un simulacre de résistance.

« Monsieur, ai-je dit avec arrogance, jamais cepen- » dant, *à la rédaction*, ni M. Marc Fournel, ni M. » Le Tellier, qui sont des gens très comme il faut, » n'ont trouvé un mot à redire à *mon enseignement*. » Et Gavet lui-même.....

— « D'accord, Monsieur, mais M. Marc Fournel, » et M. Le Tellier, lesquels tous deux, comme vous » faites, je tiens pour parfaits *gentlemen*, — sont » des chasseurs aussi, et je les soupçonne, en » plus, de tremper quelquefois un bouchon dans la » rivière. Or, vous en conviendrez avec moi, ce ne » sont point là diplômes pour l'éducation des demoi- » selles. Quant à votre Gavet, franchement, c'est » un homme des bois. »

« Monsieur, lui dis-je, avec une assurance que ma
» conscience démentait bien un peu, — veuillez me
» montrer les passages suivant vous *incrimina-*
» *bles ?* »

Et sur les pages *composées*, mais non point encore
éditées, — le propriétaire du journal, de son doigt
négligemment allongé, m'a fait voir des lignes qui
m'ont fait courber la tête.

« C'est bien, Monsieur, ai-je dit avec dignité.
» Veuillez transmettre *aux pétitionnaires* le verdict
» que voici :

*
* *

« En mon âme et conscience, — devant Dieu et
» devant les hommes, Non l'accusé n'est point cou-
» pable.

» Les pieds dans ses *mocassins*, le fusil sur le dos,
» — il a pensé n'avoir pour auditoire que les chas-
» seurs, peuple *Gaulois ;*

» Néanmoins, et considérant que *maxima debetur*
» *puero reverentia*, — et davantage encore aux
» demoiselles ;

» Lui enjoignons, *par ces présentes,* de s'ordonner
» à lui-même une telle circonspection, — que ses
» écrits puissent être offerts, désormais et sans hési-
» tation, au titre de prix d'excellence, dans tous les
» *couvents des oiseaux.*

» Maintenant, Monsieur, ai-je achevé, non sans
» tristesse, vous seul aurez mesuré l'étendue du sa-
» crifice. Je vous conjure de dépeindre à mes lectrices
» bien-aimées, les amputations cruelles que j'ai con-
» senties, — et vous vous abandonneriez même, sur

» ce point, à une certaine exagération, que je ne
» vous trahirais pas.

» Seulement, n'allez point omettre de faire ressor-
» tir, — qu'après la douleur réputée à bon droit la
» plus terrible, — la douleur d'une mère entendant
» le cri d'angoisse de sa progéniture, — il serait in-
» juste de ne pas classer immédiatement — le sup-
» plice d'un chasseur-écrivain, s'amputant, par ses
» propres mains, de *ses meilleurs morceaux.* »

Et maintenant, ô mes lectrices, que vous voilà
munies de mon sincère serment d'ivrogne, — repre-
nons ensemble le cours de ces *Propos de chasse alpestre.*

Nous en sommes restés, je crois, aux étranges
accidents de montagnes qui tourmentent le col du
Lautaret.

De ces accidents, comme aussi de quelques autres
absolument opposés, résulte, au profit du Lautaret,
une flore incomparable. Tandis qu'à ses pieds, vers
Villard-d'Arène et vers la *Madeleine,* vous rencontrez les espèces de la Provence, — aux expositions
ventilées vous cueillez celles du Groënland.

Entre ces deux points extrêmes, et depuis le soleil
printanier jusqu'aux frimas d'hiver, se déroule rapidement, sur la surface et dans les mille plis du
Lautaret, une flore qui, dans l'univers, est sans rivale.

Mathonet, de la Grave, capitaine des douanes en
retraite, commença ses études botaniques à soixante
ans d'âge, et n'en eut pas moins le temps de prendre

place dans le monde savant, auquel il vint révéler les merveilles ignorées du Lautaret. A lui seul, il enrichit la flore française d'un nombre très-considérable d'espèces nouvelles et inattendues, appartenant en propre à cette région singulière.

D'autre part, il est facile de deviner que l'excentricité de la faune y accompagne l'étrangeté de la flore, et que l'entomologiste, par exemple, y rencontre les surprises les plus aimables. Maurice y a collationné, avec tous les carabes de la Suisse et de la Carinthie, trois espèces nouvelles, y compris son fameux *Nitidicolis*, voisin de l'*Hispanus* et déprimé comme lui.

Eh bien, dans cette station élevée et si recommandable, se trouve une oasis-hôtellerie.

Au point culminant du col, un bâtiment impérial, aux murs épais de granit, à l'architecture simple et tranquille, contient en ses deux étages vingt chambres à cheminée, pourvues toutes de lits confortables.

Au rez-de-chaussée, des remises, de vastes et chaudes écuries, des mulets toujours prêts. Une cuisine enfin avoisine la salle à manger et deux salles communes. Vous êtes reçu et hébergé, dans ce lieu, par la femme du cantonnier-chef, cuisinière très-acceptable, dont la propreté en toute chose vous séduit, dont l'obligeance et les attentions sont inépuisables.

Ici rien ne vous manquera; ni les viandes variées venues de Villard-d'Arène, ni le lait sans pareil, ni le beurre incomparable, ni le café sans reproche. Le vin lui-même, réconforté par l'altitude, pour les plus difficiles n'est point défectueux.

Notons, en passant, qu'au quart-d'heure de Rabelais, vous attend une rare et douce surprise, et que sans doute vous aurez fait quelque orgie, si l'addition franchit la limite de quatre francs par jour, tout bien compté.

Ce détail, je le sais, est sans importance pour les touristes à poche ventrue; mais les Alpins sont pleins de respect pour les additions modérées.

*
* *

Vous pouvez donc, avec une confiance entière, déboucler votre sac militaire à l'hospice du Lautaret. Après chacune de vos explorations, vous y retrouverez, le soir, tous vos aises. Et maintenant je vais vous renseigner un peu.

Au naturaliste je n'ai rien à apprendre; *fouiller* est son métier, et *trouver* est son affaire. Mais au touriste aussi bien qu'au chasseur, quelques indications sont profitables.

De l'hospice, marchez à travers prés à l'ouest, c'est-à-dire comme pour revenir sur la Grave, mais en suivant toujours une ligne horizontale qui vous maintienne à la hauteur du point de départ. Cette manœuvre va vous conduire à l'ourlet supérieur des cultures de Villard-d'Arène et sur les pâturages plantureux qui leur succèdent.

Là, jusqu'aux *Hières* et à *Prémailles*, sur un terrain de chasse toujours découvert et sans limite, vous rencontrerez en abondance le lièvre, la caille et la perdrix grise; la perdrix rouge également et, un peu plus haut, la bartavelle. Si la splendeur du pays ne vous émotionne pas trop, et si vous savez mettre un peu d'accord votre œil avec le bout de votre fusil, je vous promets une récolte dont vous garderez le souvenir.

Vous pourrez vous faire indiquer aussi, à l'hospice, la *Liche* ou source salée, embuscade propice. A peu près chaque nuit les chamois y viennent *licher*.

Maintenant si vous voulez me suivre, je vais vous conduire au *Col du Galibier*, qu'il n'est point permis d'ignorer quand on s'arrête au Lautaret.

Vous connaissez le dicton dauphinois : *franchir le Galibier*. La très-longue arête sommitale de cette montagne, formait la limite précise entre la Savoie et le Dauphiné, et *franchir le Galibier* n'était pas précisément un titre à la considération, car ceux-là s'empressaient de le faire qui ne se sentaient plus, en France, en accord parfait avec les lois promulguées.

Une ascension de deux heures, sur des pâturages enchantés et toujours vierges de la faux, vous y conduit à pied ou bien à dos de mulet, selon votre tempérament. Tout près du sommet, une esplanade inattendue et de plus d'un kilomètre de long, s'offre à vos pas, nivelée plus irréprochablement que les contre-allées du cours Saint-André.

En ce lieu qui, pour l'ensemble des beautés naturelles, n'admet pas beaucoup de comparaisons, tous les spectacles vous sont servis. Et d'abord, l'esplanade elle-même est un jardin merveilleux qui fixe à terre vos regards.

*
* *

Mais quelles autres splendeurs ne viennent pas les en arracher! Au sud, vous dévisagez le Pelvoux, l'Arcine, l'Alefroide et la Barre-des-Ecrins. Non loin d'eux, la Meije, l'aiguille d'Olan et les glaciers du Mont-de-Lans, tandis qu'au nord, vous venez vous heurter, précisément au bout de votre esplanade, au roc sauvage et colossal, piédestal immense du Goléon.

La cime des Trois-Ellions vous apparaît aussi toute voisine, et la dernière crète du Galibier se dresse au levant comme un clocher. Au point final de l'esplanade, lorsque vous touchez le pied du Goléon, des estrades planes et couvertes de fleurs vous convient, et, sur leur bord, votre poitrine se resserre, lorsque s'ouvrent tout à coup sous vos pieds des abîmes insondables et dont l'horreur ne saurait être dépassée.

Sur ces estrades fleuries, des vols de jalabres ne manqueront point de vous partir des pieds.

Gardez-vous de tirer, vous tueriez pour l'abîme, et dans ce lieu si terrible il serait dangereux que votre chien fût excité. Vous aurez mieux à faire tout à l'heure.

*
* *

Philippe et Gavet voulurent un jour se rendre compte de l'impression que pourrait bien faire l'esplanade du Galibier sur un poëte absolument désordonné. C'est pourquoi ils y transportèrent, à dos de mulet, Philoxène Boyer, dont les jambes courtes manœuvraient difficilement, en montagne, le corps rondelet et prématurément obèse.

Philoxène, naturellement, faillit en mourir, et les deux Alpins se trouvèrent en proie, durant un quart d'heure, aux angoisses qu'éprouve un dentiste, lorsque, par hasard, il a chloroformé son client jusqu'à ce que mort s'ensuive. Philoxène par miracle en revint, mais durant le temps où ses amis se hâtèrent de le redescendre, ce qu'il expectora devant eux d'*ampulas* et de *sesquipedalia verba*, ne saurait se décrire.

C'est ce jour-là que sortit de lui pour la première fois son fameux *ruisselant d'inouïsme*, qu'il a plus tard réédité à Paris, et qui n'a pas modérément contribué à sa gloire.

A la suite de cette épreuve, il fut jugé dans la Corporation que l'admission de Philoxène serait compromettante à bien des points de vue. Sans doute, en lui il y avait de l'étoffe, mais trop d'étoffe suivant Gavet lui-même, et Philoxène fut immédiatement dirigé sur Paris, avec mandat impératif de dévorer trois patrimoines en douze mois, pour atteindre à la gloire d'offrir à dîner à Victor Hugo.

Le pauvre Chaudesaigue aussi, avant son cancer d'ultra-romantisme qui l'a tué, avait fait des efforts louables pour entrer dans la prêtrise des Alpins. Mais il manquait de nerf et de santé d'âme, et de tout. En lui tout était pulmonaire, le corps, l'esprit et la muse. Il eut juste assez de tempérament pour se traîner aux

malsaines serres-chaudes de Paris, et pour y mourir
misérablement de consomption, aux pieds —

> .... d'une pâle marquise
> Couchée en son fauteuil dans une pose exquise.

*
* *

Revenons à notre point d'arrivée sur le palier ma-
gique. De là, une hauteur de vingt mètres tout au
plus nous sépare de l'arête du Galibier, à son point
le plus abaissé, et des piquets indicateurs qui s'éche-
lonnent, nous montrent le passage le plus court et
le plus favorable.

Parvenu sur le faîte, non-seulement vous n'avez
rien perdu des beautés de l'esplanade, mais la vue
inopinée de tous les monts savoisiens vient s'additionner encore à vos jouissances. Devant vous la profonde
vallée de *Bonne-Nuit* et de *Valloire* descend jusqu'à
Maurienne.

Pour le chasseur, c'est le moment d'entrer en
quête. A sa droite, l'immense Galibier étend ses
croupes septentrionales, à pentes douces, faciles à
parcourir, et les compagnies du tétras des neiges
sans relâche se succéderont devant son chien.

Là, les remises sont favorables, les précipices
n'existent pas, et le terrain de chasse est infini. Vous
pouvez vous évertuer jusqu'au soir; partout des chalets favorables vous fourniront, pour la nuit, votre
enfouissement dans le foin sec, vierge de la puce.

Mais il serait maladroit de vous laisser quitter ce
lieu sans vous montrer une route admirable vers
Briançon, que les gourmets seuls connaissent. Du col
du Galibier, trente minutes d'*aval* vous font descen-

dre aux chalets de Bonne-Nuit, et trente minutes d'*amont* vous remontent au *col des Rochies*.

Au col des Rochies, bien des merveilles vous attendent. Trois lacs qui s'enchaînent, la vue *par corps* et presque toujours très-rapprochée des chamois tranquilles dans les couloirs, et la vallée de Névache se déroulant à vos pieds.

Au catalogue des Alpins, la vallée de Névache figure à la première classe. Du col des Rochies, elle descend vers l'est à vos pieds, mais vous ne sauriez encore en deviner les mille grâces, car elle se déroule sur une longueur de plus de vingt kilomètres. Cependant déjà vous en voyez assez pour tressaillir d'aise.

Le long du sentier charmant qui suit son *creux*, et qu'accompagne *le Claret*, aux eaux sans pareilles, votre œil voit descendre, échelonnés et grossissant toujours, les chalets-villages construits avec le bois odorant du mélèze.

Au fond, dans la brume lointaine, les deux bourgades de pierre de Névache, *Ville-Haute* et *Ville-Basse*, se couchent jumelles et paresseuses dans les prés en fleurs.

Mais les deux lignes de montagnes parallèles qui dessinent ce vallon splendide, sans jamais l'enserrer, viennent réjouir particulièrement le regard exercé du chasseur. A sa gauche, les vastes flancs du *Mont-Thabor* et de *Notre-Dame-des-Neiges*, l'immense creux des Méandes, l'*Alpe* où repose le *Lac-des-Serpents*

— lui font pressentir à bon droit la jalabre, le lièvre et la bartavelle.

A droite, les forêts incessantes de mélèzes, de pins variés et d'épicéas, les bouleaux et les trembles, les vastes étendues d'airelles, d'uva-ursi et de rosages, lui dénoncent le coq de bruyère et le lièvre à foison.

Les sommets, sur les deux rives, partout nourrissent le chamois.

Je vous recommande principalement, sur la gauche, le creux des Méandes et le Lac-des-Serpents. Au creux des Méandes, pour passer la nuit, vous trouverez l'abri d'une hutte en pierre, inhabitée. Il y a bien aussi un confortable *Ganggraben* architecturé par Gavet, mais le hasard seul vous en ferait découvrir l'entrée.

***

Sur la droite, tous les parages sont excellents. Mais *Bufféra*, *Côte-Pinière* et *Côte-Rouge* sont particulièrement les oasis du coq de bruyère.

A Névache-Ville-Haute vous trouverez l'hospitalité la plus irréprochable et la plus plantureuse que vous puissiez imaginer. Vous y aurez sous la main toutes les chasses et toutes les explorations de touriste et d'histoire naturelle tout à la fois.

Névache est une idylle, mais une idylle indescriptible; et Virgile lui-même, ni Théocrite, ne sauraient vous en donner une idée. A part le père Faure dont j'ai parlé, lequel est un philosophe, tous les hommes y sont d'aimables Mélibées.

Les femmes aussi, de race sarazine, vous paraîtront franchement belles. Par exemple, il en vint une un jour, importée d'Italie, qui dépassait toutes les bornes.

Le récit d'une grande infortune, vers cette époque, avait émotionné profondément le public européen. La comtesse Martori, adorable patricienne de Venise, descendue ou montée au rang de Diva, au théâtre de la Scala, avait épousé sir Arthur Bennet, neveu de lord Elgin.

Au sein de sa gloire d'artiste et de la plus parfaite félicité conjugale, un horrible malheur l'avait frappée. Sir Arthur avait sombré avec son yacht et trois amis, dans le golfe de Naples, par une catastrophe dont tous les journaux donnèrent alors le poignant récit.

*
* *

Rarement un malheur se présente seul à la porte, et la comtesse se réveilla de son désespoir, non-seulement l'âme brisée, mais brisée aussi son admirable voix.

Mais la Martori n'était point la première venue. Ame chrétienne et cœur d'élite, elle s'était retirée dans sa villa, aux bords de la Dora, et là, elle consacrait sa vie aux nobles études et à l'éducation de ses deux jeunes enfants, seule épave de tant de bonheur.

Un voyage dans le Briançonnais dont elle était si voisine, l'avait profondément captivée, et chaque année, à Mont-Genèvre ou bien à Névache, elle arrangeait sa vie dans un chalet pour la saison d'été. Or, en l'année dont je parle, la comtesse Martori s'était installée à Névache. Un groupe d'Alpins également s'y trouvait, organisé en phalanstère dans la maison du père Faure.

Quand on s'est un peu familiarisé avec leur jaquette de bure et l'ensemble de leur tenue et de leurs manières, on trouve les Alpins très comme il faut. Aussi les plus cordiales relations ne furent pas longtemps à s'établir entre eux et leur si belle voisine. La Diva, après un premier mouvement de surprise, se sentit attirée très-vivement, a-t-elle dit depuis. Mais bientôt ce devait être mieux encore.

Lorsque Mathonet lui eût inculqué sa tendresse pour la botanique, et lorsque, douze fois par jour, Maurice lui eût démontré — que les Preux d'Homère ou du moyen âge n'avaient jamais porté boucliers ni cuirasses, dagues ou cimeterres, plus merveilleusement ciselés, ni plus ruisselants d'or et de pierreries — que ses *Buprestes* et ses *Carabes*, la comtesse fut à son tour, — lentement, comme il convenait à l'état de son âme, — mais irrésistiblement brûlée de la flamme alpine. Les explorations qu'elle avait déjà faites avec bonheur, en femme artiste et poëte, désormais lui parurent toutes nouvelles, et sous le feu des prédications de Gavet, les lieux qu'elle avait parcourus *rêveuse*, elle les revit *passionnée*.

Ce fut merveille de voir ainsi se reprendre à toutes les attaches de la vie, cette créature si belle, si jeune encore et si profondément accomplie. Ses beaux enfants qui, jusque-là, l'avaient faite seulement résignée, elle se prit à les aimer avec transport, et le soleil des bonheurs vrais et tranquilles vint redorer cette pauvre âme.

*
* *

Philippe en voulut faire triompher sa théorie de la Div-aria, comme panacée des maux de l'âme; mais, avec raison, Maurice et Gavet se sentirent offensés, et demandèrent ironiquement s'il fallait ne compter pour rien l'amabilité des Alpins, et leurs connaissances en pharmacie psycologique.

Bien vite donc on en fut à l'intimité. Dès que la comtesse eut l'assurance qu'aussi bien que la veste les cœurs étaient de bure, sa confiance en tout n'eut pas de bornes, non plus que son affection. Le sentiment religieux des Alpins particulièrement l'attira.

Il est remarquable combien, dans tous les commerces, la sincère croyance en Dieu est un pavillon favorable. L'athéisme, décidément, n'est point encore devenu une recommandation dans le monde.

A Névache, les heures s'écoulaient rapides et charmantes. Les récoltes de plantes et d'insectes et de toutes choses, la leçon et le commentaire par Mathonet, par Philippe ou par Maurice, tout charmait la Diva, et ces jouissances vives et nouvelles où se retrempait son âme, elle nous les rendait bien par le spectacle attachant de sa *renaissance*. La nature fougueuse de l'intarissable Gavet, avait le don de l'émouvoir toujours, et elle ne cachait pas son goût pour la *furia* de ses déductions morales et philosophiques.

*
* *

D'un autre côté, il y avait bien quelque trouble dans Landernau. Certes les Alpins sont de rudes hommes et cuirassés contre la femme. Ce n'est pas Dalila qui leur coupe les cheveux, et d'eux on peut bien dire : *teneræ conjugis immemor*. Mais le cas était tellement grave, et la comtesse avait tant de séductions involontaires !

« En vérité, je vous le dis, elle est trop belle,
» s'écriait l'extatique Gavet, trop belle et trop ravis-
» sante à la fois ! Et si bonne et doucement mo-
» queuse, et si gai compagnon ! Pleine d'une ten-
» dresse toujours prête pour le *Myosotis Nana*, aussi
» bien que pour les splendeurs du Goléon ! Je vous
» le dis, elle est trop délicieusement Alpine,

> Et c'est pourquoi tout bas chacun soupire,
> Nul n'est content de sa place en son cœur,
> Car l'amitié n'est hélas qu'un martyre
> Dans cet Eden où l'Amour est en fleur !

Ce que Gavet a semé de vers absurdes dans toutes les Alpes est inimaginable.

Lorsque la Diva regagna les bords de la Dora, Gavet lui dit encore :

> Ni de nos cœurs si fidèles
> La douleur et le soupir,
> Ni ces montagnes si belles,
> Rien ne vous sait retenir.
> Adieu donc, ouvrez vos ailes,
> Mais puissiez-vous ressentir
> Le tourment des hirondelles,
> Le besoin de revenir !

Il y eut bien alors quelques soupirs dans quelques poitrines, même une larme au coin de l'œil. Toutefois la sérénité virile ne tarda point à renaître.

Ne quittons pas cette région du Briançonnais et de l'Oisans sans indiquer encore deux stations propices, d'où vous pouvez faire rayonner les explorations les plus belles et les plus remplies de jouissances. A Briançon, l'hôtel de l'Ours, — au Bourg-d'Oisans, l'hôtel Martin.

Le Bourg-d'Oisans est à la porte de Grenoble. Pour celui qui sait s'en servir, il est à lui seul toute une Suisse, avec des charmes que je proclame supérieurs, avec l'attrait du neuf et de l'inconnu, car je le déclare inconnu, et je suis tenté de le découvrir avec autant de labeur et de gloire que Dumas en eut à découvrir la Méditerranée.

Du gîte hospitalier et vraiment excellent que je recommande à votre attention, vous en avez pour plus d'un mois d'excursions admirables, voisines ou de longue haleine, pleines de grâce ou de majesté.

De toutes parts les plus beaux groupes de monts alpestres vous enferment dans une vallée charmante, loin des hommes, vous semble-t-il, et bien loin surtout de tous les Barodet de la terre.

A la Romanche, qui les commande, viennent se souder des rivières d'argent, la *Rive* aux truites rosées, la *Sarène* aux saumons géants, la *Lignare*, l'*Eau-d'Olle* et le *Vénéon*, non moins chargés de poissons succulents. Cent clairs ruisseaux couvrent la plaine d'une résille scintillante, et nourrissent leurs truites de l'écrevisse verte, *astacus fluviatilis*, symbole du progrès en France, aujourd'hui.

Un volume ne décrirait pas ce que vous avez sous la main. Le Taillefer oriental, le *Col-d'Ornon* et les prés d'*Oulles*, couchés au pied du sublime *Infernet*, *Belledone* méridional, les *Sept-Laus* abordés par derrière, la *Bérarde*, Grimsel de l'Oisans.

Le lac *Lovitel* et le lac de *la Muselle*, les cascades de *Sarène* ou bien celles de l'*Enchâtrâ*, le *Clapier de Saint-Christophe* ou le *Pont-du-Diable*, — c'est à ne savoir à qui répondre, et les courses les plus attrayantes se disputent votre lendemain.

A tous les pas également vous vous heurtez aux vestiges aussi bien qu'aux souvenirs historiques. Gavet, que je trouve parfois un peu pédadogue, vous apprendra que, pour les Romains, les habitants domptés furent les *Uceni;* que plus tard les Sarrazins, endommagés par l'estoc et la taille de Charles Martel, s'emparèrent du pays, et qu'Abdul-Jeid, un de leurs califes, fut longtemps roi de l'Oisans.

Il vous apprendra encore, si vous l'écoutez, que dans les forteresses de ce calife vinrent s'entasser les trésors pillés par ses hordes jusque dans les cathédrales d'Espagne, et que le bon Charlemagne envoya son neveu Roland avec mission d'en finir avec ce drôle.

Roland, naturellement, et conformément à ce qu'exige la morale, détruisit Abdul-Jeid dans son dernier repaire, la forteresse *inexpugnable* de *Villard-Reculas*.

Une excursion à la chaîne centrale des *Grandes-Rousses* est obligatoire, si vous voulez vous rendre compte, *de visu*, de la configuration et de la disposition générale des Alpes du Dauphiné, et notamment de la belle chaîne des *Rousses*. La course est à la portée de toutes les jambes, et je vais vous y conduire.

*
* *

Parti de Bourg-d'Oisans sur un mulet, même sur un cheval, si cet animal vous agrée davantage, vous montez paisiblement, des surprenantes cascades de la Sarène aux plateaux de la *Garde*.

La Garde, une des stations de la grande voie des Romains, fut le *Catorissium* de ces Prussiens d'alors. *La Tour* et *les Châteaux*, ruines indiscutables, sont debout sous votre regard.

De là vous atteignez *Huez*, aux vieux castels de granit et qu'on dirait construits par les Titans.

La Rafale a commandé cette puissante et bizarre architecture. Plus d'une station dans les Alpes se trouve être, comme Huez, le centre des cyclones, et l'architecture poitrinaire des villes n'y tiendrait pas durant une saison.

Vous montez à l'*Alpe*, chalets misérables mais chéris des peintres, et, de l'Alpe, aux pâturages de *Brandes*, fermés brusquement, à leur sommet, par une muraille gigantesque.

Brandes est une perle, une oasis alpestre. A dix-huit cents mètres d'altitude, et tandis que, sous vos pieds, ses prés immenses déroulent leurs tapis, votre œil surpris y découvre toute une ville couchée dans les fleurs.

Seulement la ville est morte et son bourgmestre ne viendra pas vous en offrir les clefs ; mais, il y a peu d'années, elle fit son bruit dans le monde, — Grenoble excepté.

*
* *

Conformément à l'éternel usage en Dauphiné, lequel consiste à laisser invariablement découvrir et palper par les Américains ce que nous avons dans notre poche, les revues germaniques et celles de Genève signalèrent au monde savant la découverte, sur la montagne de Brandes, d'un cadavre de ville antique.

Au congrès sur les lieux qui s'ensuivit bientôt, quelques Alpins curieux se rendirent sans convocation, et furent considérés par l'assistance comme un groupe de pasteurs.

Le docteur Kreyfus, de Munich, affirma, devant un nombreux auditoire, qu'il n'était permis de voir là que les ruines parlantes de la capitale des *Uceni*, et démontra facilement qu'il fallait conclure, de leur importance, la suprématie de ce peuple sur tous les autres peuples allobroges.

M. Stempfli, de Lauzanne, au début de son discours, se rangea à cette opinion. Mais, après une heure, il n'en avait laissé rien debout, et surabondamment il avait prouvé que les Romains seuls avaient pu construire en ce lieu une cité considérable. « Voyez, dit-il, ces *oppidum* ; tout vous démon-
» tre que c'était là, précisément au centre de leur
» grande voie vers les Gaules, le *Metz alpestre* des
» Romains. »

*
★ ★

Maurice, alors, demanda la parole, et son vêtement, aussi bien que sa barbe, fut accueilli avec un sentiment de curiosité, saupoudré de quelque commisération. « Vos *oppidum*, expliqua-t-il, sont
» de simples *fourneaux*, et les vrais *oppidum*, que
» d'ici vous ne pouvez voir, formaient une ceinture
» autour de la ville aujourd'hui morte.

» A Brandes, les Romains faisaient garder, par
» trente mille soldats, *cent mille forçats condam*
» *nés aux mines*. C'était là, pour eux, comme un
» *Creuzot* gigantesque, et c'était le dépôt général du
» minerai dont vous trouverez les exploitations éche
» lonnées jusqu'à l'Etendard.

» Or, tout le long des veines dont se trouvent sil
» lonnés les deux bras immenses — soudés ensem
» ble — qu'étend à vos regards la double chaîne
» des Rousses, ce peuple vraiment grand pratiquait
» ainsi des saignées métallurgiques.

» La voie romaine est plus bas, et le minerai pré
» paré y était ensuite descendu. »

Les savants, en se retirant, saluèrent Maurice avec considération, et nous saluèrent aussi avec une politesse suffisante, nous faisant par là participer à la gloire de notre ami.

*
★ ★

J'ai dit que Grenoble seul ne fut point représenté à ce congrès. C'est que nos académies se trouvaient encore sous l'impression de leur catastrophe à la *Motte-d'Aveillans.*

Vous avez lu dans le temps (ou peut-être non?), les nombreux opuscules qui, durant trois années, ont croisé le fer sur les découvertes faites par nos savants dans les montagnes de la Motte. L'événement fit sensation.

Un amas de monuments *druidiques* et *celtiques*, c'est-à-dire laïques et religieux, se trouvaient là rangés et serrés les uns contre les autres, — non plus comme sont rangés les meubles de votre chambre, qui gardent entre eux un espace décent, mais à la manière dont se trouveront pressés, et comme entassés, tous les meubles réunis de votre maison, — le jour où les bienfaits de la République conservatrice vous auront conduit à ce point de félicité de ne pouvoir plus les conserver, et de les vendre.

C'étaient *Dol-Men* sur *Men-Hir*, autels à *Teutatès* contre colonnes à *Hésus*, *Pierres Levées* et *Pierres de Minuit*, s'étageant les uns sur les autres, comme Pélion sur Ossa. Le tout paraissait enchevêtré, par surcroît, de monuments bizarres, insolites dans la science, déclarés inédits.

Jamais encore rien de pareil n'avait été signalé. Fallait-il y voir une exposition universelle fossile prise sur le fait, ou bien les vestiges d'un Brithis-Muséum des Gaulois nos pères?

Après le huitième opuscule, l'entente entre les savants était devenue absolument comparable à l'harmonie de Babel, lorsque le père Bridou, meunier d'Aveillans, vint leur apprendre qu'à son humble avis, c'était là la région des pierres meulières, où, depuis des siècles, venaient se pourvoir les *moudeurs* de la contrée.

Quant à la bizarrerie des entablements et des coupes, elle lui semblait résulter naturellement des caprices de l'exploitation.

Cette franche déclaration fut, pour les savants assemblés, ce qu'est un coup de feu sur une bande de moineaux en maraude, et nos académies dauphinoises en furent frappées de mélancolie bien longtemps.

*
* *

Des prés de Brandes, je vous l'ai dit, le panorama sur les Alpes est admirable déjà; mais montez à la *Tour-du-Rocher*. C'est la forteresse romaine qui commandait l'enceinte militaire, et plus tard les dauphins, ayant voulu rendre le mouvement et la vie aux usines de Brandes, en firent leur château de plaisance.

De la Tour-du-Rocher, une heure d'ascension va vous conduire aux bords du *Lac-Blanc*. Ici je veux ne vous rien décrire, mais vous êtes sur un des points recommandés par les Alpins. Allez-y voir.

Les *Rousses*, ainsi nommées de leur couleur ocreuse, sont traversées et comme rivées entre elles par des filons de fer, de cuivre, de plomb, de zinc, d'or et d'argent, de quartz et de platine. Maurice vous énumère encore, à titre de pierres précieuses, le *titane anatase*, et les émeraudes blanches et vertes.

Fermez-lui la bouche, s'il entame en votre honneur la nomenclature de ce qu'il appelle les produits spéciaux, tels que la *craitonite*, l'*axinite*, le *prehnite*, etc. Vous n'en finiriez pas, et ce serait pour votre esprit une débauche de métaux et de minéraux.

Gavet qui jamais ne voyage qu'à la manière de Chapelle et Bachaumont, le crayon à la main et la muse en bandoulière, a dit du Lac-Blanc :

> Peu profond, — comme un radical, —
> Mais infiniment plus moral.
> Sa truite est blanche, étrange chose !
> Et la baryte en est la cause.

*\
* *

Si vous avez la jambe alpestre, du Lac-Blanc, vous pouvez parcourir, vous élevant toujours, toute la chaîne des Rousses jusqu'à l'Etendard. Mais l'entreprise est magnanime, j'ai le devoir de vous en avertir. Donc redescendez à Huez, et là, visitez pieusement le presbytère du regrettable abbé Sérène, l'ancien curé.

En a-t-il semé, le digne abbé, durant sa longue vie, de saints et vigoureux exemples, d'enseignements paternels et de pratiques culturales !

Au nombre de huit, un jour, nous envahîmes le presbytère de cet aimable compagnon en alpinisme et en Saint-Hubert; puis, laissant sa gouvernante affairée soigner la broche et la casserole, le laissant lui-même interroger les mystères de sa cave, nous nous rendîmes au jardin.

Un spectacle nous y attendait, à faire tressaillir d'aise les apôtres de l'art maraîcher. Des foules pressées d'asperges, telles que rien de pareil n'avait jamais frappé nos regards, étalaient devant nous leurs lignes, rangées dans un ordre sans exemple.

Quelles lignes, et quelles asperges! De vastes chemins les séparaient, de quatre pieds de largeur, et formés d'une terre piétinée et comme battue. Mais les lignes séparant elles-mêmes ces chemins nus, étaient bondées d'asperges comme bottelées, tant elles se pressaient innombrables et drues dans leur bande large d'un pied. C'était pour nous une merveille, doublée d'un mystère, lorsque survint le bon abbé qui nous dit :

« Mes amis, la méthode est bonne autant qu'elle » est simple, et c'est pourquoi nul ne l'enseigne par- » mi les savants. Sur la ligne, les *griffes* sont ici » plantées à dix centimètres l'une de l'autre.

» Un entassement, direz-vous! sans doute, mais » un entassement lucratif et judicieux. A dix centi- » mètres, je l'ai dit; mais, entre les lignes, voyez! » quatre pieds de distance, pour les laisser étendre » leurs racines.

» Et, sur les racines étendues, le terrain durci et » jamais travaillé, cuirasse propice et qu'affectionne » ce légume, trésor du printemps.

» Cherchez de l'œil une herbe quelconque, vous » ne la trouverez pas. Les chemins sont bien trop » durs, et, dans les plates-bandes légèrement *binées*, » les asperges sont bien trop serrées pour ne pas se

» sarcler elles-mêmes, comme je me rase de ma
» propre main.

» Tout se réduit donc à cueillir, direz-vous? Peu
» s'en faut, et je pourrais dire tout à fait, — n'était
» la jouissance de venir leur distribuer quelquefois,
» et le sel salutaire et le crottin avantageux.

» En jardinage, pratiquez la maxime du Chinois
» sagace : peu d'engrais à la fois, mais souvent ré-
» pété, toujours à la surface.

» Et dites-moi s'il peut arriver, dans ma culture,
» qu'une servante *pattue* écrase, de son pied d'ath-
» lète, précisément les plus belles têtes? »

En ce moment, un fumet de chamois braisé vint
dilater nos narines, et tôt après nous étions assis à
cette table amie et toujours hospitalière. Aucun de
nous jamais n'a pu découvrir en quelle saison de l'année, les jours maigres exceptés, la cave de l'abbé
Sérène se trouvait dépourvue d'un cuisseau de chamois.

A table, et malgré sa joie sincère de nous revoir,
il nous sembla qu'assombrissait son front, — comme
un voile de mélancolie.

Dans le lait pur de cette existence alpine et chrétienne, une mouche était tombée et depuis quelque
temps empoisonnait le breuvage. Au dessert l'excellent homme nous fit sa confession :

« Que pensez-vous, dit-il, ô mes amis, des dé-
» couvertes nouvelles qui courent le monde, des
» squelettes fossiles qui démentent les livres saints,
» et font remonter la présence de l'homme sur la

» terre à quelques centaines de mille ans ? Que dire
» encore des doctrines anatomiques qui nous donnent
» les singes pour aïeux ? »

Gavet laissa paraître sur sa figure son rire sardonique et silencieux, et dit tranquillement : « parle,
Mathonet. »

Mathonet alors : « Mon cher curé, dit-il, voici,
» — photographiés, — l'inventaire et le bilan de la
» science à ce jour :

» La découverte d'ustensiles fabriqués par l'homme
» et la découverte de squelettes humains eux-mêmes,
» dans le terrain *miocène*, font remonter aujourd'hui,
» en France et en Europe , l'existence de l'homme à
» l'époque quaternaire, c'est-à-dire à un nombre de
» siècles difficile à préciser, mais assurément énor-
» me.

» Les découvertes attendues signaleront sa pré-
» sence au sein du temps tertiaire, bien plus reculé
» encore que le temps quaternaire. »

*
* *

L'abbé frémit et Gavet rit davantage. Mathonet
continuant :

« En Europe et notamment en France, deux races
» précises ont été collectionnées : la race *dolichocé-*
» *phale,* ou à crâne allongé, et la race *brachycéphale.*
» ou à tête ronde. La race dolichocéphale, jusqu'à
» ce jour, tient la corde de l'antériorité.

» Sur le sol français, elle ne commence à se mon-
» trer qu'à la première partie des temps quaternaires.

» Tels sont les résultats acquis, et solidement
» acquis aujourd'hui par la science nouvelle de la

» *Paléontologie humaine.* Ce sont des faits, et ils
» s'imposent, par cela seul qu'ils sont des faits.

» A chaque découverte nouvelle, les adversaires
» de *la Révélation* poussent des cris de triomphe.

» Les partisans de la libre-pensée prétendent op-
» poser aux chrétiens les faits de paléontologie hu-
» maine, et soutiennent qu'ils y trouvent la négation
» absolue de la tradition biblique et la réfutation des
» *Mythes* de la Genèse.

» Mais les chrétiens sont autrement forts que cela.

✱
✱ ✱

» Pie IX, dont la sérénité dans le martyre arrache
» des cris d'admiration aux persécuteurs eux-mêmes,
» et dont la main tient élevé, par-dessus le cyclone
» d'irréligion qui se déchaine, le flambeau qui seul
» doit ne jamais s'éteindre;

» Pie IX accorde la plus haute protection aux belles
» recherches de M. Michel de Rossi sur l'humanité
» quaternaire des environs de Rome. Le Pontife n'a
» rien vu de contraire à la foi dans ces études, ni
» dans les résultats auxquels elles conduisent.

» Pour les chrétiens, de quoi s'agit-il en effet?

» Il suffit de prouver que l'opposition et l'incom-
» patibilité entre les faits et la parole divine n'existent
» pas; qu'il n'y a rien dans *le Récit* de contraire à la
» vérité scientifique et à la raison, et que les décou-
» vertes de la science peuvent se placer sans danger
» dans les vides de la tradition mosaïque.

» Or, lisez le docteur Hami, dans son *Précis de*
» *Paléontologie humaine.*

» Lisez aussi l'abbé Lambert dans son *Déluge Mo-*

» *saïque*, et l'abbé Bourgeois, aux infatigables recher-
» ches de qui nous devons aujourd'hui tout ce que
» l'on possède sur la présence de l'homme à l'époque
» tertiaire.

» Et écoutez Sylvestre de Sacy :

» *La Bible donne-t-elle une date, et y a-t-il une*
» *chronologie biblique?*

» Ecoutez encore le savant et vénérable abbé La
» Hir :

» *La chronologie biblique flotte indécise. C'est aux*
» *sciences humaines qu'il appartient de retrouver la*
» *date de la création de notre espèce.* »

» La seule chose que dise la Bible d'une façon
» formelle, c'est que l'homme est comparativement
» récent sur la terre, et les découvertes de la science,
» loin de le démentir, le confirment de la manière
» la plus éclatante. »

*
* *

L'abbé versait des larmes, et Mathonet continuant :
« Vous le voyez, mon cher curé, un peu de science
» éloigne de Dieu, beaucoup de science y ramène.
» Et si, contre le saint livre, s'élèvent quelques doc-
» teurs malsains, aussi bien que la doctrine des
» estaminets, *le Récit* reste surabondamment défendu
» par les faits eux-mêmes, par l'opinion des plus
» érudits, par la sublime tranquillité du Pontife.

» Mais vous n'empêcherez jamais, cher abbé, que
» parmi les interprètes de toute science, à côté des
» Sacy, des Hami, des La Hir, se rencontrent des
» Littré, des Auguste Comte et autres cerveaux dé-
» traqués.

» Voilà pour la révélation. Et maintenant, si l'*hom-*
» *me-singe* vous empêche de dormir, écoutez en-
» core :

» On ne l'a jamais trouvé, on ne le trouvera jamais,
» et la preuve absolument contraire est acquise par
» les faits.

» Je vous ai dit les deux races collectionnées, do-
» lichocéphale et brachycéphale. La plus ancienne,
» ou dolichocéphale, aussi bien que l'autre, — loin
» de se rapprocher plus que les races contemporaines
» des caractères *simiesques*, présente, dans le large
» développement de son crâne, les indices d'une
» puissance intellectuelle très-remarquable.

» C'était, de plus, une race aux membres robustes
» et qui devait nécessairement, suivant la juste ex-
» pression du docteur Hami, *allier à l'esprit qui crée*
» *la force qui exécute.* »

*
* *

Mathonet ne termine jamais rien sans péroraison :
« Mon cher abbé, s'écria-t-il, ni la science sous toutes
» ses faces, ni la loi du *progrès continu*, laquelle
» ressort si lumineuse des recherches de la paléon-
» tologie humaine, — n'ont rien de contraire aux
» croyances chrétiennes.

» L'antiquité païenne se croyait, se sentait peut-
» être sous une loi de décadence irréparable. Hésiode
» disait aux Grecs que le dernier des *quatre âges* avait
» vu fuir *la pudeur* et *la justice.*

» Horace disait :

> *Ætas parentum, pejor avis, tulit*
> *Nos nequiores, mox daturos*
> *Progeniem vitiosiorem.*

. » Et c'est, au contraire, avec l'Evangile qu'on voit
» commencer la doctrine du progrès. Bien plus, l'E-
» vangile fait du progrès une loi : *Estote perfecti.* »

Le digne abbé Sérène, avec transport embrassa
Mathonet. Gavet, alors, le voyant en une telle joie,
se hasarda à lui demander des renseignements sur la
fameuse histoire des boutons de sa soutane.

*
* *

Cette histoire n'a jamais été éclaircie davantage
que celle du Masque de fer. Ravanat, un jour, avait
raconté qu'étant allé visiter la montagne des *Chalan-
ches* avec l'abbé Sérène et le curé d'*Oz*, une grande fatigue, accompagnée d'une faim dévorante, les avait
conduits à l'unique auberge de la contrée.

Là, un repas pantagruélique leur fut servi, — le
cuisseau de chamois préparé à la *sauce matelotte* des
ouvriers mineurs, les bartavelles rebondies et le
mate-faim qui *boursouffle.*

Le tout ensemble les avait boursoufflés de telle façon, — qu'après l'avoir arrosé de deux bouteilles de
Château-neuf du pape, ils s'endormirent, pareils à
des ballons, sur le canapé antique aux vastes flancs.
C'est ici que se place le point demeuré obscur et
toujours en litige.

« Je dormais, il me semble, depuis quelques in-
» stants, dit Ravanat, lorsqu'un bruit formidable de
» vitres cassées vint me réveiller en sursaut. Je crus
» d'abord à la grêle, mais quelle ne fut pas ma stu-
» peur à l'aspect de la vérité ! Les boutons de soutane
» de mes compagnons, sous l'effort désespéré des

» *pectoraux* trop rebondis, partaient de l'abdomen,
» lancés irrésistiblement comme des noyaux de ce-
» rise. »

L'abbé Sérène sourit aux questions peu discrètes de Gavet, — philosophiquement et avec sa bonté toujours prête. Mais Ravanat de son côté, emportera au tombeau la conviction d'avoir payé sa part des vitres cassées de l'auberge.

Ces deux chaînes, parallèles et comme soudées ensemble, des Grandes et des Petites-Rousses, sont une réserve immense du gibier des Alpes. Leur topographie, aussi bien que leur disposition, les tient loin de la portée des bourgs et des villages, et le chamois, les tétras divers, les perdrix et les lièvres, n'y sont qu'accidentellement chassés, jamais avec persévérance. J'y ai rencontré, sur quelques points, des quantités fabuleuses de ptarmigans.

Dans les pentes d'Oz et de Vaujany, vous trouverez l'occasion de brûler votre poudre dans un *tiré* fréquent, singulier, mais bien difficile. Là, sur des pentes raides, les bois noirs se présentent *serrés* et comme impénétrables. Quelques chambres çà et là les divisent, et vos yeux n'y sauraient suivre votre chien. Mais à chaque instant vous entendez crépiter le vol des vieux tétras, souvent invisibles, et d'autres fois à peine entrevus dans les clairières.

Les émotions, ce jour-là, ne vous manqueront pas, et la poudre seule pourra vous faire défaut, car vous tirerez du matin au soir. Seulement, si vous en ramassez deux paires, je me déclare plein de respect pour votre tir.

Et ne perdez jamais de vue qu'à cette chasse, comme à toute poursuite du coq de bruyère, votre chien doit toujours tenir *l'amont*, et vous, le *grand aval*. Le tétras, invariablement, part dans la pente.

Des hauteurs de Vaujany, un parcours cynégétique admirable vous conduit aux *Sept-Laus*, par la *Grand-Maison*. Mais c'est ici la place de vous révéler toute une région alpestre particulièrement recommandable.

La notoriété des *Sept-Laus* est européenne. Placé à portée d'Allevard, station de bains, ce site est indiqué et se trouve écrit dans tous les *Guides;* il est passé aujourd'hui à l'état de *cliché*. Mais dans son voisinage, qui soupçonne l'existence des *quinze lacs de l'Etendard ?*

Eh bien, depuis le Lac-Blanc, qui domine la ville morte des prés de Brandes jusqu'au *Lac-des-Aigles*, vers le nord, quinze lacs charmants déroulent leur chapelet dans le dédale de la double chaîne des Rousses jusqu'aux versants septentrionaux de la montagne géante.

Chacun a son vallon, son encadrement pittoresque, *sa chambre;* et les merveilles dont on jouit dans ce parcours se refusent à la description.

D'un vallon à l'autre, vous franchissez commodément, par une voie large et gazonnée, qui n'est point sans doute le travail des pâtres, qui n'offre aux yeux aucun vestige d'ouvrages d'art, mais dont la persistance exclut la pensée d'un caprice de la nature.

C'est comme l'ombre d'une voie romaine, et c'est en effet la grande artère qui conduisait aux usines de Brandes les métaux recherchés presque jusqu'au sommet de l'Etendard. Des voies secondaires s'y rattachent, et vous conduiront aux ouvertures apparentes, mais écroulées, des carrières exploitées par tant de bras durant la domination des Romains.

C'est là toute une contrée admirable. La truite, presque toujours laissée en paix, habite tous les lacs. Pour le coq de bruyère, déjà l'altitude est dépassée; mais le chamois, le lièvre et le lagopède, s'y rencontrent avec abondance.

*
* *

L'an dernier, les Alpins y entreprirent une razzia de jalabres. Partis du Lac-Blanc, nous parcourûmes et chassâmes durant trois journées, les parages des quinze lacs jusqu'au-dessus du Lac-des-Aigles.

Le tir fut exécrable, je dois en convenir, et néanmoins, nous récoltâmes soixante-six têtes de ce charmant oiseau. Le lendemain, et l'occasion paraissant belle, nous résolûmes de monter au sommet de l'Etendard.

Pour les Alpins, quand ils ont à leur tête leur cardinal Gavet, gravir un *Som*, c'est synonime d'aller au Prêche. Gavet est l'homme du sermon sur la montagne, et je ne connais pas d'exemple qu'il soit parvenu jamais sur un pic, sans y prononcer une homélie.

A mesure qu'il s'élève, on sent bouillonner et monter en lui le ferment sibyllin, et, dès qu'on touche au point culminant, le bouchon part, plus irrésistible que le bouchon du Moët.

*
* *

Or, la mousse qui, ce jour-là, montait en Gavet, était évidemment une mousse DÉISTE et *Religieuse*. Des mots précurseurs, déjà par moments venaient nous l'apprendre, et nous savions que, dès longtemps, dans l'âme de notre cardinal, — Simon Iscariote au ministère des cultes, — la persécution religieuse tolérée par Thiers, — avaient creusé de vives blessures.

Mais jamais la coupe de Gavet ne déborde qu'à la goutte infime, et son indignation qu'au coup de pied de l'âne. Or, à Vizille, le maire Béthoux avait terminé une allocution par ces paroles sacramentelles : *Je n'ame pô la messa, et velia tô !*

*
* *

D'un autre côté, à Voiron, Jésus-Christ venait d'avoir une affaire désavantageuse.

Arrivé par l'express, de bonne foi et sans songer à mal, pour prendre possession, selon son droit, de sa place à l'église Saint-Bruno, — il s'était vu garrotter et tenir en prison, durant plus d'une année.

Le conseil municipal s'était assemblé contre lui, et, là, Jésus avait eu le guignon de se rencontrer, nez à nez, précisément avec la plupart de ceux qu'autrefois il avait chassés du Temple.

Tellement que mal lui en prit, et que tous l'entourèrent avec de grandes clameurs.

C'est alors qu'un cordonnier l'appela *Va-nu-pieds*, — pour n'avoir pu (Jésus) lui montrer aucun soulier ; — et qu'un épicier le regarda d'un œil absolument louche.

Vainement Jésus, avec sa douceur accoutumée, avait représenté à ce peuple et à ses Docteurs, qu'il était l'envoyé du Directeur des Beaux-Arts, et des Commissaires à l'exposition de Paris.

L'épicier, qui louchait de l'œil et de la conscience, et de tout, — à rien ne voulut entendre. Il avait été déclaré, dans leurs assemblées, le plus capable d'inspecter les œuvres d'art, et de visiter les Doctrines.

Or la doctrine de Jésus avait toujours gêné cet épicier aux entournures, — et c'est pourquoi l'épicier fit condamner Jésus.

Mais condamner à plate couture, na ! à bulletin ouvert et à l'unanimité. Car c'est là un conseil où l'on n'y va pas de main-morte, et dans lequel pas un ne commet la faiblesse, jamais, de se laver les mains.

Dans aucun temps Jésus, dont vous connaissez la manie d'appeler autour de lui les pauvres d'esprit, — n'en avait pu rassembler un si grand nombre.

Les Chrétiens de l'endroit s'étaient bien montrés un peu mal satisfaits par de semblables agissements, mais ils n'avaient nullement, pour cela, coupé l'oreille à Malchus, ni l'oreille d'aucun autre, et ce n'est pas eux qu'il est besoin de morigéner longtemps pour les faire remettre l'épée au fourreau.

*
* *

Aussi Gavet, n'y tenant plus, et s'asseyant au soin de l'Etendard :

« Ecoutez, dit-il, ô dévoyés de l'Institut, ou crétins » de l'Epicerie !

» Décomposez, par la pensée, les plus nobles civi- » lisations disparues, vous les rencontrez toutes, » durant leur grandeur, unies en cette trinité : — » Dieu, la famille, la société, — armées ainsi pour » le bien, fortifiées contre le mal.

» Etudiez aussi leur décadence. Invariablement vous » y trouverez cramponné, — comme le ver au fruit » qui tombe, — l'oubli de Dieu.

» Et maintenant voyons les Dieux :

» Les Dieux d'Homère sont brutaux. Aussi, combien » peu de respect ils inspirent. Entendez Ajax :

> Grand Dieu, rends-nous le jour, et combats contre nous !

» Meilleurs sans doute nous apparaissent les Dieux » de Virgile ; mais, en leur essence, quel alliage » des passions de la terre ! Les poëtes et doctrines » sont plus éthérés que les Dieux. On sent déjà venir » le Christ.

» Ici, découvrez vos fronts :

*
* *

» Le *Saint*, le *Juste* et l'*Elu*, le *Grand* dans le » ciel, — ce n'est plus ici le grand de la terre, — » c'est le *déshérité*.

» La souffrance, c'est la vertu, — Adorer Dieu, faire

» le bien, aimer son semblable, — ce n'est plus là
» que le devoir.

» Sur le Golgotha, ce n'est point du sein de la nue
» et des éclairs et de la foudre, que nous est donné
» le *Verbe*. — C'est du poteau, c'est de la Croix, —
» gibet d'alors.

» Et depuis bientôt deux mille ans, ce flambeau
» secoue sur le monde ses étincelles. Vos grandeurs,
» vos splendeurs, vos vertus, — toutes vous les lui
» devez. Mais vous lui devez plus encore, — la *glo-*
» *rification de la souffrance immortelle.*

» La souffrance *insupprimable*, la souffrance-vau-
» tour, — attachée au flanc de l'humanité, et qu'aucun
» philosophe n'en a jamais arrachée, le Christ est
» venu l'instituer, trois fois sainte, et trois fois sacrée,
» — *vertu et mérite*, — et de son soulagement, il a
» fait, sur la terre, — la *Dette* et le *Devoir*.

» La Dette envers Dieu, s'il vous plaît! — Nulle-
» ment, la dette envers l'homme.

» Tout le Christ est là, et toute sa divinité.

*
* *

» Mais depuis longtemps des docteurs nauséabonds
» ont assumé l'entreprise, pour l'humanité, d'une
» médication contraire. Un *sujet* déjà se trouve en
» leurs mains, — la France, reine parmi les nations
» chrétiennes.

» Sous leur scalpel, qu'on a laissé travailler, la
» France est aujourd'hui nue, étendue sur la pierre
» et laissant voir les plaies du scalpel des docteurs,
» les plaies que sa tunique de prospérité ne cache
» plus.

» Seuls, quelques docteurs se montrent satisfaits.
» Le reste fuit, épouvanté.

*
* *

» Eh bien, s'écria Gavet, empoignant enfin sa pé-
» roraison, parmi les hommes, tout se traduit par
» un symbole, et tout symbole enfante une figure !
» Quelle figure, oh voyons-le ! avez-vous pétrie
» et façonnée, apôtres de l'Etat-sans-Dieu, ou de la
» Loi Athée, — pontifes de la libre-pensée, ou prê-
» tres-mômiers de l'idiote maçonnerie ! Quelle figure
» est apparue de votre vomissement ? Ah ! je vais
» vous le dire :
» *La Marianne !* — et, de vos œuvres impies, rien
» n'est debout que la Marianne.
» La Marianne — offerte à l'humanité, *aux lieu et*
» *place* de cette grande figure du Christ, qui —

> » N'a rien d'humain que la pensée,
> » Et rien de vivant que les pleurs ! »

Timidement, mais avec adresse, Philippe tendit
à Gavet son chibouque, et l'entreprise ayant réussi,
Mathonet s'empressa, pour fortifier la position, de
soumettre au cardinal ses scrupules à l'endroit du
Cicindela aurea.

La découverte de ce charmant carnassier était une
des gloires et une des fatuités de Gavet. Le savant
entomologiste lyonnais, M. Mulsant, inclinait à croire

que l'espèce était la même que celle trouvée dans les monts Ourals par le docteur Yvan, de Tobolsk. Mais Gavet, sur ce point, n'a jamais entendu qu'on diminuât d'un cheveu la virginité de sa découverte, et les Alpins, ce jour-là, furent unanimes à se ranger de son côté.

Il faut pardonner à Gavet ses exaspérations ; il a eu des déboires. Durant toute sa vie, il a rempli ses devoirs de bon citoyen, n'hésitant point à quitter courageusement ses montagnes pour soutenir tout gouvernement établi *selon Dieu*, et voilà qu'après le 4 septembre, lorsqu'il est redescendu dans le pays plat, ses amis politiques, même les plus officiels, avaient tous retourné leur veste.

Les sanguins, il les rencontrait chantant la carmagnole sous l'oriflamme des radicaux, et les lymphatiques, plus tranquilles, pouvaient être contemplés dans les vitrines conservatrices de la république *idem*, rangés avec ordre sous des étiquettes indiquant la provenance.

Si bien que Gavet s'est trouvé former à lui seul toute l'ancienne phalange des plébiscitaires, ses huit millions de camarades s'étant éclipsés jusqu'au dernier.

Il est dans la nature de Gavet d'être immuable, et il le fut. Mais à l'accueil toujours plus refroidi qu'il remarqua chez ses anciens amis, il comprit bien que, désormais, pour eux, *il avait la gale.*

Gavet prit alors un parti désespéré. Il adressa à M. Casimir Perier, auquel il accorde d'avoir été un ministre grand, un projet de constitution conçu en ces termes :

Au nom du peuple français, etc.

I.

Eh bien ! soit, la République est proclamée, morbleu ! inaliénable, indiscutable et primordiale, antérieure et supérieure, obligatoire et laïque, et dans laquelle la France, nation chrétienne, puisse enfin vivre, sacrebleu !

II.

Par ordre d'ancienneté, et pour que la République soit habitable, les républicains antérieurs sont transportés.

III.

Seul, parmi les républicains, l'athéisme ne peut pas être transporté ; il est toléré à l'état de sensation ; à l'état d'émanation, il est puni de mort.

IV.

La loi divine, promulguée par Dieu dans les tables de Moïse, et commentée par Jésus-Christ en son Evangile, seule est reconnue.

V.

La loi humaine ne peut être obéie qu'à la condition de n'être autre chose que la sanction et le développement de la loi divine.

VI.

DÉCLARATION DES DROITS DE L'HOMME.

L'homme naît avec des devoirs, nullement avec des droits ; mais il peut acquérir des droits.

VII.

Il naît avec le devoir d'obéir à la loi divine, c'est-à-dire d'observer le Décalogue et les commandements.

10

VIII.

L'homme est donc tenu au devoir d'adorer Dieu, et d'honorer ses père et mère, — et de ne toucher en rien ni de nuire à aucun des biens d'autrui.

IX.

Par l'observance de ses devoirs seulement, l'homme acquiert des droits : — celui d'être honoré par ses enfants, et d'être à son tour respecté dans tous ses biens.

X.

Pas de devoirs, pas de droits.

XI.

DE L'ENSEIGNEMENT.

L'enseignement est libre, et les père et mère le choisissent librement. Mais la République exerce rigoureusement le devoir de veiller à ce que nul enseignement ne soit donné, sans être accompagné de l'instruction chrétienne, religieuse et morale.

XII.

Les citoyens peuvent exercer le labourage, sans être bacheliers dans les autres sciences.

XIII.

Ainsi soit-il. Et vive alors la République !

Gavet attend la réponse.

Donc, au sommet de l'Etendard, et notre cardinal se montrant déjà rasséréné par son triomphe à l'endroit du *Cicindela*, Philippe nous entretint de ses vives espérances, au sujet de la culture de la truffe, *en chambre et sur une vaste échelle.*

Un fait inouï s'était passé en 1868, que les savants s'étaient bien gardé de recueillir.

A Vinay, M. Foillard, jeune officier de marine, glorieusement mort plus tard au siége de Paris, avait construit une fabrique. Dans un vaste hangar de cette usine momentanément abandonnée, un amas énorme de *pâte de bois,* destinée à la fabrication du papier, était entré en décomposition.

La matière de cette sciure réduite en pâte était fournie par les essences que voici : *Abies picea, betula alba, acer platanoïdes* et *populus tremula.*

Un bruit étrange se répandit tout à coup : *le monceau de pâte avariée se trouvait transformé en un monceau de truffes.*

Chez les Alpins, c'est à Philippe qu'est confiée la direction des affaires mycologiques. C'est lui déjà qui fut chargé, en 1850, de s'aboucher avec Elie Montgolfier, qui promenait dans une bonbonnière la prétendue mouche *tubérigène*, et c'est lui aussi qui a conseillé et dirigé, dans Vaucluse et dans la Drôme, les premières plantations de chênes truffiers. Philippe fut donc de suite député à Vinay.

*
* *

Or, voici ce que Philippe nous rapporta :

Sur la surface entière de la pâte gâtée, et dans une épaisseur de quinze à trente centimètres, des truffes étaient, — de la grosseur d'un pois vert à la grosseur d'une noisette, tellement innombrables, qu'un décimètre cube en contenait plus de mille, — pralinées dans un humus à peu près noir, détritus de la pâte.

La couche inférieure, non encore atteinte par la

décomposition, conservait sa couleur blanchâtre native, et n'offrait aucun vestige du précieux tubercule.

Des mains avides autant qu'inintelligentes, par malheur avaient tout dérangé. Philippe rapportait soigneusement quelques blocs de ces *agglomérés*. Aucun doute ne fut possible. C'était bien la truffe en personne, *tuber cibarium*.

Sur la frange de cette pourriture, et principalement contre les murs, des helvelles et des morilles se montraient aussi avec abondance.

Philippe, alors, à la suite de son voyage, avait dirigé, dans le sens de cette prodigieuse révélation, une série d'expériences dont chacune venait accroître sa joie. Aidé des conseils de Gavet, toujours *bene dicendi peritus*, il marquait par un succès éclatant chacune des étapes de son investigation. Dès le jour où il nous en entretint de la sorte au sommet de l'Etendard, nous pûmes prédire son triomphe, dont l'avénement ne saurait aujourd'hui se faire longtemps attendre.

*
* *

Il convient de ne pas quitter ce point culminant des Grandes-Rousses, sans conseiller vivement au touriste l'ascension de l'Etendard. Son pic supérieur, situé à 3629 mètres d'altitude, est le plus facilement accessible parmi tous les géants de cette contrée. Le spectacle qui, de ce point, se déroule aux regards, est d'une sublimité qui ne saurait être dépassée.

Le botaniste s'y trouve dans un paradis. Mathonet, déjà, y a découvert plus de trente espèces inédites, dont une fougère admirable, *aspidium maculatum*.

Au pêcheur à la truite, les quinze lacs de l'Etendard offrent l'attrait des succès faciles. Ce saumon savoureux y abonde, et, vivant loin des embûches de l'homme, il ne se montre défiant ni rusé. C'est dans ces lacs que j'ai cueilli mes plus belles victoires, empoisonnées toutefois par les dédains de Maurice, qui réserve ses coups pour les truites gigantesques, mais si *difficiles*, du lac Fourchu et du lac Lovitel.

L'orgueil de Maurice, à l'endroit de la Pêche, est incommensurable. Aussi *la Pêche à Jacquot* l'a-t-elle toujours humilié, comme le cèdre humilie la lavande.

*
* *

Mais puisque voici *la Pêche à Jacquot*, disons d'abord quelques faits dont les procès-verbaux sont authentiques, qui font crier les idiots (je le sais et ne m'en soucie), mais que pas un homme sensé ne saurait injurier d'un doute.

Le capitaine Marijon fut témoin de celui-ci :

Par un hiver de rigueur extrême, à Névache, à la caserne des Douaniers, Brigitte, chef de cuisine au phalanstère, préparait le dîner.

Sous l'immense manteau de la cheminée moyen âge, et dans la poêle aux vastes flancs, l'huile de Provence sussurrait dans l'attente des rondelles dorées de la parmentière. Brigitte sortit, ayant affaire, et tira la clef *contre le chat*.

Se sentant, comme à l'ordinaire et comme il convient à son sexe, très-attardée au bavardage, elle accourut, demi-heure après, d'un pas précipité par l'inquiétude, et trouva dans sa poêle, — *trois barta-velles frites dans leurs plumes.*

Un douanier, rentrant par la montagne, avait cru voir au sommet de la cheminée, comme de gros oiseaux se prélassant dans les poternes de la fumée. Ami des *éclaircissements*, et connaissant combien une froidure de quinze degrés inspire aux oiseaux l'amour des calorifères, le douanier avait détaché une bourrée de son fusil vers l'objet en litige.

Une compagnie de bartavelles s'était évadée avec précipitation, laissant trois victimes refoulées dans la cheminée.

*
* *

Lord Bentham, qui s'est engoué très-fort des Alpes du Dauphiné, a la bonté de trouver les Alpins gens fort bien élevés et parfaits *Gentlemen*. Il avait donc emmené Mathonet chasser dans ses terres du Devonshire.

Dès le lendemain de son arrivée, Mathonet, déjà en quête, se trouvait près du château et non loin d'un gaulis, lorsque son chien fit venir droit à lui un lièvre qui lui parut superbe.

Sur la pelouse nue, Mathonet tire de front, à quinze pas. L'animal se dédouble, et deux lièvres courent sur le gazon.

Mathonet, nullement désarçonné, car il est de ceux qu'*impavidum ferient*, tire, de son deuxième coup, l'animal le plus rapproché. Mais le gaillard se dédouble à son tour, et Mathonet voit, autour de lui, courir trois lièvres.

Devant ce spectacle exagéré, et sa philosophie se trouvant épuisée aussi bien que la charge de son fusil,

— mon ami rentre tranquillement au Manoir, et

demande avec politesse des explications à lord Bentham.

Ce chasseur flegmatique apprend alors à Mathonet qu'il vient d'avoir affaire au Kanguroo d'Aroë, *Didelphis Brunii*, et qu'à chacun de ses coups de feu, un de ses deux petits, domiciliés dans sa poche, était sorti, — probablement pour s'informer des motifs d'un si fort tapage.

Le Kanguroo d'Aroë est un animal plein d'avenir. Nos climats d'Europe lui conviennent à merveille, et, dans les Trois Royaumes, déjà les Anglais partout l'ont multiplié. En France, pays de tous les attardements, un seul propriétaire, en Normandie, a eu la pensée de se l'approprier, et sait en retirer les plus vives et en même temps les plus fructueuses jouissances.

Quelques faits encore, avant la pêche à Jacquot.

« J'en ai tant vu, disait un chasseur éminent, le » marquis de Foudras, qu'en fait d'impossible je suis » devenu bien difficile. »

A la bonne heure, et voilà ce que j'appelle un homme avisé. Toutefois il faut convenir que, même parmi les choses qu'on a vues de ses propres yeux, quelques-unes sont bien pénibles à raconter.

Et si je n'écrivais pas ici principalement pour des Dauphinois, au milieu desquels le fait suivant s'est passé ; qui ne peuvent prétendre aucun droit à l'incrédulité, puisqu'ils ont sous la main et qu'ils peuvent interroger les témoins vivants de la *chose étrange*, — oserais-je, à Marseille, par exemple, ou bien en Gascogne, — narrer l'histoire vraie du canard de Saint-Aupre?

Gavet, lui, possède une façon souveraine de faire rentrer dans le devoir les sots qui l'écoutent et qui s'insurgent.

— *Et si je vous disais tout !* — clame-t-il, le sourcil froncé, à ceux qui marchandent sur ses récits.

Cette menace, arrivant à point pour s'additionner à la saveur déjà considérable des choses que l'incrédule vient d'entendre, — le tient dans un respect et dans une soumission salutaires.

Eh bien, sur le canard de Saint-Aupre, je vais *tout vous dire*.

*
* *

Un vieux *Col-vert* était devenu légendaire. Cantonné solitairement dans la futaie de chênes séculaires qui fait au charmant vallon de Saint-Aupre un fond si délicieux, — il s'abreuvait aux sources du marais, pour lui fécondes en gourmandises.

Trois mois durant, et par jour deux fois plutôt qu'une, il fut la cible des chasseurs d'alentour. Mais sa manœuvre défensive était invincible.

Dépisté invariablement aux sources et dans la futaie, il *tortillait* son vol parmi les troncs et les branches maîtresses, avec une fécondité de *guinchettes* que rien n'égalait, sinon son merveilleux sang-froid.

Les arpéges de sa trajectoire étaient tout un poëme. Il les déroulait artistement en silence, au milieu de la fusillade pleine de furie qui ne manquait jamais de l'accueillir. Mais aussitôt qu'avait retenti le dernier coup de feu , — trois *Koâ Koâ* insupportables venaient gouailler l'oreille de ses adversaires.

Le gaillard, alors, décrivait autour du vallon une parabole que nous déclarions être sans grâce. Il se posait ensuite *au nu*, vers le centre du marais, sur une *motte*, promontoire narquois et favorable.

Arrivé là, il ressemblait tellement à la forteresse de Bitche, que chacun s'en allait chez soi.

*
* *

Naturellement, la gloire était enviée de *rapporter* le canard de Saint-Aupre. Mais entre ce problème et celui de réussir une république, la distance ne nous semblait pas exagérée.

Une fois déjà je vous ai parlé de Gérando, mon compagnon fidèle. Ce rude garçon était passionné pour les victoires impossibles, et je le vis tressaillir d'aise, lorsqu'à l'oreille je lui fis confidence d'un éclair de génie qui, tout à coup, vint m'illuminer.

Et c'est pourquoi, le lendemain, de grand matin nous partîmes, nous dirigeant tout droit au centre du marais, juste à l'emplacement du fort de Bitche.

Choisissant là le point précis où le col-vert venait se relaisser, je couchai Gérando sur le coussin moelleux d'une *motte*.

Les Nymphes préposées à la toilette de Pandore, n'apportèrent pas à leur besogne un soin plus diligent que le mien. Avec les palmes dressées de l'*iris acorus*, je masquai les vastes flancs de mon ami. Sur le promontoire abdominal et sur les pectoraux, je disposai avec art les disques pourprés du *Nymphœa*. Enfin, avec astuce, je saupoudrai le tout des aigret-

tes de la *Sagittaire*, disposées dans des attitudes sincères.

Sous cet édredon, le fusil de Gérando, couché
contre lui, mais dressé sur ses deux crans comme
un coq sur ses deux ergots, — lui fut un compagnon
de lit.

*
* *

Avec amour je promenai un dernier regard sur
mon engin perfide, puis m'en retirant comme firent
les Grecs du cheval de Troie, je marchai droit à la
futaie.

Suivant *les rites*, je saluai le canard d'une double
bordée, et, du regard, je le suivis dans l'exercice de
sa parabole.

Le col-vert vint, sans façon, se poser au sommet
du ventre de Gérando.

Avec prestesse Gérando *goba* le canard. Avec prestesse, bonhomie et simplicité, — par le mouvement
rapide qui vous est familier, lorsque, sur une table
de marbre, vous *gobez* une mouche.

Nous étions partis deux et nous revînmes trois;
— dont un que vous pouvez tenir pour le canard le
plus humilié que jamais il sera donné de voir.

*
* *

Je ne me sens ni goût ni préférence pour les faits
quorum pars magna fui, mais ici je plaide la cause
de l'*impossible — arrivé*, et le devoir m'impose de
violenter ma modestie. Vous connaissez le lac de Paladru ?

Et sur ses bords, dans les prés fleuris qu'arrose le

ruisseau de Valencogne, un chalet-villa qui commande le lac et les prairies, a sollicité vos regards. C'est le *palais d'été* d'un aimable et pur *Allobroge*, M. Pâris d'Avancourt.

Si peu que vous ayez apparu dans l'orbite, ou seulement à l'horizon de cette demeure, vous avez été appréhendé au collet, et, nonobstant vos hypocrites dénégations, vous avez subi la douce violence de son hospitalité.

Or, je vous fais la politesse de vous supposer gourmet, soit du palais, soit de l'esprit, soit de l'oreille, et, de l'accueil du maître, et de la grâce de la maîtresse de la maison, vous vous êtes retiré enrichi d'un souvenir savoureux.

*
* *

Mon ami Pâris est un Sous-Alpin de la plus belle eau. Les Sous-Alpins sont une section recommandable, rattachée à l'Ordre des Alpins, et faisant comme un trait d'union entre eux et les notaires du *pays plat*. Le cadre est formé de ceux *ayant l'étoffe*, mais qui trouvent exagérée la hauteur de deux mille mètres.

Pâris est un chasseur. Son livret s'est bien quelquefois trouvé en déficit, à l'endroit des *fournitures pour la broche,* mais il est toujours si fort en avance à la page des *fournitures de l'esprit*, qu'il compte parmi les plus considérés dans la section des Sous-Alpins. Or, c'est de Pâris, précisément, qu'ici j'invoque le témoignage.

Nous chassions ensemble la bécassine dans les marais de Saint - Laurent - du - Pont, lorsque sur la nudité des prairies, trois grues, montées sur leurs échasses, vinrent dessiner leur silhouette égyptienne.

✷
✷ ✷

Certes, mon ami Pâris et moi, nous n'avons pas
l'habitude de courir après les grues. C'est cependant
ce que nous fîmes ce jour-là, non sans avoir soigneusement débourré la charge de nos fusils et sans l'avoir
remplacée, dans les canons, par une charge plus forte,
couronnée d'une balle.

A ceux qui parfois ont pourchassé la grue (au marais), je n'apprendrai rien en disant qu'au bout d'une
heure nous renonçâmes à cet exercice, renouvelé de
la poursuite du *Chastre*.

Mais pour revenir à tirer la bécassine, la balle se
trouvait être une charge ambitieuse, et voici ce qui
nous arriva :

Sur la touffe solitaire d'un bouquet de roseaux, un
troglodyte, *sylvia troglodites*, oiseau-mouche d'Europe, fit entendre son cri de petite cresselle, et, dressant sa queue, sembla nous braver.

Je marchai droit à lui, disant à Pâris : Vous allez
voir !

L'oiseau part sur le pré, je le tire à quinze pas, et...
il tombe, — *guillotiné d'une balle*, absolument comme
Mme de Framboisy.

Alors mon ami consterné, tenant l'oiseau dans sa
main, fit entendre ces paroles belles et judicieuses :

« Et dire que, ni l'un ni l'autre, nous n'oserons
» narrer ce que nos yeux ont vu !

» Et dire encore que, lorsque vous et moi nous se
» rons morts, — avec nous s'éteindra la croyance à
» ce coup superbe ! »

Jamais mon ami Pâris ne m'a témoigné autant de considération et de respect que durant toute cette journée.

Dans les forêts de Parabaux , au-dessus de *Valprevaire*, en *Queyras* , nous avions détourné dans une étroite enceinte un loup de première grandeur.

Le loup détala droit devant Maurice et dans la pente, lui montrant, comme point de mire , sous son panache dressé et flambant au vent, l'embouchure de sa trompette.

Maurice , avec indécence , visa juste entre les fesses, et le loup tomba foudroyé.

Nous accourûmes contempler l'animal. Mais quel ne fut pas notre étonnement ! Sur le loup, scrupuleusement visité, pas l'ombre d'une blessure ! Un flocon de sang rosé mouillait un peu les lèvres , comme ferait une indisposition des gencives.

Maurice , alors, que chacun sait être de première force au billard , mais dont la présomption , en matière de tir , ne recule devant aucune énormité, émit, un instant , la prétention insensée d'avoir fait un *massé* superbe. Mais la vérité, bientôt , sortit triomphante de l'analyse.

Le flocon de sang était à la gueule , pôle arctique , — et la balle , pénétrant avec précision par le pôle antarctique, s'était logée dans les poumons.

Eh bien ! essayez de raconter cette aventure à un imbécile, et vous me rendrez bon compte de sa sotte incrédulité. Tous les jours, à l'exercice de la cible, il voit une balle toucher la *broche* à deux cents mètres, mais vous ne le dissuaderez pas que je vienne d'écrire *une blague.*

*
* *

Pour vous, lecteur, assurément vous me croirez, si je vous dis qu'un de ces oiseaux noirs et rapides, qui volent et se poursuivent autour des clochers des villes, le martinet des murailles, *cypselus murarius;* qu'un de ces oiseaux, dis-je, — s'est empalé ces jours derniers, sur la pointe acérée d'un paratonnerre, au palais de justice de Grenoble ; et que, là, il est resté planté dans l'attitude de la colombe, emblème du Saint-Esprit.

Ou bien, si vous refusez de me croire, arrangez l'affaire avec les curieux qui sont allés, par centaines, visiter le suicidé.

Et vous ne vous montrerez point non plus trop rebelle, si je vous apprends qu'en octobre dernier, ayant manqué sottement une bécasse de mes deux coups de feu, j'allai néanmoins la ramasser tout près du théâtre de mon exploit ; par la raison toute simple que, sous mes yeux, elle s'en fut s'époumoner contre les fils tendus entre deux poteaux télégraphiques. Cet accident est reconnu quotidien, et le nombre est considérable des oiseaux de toute espèce qui périssent ainsi victimes de l'embûche du télégraphe.

N'importe, et je vous en préviens, — les Alpins exceptés, et, avec eux, quelques hommes sensés que, par hasard, j'ai rencontrés dans le monde, — dans l'esprit de beaucoup parmi ceux à qui je l'ai révélée, *la pêche de Jacquot est une affreuse gasconnade.*

L'autre jour encore, rue Montorge, dans le salon Testoud, bien connu, ce Pré-aux-Clercs où tout cavalier et tout mignon accourt se mettre en bras de manche, quatre idiots, mes amis, se trouvèrent avoir simultanément la face couverte de deux pouces de savonnade. J'entrai par aventure, leur ayant consciencieusement conté, la veille, la pêche à Jacquot.

Eh bien, leur sotte incrédulité aidant, et le rasoir suspendu sur leur figure leur devenant une réminiscence, ils éclatèrent ensemble de ce rire inconvenant qui n'appartient qu'à l'ignorance. Le ciel à l'instant les en punit, les uns par une estafilade, les autres par le savon rentré dans la gorge. Mais je me tiens bien assuré qu'ils ne seront nullement, pour si peu, corrigés.

Mais triples brutes, mes amis! — vous avez cru que — *l'ours se nourrit d'hommes et de taureaux*, — ou bien vous êtes allés *contempler Jean Pic dans le cristal du glacier de l'Homme*, — ou bien, mieux et plus fort, vous avez cru (vous croyez peut-être encore?) *à la République de Thiers et de Casimir*, — et lorsque vous est narré un fait, — singulier parce qu'il ne se présente pas à tout coup, — mais parfaitement correct, *in natura rerum*, et conforme irréprochablement à l'ordre matériel ou métaphysique, — par la seule raison que cela ne vous est jamais arrivé au bézigue, vous beuglez d'incrédulité?

*
★ ★

Eh bien, allongez tant qu'il vous plaira vos oreilles, qui pourtant n'en ont nul besoin.

Ah! ce n'est pas pour vous que je me livre au labeur d'écrire.

C'est pour les hommes de montagnes et d'aventure, pour les chasseurs et les vrais touristes. C'est pour les pêcheurs et pour les philosophes, pour ceux enfin dont la joie est de vivre leurs jours de loisirs loin du bézigue et du piano, dans la douce familiarité de la nature.

Et c'est aussi pour mon portier, qui se saigne pour acheter mes feuilletons, qui fut à Wagram où vous n'étiez pas, et qui m'a dit hier encore : « Ah! Monsieur, que c'est donc bien vrai tout ce que vous écrivez-là! »

*
* *

Donc, ce que j'ai vu le voici :

J'étais en préméditation contre les coqs de bruyère de l'Haut-du-Seuil et de l'Alpette, et dans ce but, je vins coucher à *Entremont*, à l'hôtel Pâquet, que vous connaissez bien, pour peu que vous soyez touriste ou chasseur. Au souper on me servit des truites de grandeur moyenne.

Pareilles, de physionomie, au braque épagneul de Séville, dont le nez est bifurqué, — elles avaient toutes la tête pourfendue et d'une manière uniforme. J'y pris garde modérément.

Le lendemain, empoigné par le guignon le plus exécré des enfants de Saint-Hubert, je me trouvai bloqué au cabaret par une de ces pluies dauphinoises que vous savez, intarissables autant que les pleurs d'un Jules — soit Favre, soit Simon.

Durant la journée entière, je partageai mes loisirs

laïques, mais principalement obligatoires, entre Horace et *toujours les truites*.

Mais *toujours les truites* avaient la tête pourfendue. Je lançai un mandat de comparution contre Mme Pâquet.

— Pourquoi, lui dis-je, fendez-vous ainsi la tête à vos truites?

— Oh! monsieur, ce n'est pas moi. Ce sont *les truites à Jacquot*.

— Qu'est-ce çà, Jacquot?

Et Mme Pâquet me fit savoir que Jacquot était le seul pêcheur de truites de l'endroit, et que, deux fois par semaine, il en portait une bourriche à Chambéry, à destination des eaux d'Aix.

Jamais notre cardinal Gavet ne m'eût pardonné, lui qui nous prêche et nous impose l'analyse et *la pénétration* de toute chose alpestre, — si je fusse revenu sans avoir *disséqué* Jacquot.

Je savais bien dès longtemps, que tout pêcheur intelligent assomme de suite son poisson, et que nul ne commet la faute de le laisser s'amaigrir et perdre toute succulence dans les angoisses d'un long trépas. Mais la blessure des truites de Jacquot n'était pas *d'usage*, et son uniformité pouvait paraître, à bon droit, au moins singulière. J'invitai Jacquot à souper avec moi.

Jacquot n'était point un Antinoüs, et, dans les Alpes, vous avez rencontré ce type quelquefois.

Dans chacun de ses membres et dans chacun de ses mouvements, il apparaissait un peu *bancroche*, mais bancroche à des degrés inégaux, et l'inégalité de ses membres, jambes et bras, se rencontrait aussi sur la figure. En lui, sinon les yeux, rien n'était bancroche autant que le nez.

Quelque chose de cauteleux était dans son air bête et parmi ses traits désassortis. Dès le premier instant je fus en garde.

Nous joutâmes alors dans un tournoi d'*idioterie*. Moi, — *je ne croyais pas à la pêche à la ligne, et jamais on ne me ferait avaler qu'on pût prendre le poisson au bout d'un fil!* Lui, — *prenait toutes ses truites à la ligne; puis, il les saignait avec son couteau. Seulement, pour prendre une truite à la ligne, il lui fallait être absolument seul.*

Après quelques *passes* de la même force, chacun de nous, tacitement, parut renoncer à *tomber* l'autre. Pour moi, intérieurement j'applaudis à ma prudence. Jacquot, évidemment, ne savait pas le premier mot de la pêche à la ligne, — et *il avait un secret*. Je ne l'entretins plus dès lors que des tétras et de mon dessein de les attaquer, le lendemain, à l'Haut-du-Seuil.

Mais, avant l'aube, j'étais embusqué dans les sapins, à deux cents pas du taudis de Jacquot, et le dominant, — plus attentif que le douanier en surveillance.

Jacquot parut, un peu avant le soleil levé. Sur la hanche, il portait le panier sacramentel du pêcheur;

sur l'épaule, une ligne qui de suite me sembla manquer de sincérité.

Tranquillement il s'achemina, remontant le cours du *Guiers-Vif* par le sentier parallèle. Paisiblement aussi je suivis sa marche, favorisé à souhait par les profondes sapinières de *Moncourbe* qui se prolongent jusqu'aux sources.

Au bout d'une heure, nous étions comme dans un accul. Le vallon s'était rétréci, nous touchions aux origines du Guiers-Vif.

Jacquot s'arrêta, et longtemps son regard fouilla, dans toutes les directions, le paysage.

Quand il se crut bien assuré d'être seul, il descendit jusque sous les berges, au bord du torrent. Je pus moi-même alors m'approcher davantage, et l'épaule d'un ravin me fut propice pour me blottir dans la broussaille, à vingt mètres au-dessus de lui.

De mon observatoire, je vais dire ce que j'aperçus :

Le torrent tout entier tombait à pic, d'une hauteur d'un peu plus de deux mètres, sans fracas désordonné, et par une chute régulière et paisible. Après la chute, et comme c'est l'ordinaire, le torrent, tranquille, formait une nappe profonde, semi-circulaire et reposée, — avant de reprendre son cours rapide.

Le bord *aval* de la nappe paisible était garni tout entier de fascines, les unes submergées, les autres au contraire émergeant au-dessus de la surface.

De grosses pierres les reliaient. On eût dit la précaution, le barrage des *lavandières*, pour arrêter le linge qui fuit.

Tantôt debout et tantôt accroupi sur cette œuvre d'art, et passant de pierre en pierre, Jacquot *cueil-*

lait des truites dans les fascines, des truites mortes!
Le misérable, les aurait-il empoisonnées?

Celles qui n'étaient point à sa portée, — un long
roseau, sa ligne prétendue, les rapprochait et les ra-
menait sous sa main. Sa ligne donc n'était qu'un
leurre, un prolongement de son bras, un cueilloir.

*
* *

L'animal *empochait* toujours! et j'en avais une
courbature. Il finit par se retirer cependant, non
sans avoir promené, tout autour de lui, son regard
soupçonneux.

Non moins cauteleux moi-même, je me couchai
paisiblement dans l'herbe, à la façon d'un pawnie,
laissant passer le temps — même d'un retour offensif. Au bout d'une heure, et mon regard ayant imité,
— absolument comme dans *le ballet des Meuniers*,
— la pantomime de son regard, — je descendis, à
mon tour, à la *manufacture de Jacquot*.

Certes, je passe, aux yeux du cardinal, pour un
de ses bons élèves, quand il s'agit de faire comparaître à l'examen un fait rural et montagnard. Eh
bien! au bout de trente minutes, mon intellect fut
sur les dents.

Sur la frange de la nappe d'eau, contre le flanc
des galets de la rive, — aucun indice révélateur.
Pas une seule molécule de la sinistre *coque du levant,*
ou de l'immonde *lait de chaux.* Je demeurai confus
et désespéré.

Mais la Providence a des grâces inépuisables pour
les hommes *bonæ voluntatis*, et le ciel, subitement,
me dépêcha une colombe.

*
* *

Telle la noble fille de César Pharaon aperçut flotter et luire, sur les eaux du Nil, le ventre rosé du petit Moïse, — ainsi, je vis tout à coup dévaler vers moi, mollement bercée par le flot tranquille, une truite au ventre d'argent, se livrant à la fantaisie peu décente qui consiste à *faire la planche*.

Avec avidité ma main s'en empara. La bestiole frétillait expirante. Le sang, pourpre de Tyr, marbrait les diamants de son haubert et de sa cuirasse. Elle avait la tête *pourfendue et bifurquée*.

C'était bien là *la truite à Jacquot*.

Aussi *bouché* que vous me paraissez l'être vousmême en ce moment, j'eus besoin, pour m'opérer de ma cataracte, de la démonstration toujours humiliante d'un fait brutal. Une tringle de fer m'apparut — *fixée à mi-hauteur de la chute*, — *immergée dans la chute*.

Trente-deux lames de rasoir, dont le *fil* regardait *en bas*, la garnissaient *tout de son long*.

Et la truite véloce qui, d'un tour de rein vigoureux, franchit les cascades, — s'en allait bifurquer sa tête à l'engin perfide.

Pantelante, elle expirait aux fascines, qui retenaient ainsi la proie de Jacquot.

C'était écrasant de simplicité !

Et prenez bien garde que, pour mettre en doute, il faut prétendre : — *la truite ne remonte pas*, — *le rasoir ne coupe pas*. — Deux énormités ! N'importe j'ai des amis qui préfèrent ça, comme aussi de croire à la douce Révalescière, ou bien à la République.

Toujours est-il qu'incontinent Gavet fit le voyage d'Entremont pour contempler Jacquot et lui serrer la main.

Mais revenons au coq de bruyère.

Lorsque les pâtres vont installer leur établissement estival sur la montagne, toujours ils déplacent les coqs de bruyère. Leurs chiens et leurs moutons les refoulent, et ces oiseaux se cantonnent alors à l'écart. Les vieux seuls viennent de temps en temps se réintégrer à la dérobée et pour quelques heures, en leurs domaines expropriés.

Mais aussitôt que les pâtres ont quitté la montagne, vers le 10 ou le 15 octobre, — les tétras dépossédés rentrent avec délectation sur les plateaux et sur les croupes qui viennent de leur être ainsi rendus. Les chasseurs intelligents connaissent bien cet *usage*, et savent en profiter.

Un jour, à *Puy-Saint-Vincent*, dans la Vallouise bénie, nous eûmes un succès prodigieux, fondé sur l'observance de cette pratique.

Nous n'avions emmené que des chiens d'élite. C'étaient *Fleur-de-Lys*, blanche et rosée, liée d'un amour tendre avec *Pluton*, épagneul français de grande race.

C'étaient encore mes deux chiennes, *Mensonge*, au manteau impérial, à la fauve prunelle, plus jaune et plus ardente que la topaze *brûlée*, — et *Virgule*, l'incomparable.

*
* *

A propos du chien, parlez-moi des philosophes pour conduire, à travers les siècles, *le cotillon* des billevesées du plus fort calibre.

D'âge en âge, et depuis Aristote jusqu'à Littré, ces messieurs ont accumulé, *sur les bêtes*, un amas de doctrines enchevêtrées, en présence duquel je vous mets bien au défi de vous reconnaître. Passons à l'alambic cet insensé fouillis, et tâchons de voir clair dans *ces dires.*

Au fond du sac, nous trouvons ceci :

1º *Les bêtes sont des automates.*

2º *Il manque aux bêtes, par comparaison avec l'homme, la parole et le jugement.*

Cette dernière doctrine est la plus polie. A toutes deux, nous allons regarder.

L'automatisme d'abord. Descartes est le père de la doctrine : *Les bêtes sont des automates.*

Aristote et les péripatéticiens ont engendré la formule : *Les bêtes n'ont que la sensation.*

Eh bien! il me plaît, en ce moment, — et à propos du chien, et à propos des bêtes, — de prendre par l'occiput Aristote et Descartes, et les péripatéticiens avec, — et de leur tremper le nez dans le plat de la Vérité.

Il me plaît de prendre leur doctrine par ses longues oreilles, — et de lui donner le *coup du lapin.*

De tous ces philosophes, je le dis : Saint-Robert, pour ces gens-là, ne serait qu'une institution de *folie primaire*, et si vous les enfermiez à Saint-Robert,

— je vous mets au défi de n'être pas obligé, bientôt, de les transférer au dépôt de *la folie supérieure*.

Des automates, les chiens d'Egypte! qui boivent dans le Nil, *en courant le long du bord,* — pour n'être pas *pincés* par les *crocodiles!*

Et un automate encore, le chien du Mississipi! Mais, malheureux que vous êtes! s'il a résolu de traverser le fleuve, — il se montre *en belle* sur le rivage, aboie et se tourmente longtemps.

Puis quand il juge tous les *alligators* rassemblés devant lui, et se pourléchant déjà les lèvres, comme devant un bifteck, il se dérobe au triple galop, et va traverser à la nage, paisiblement, à *un mille* en amont ou en aval.

Aux bêtes, entendez-le bien, aucune ne fait défaut des facultés que l'homme, dans son sot orgueil, prétend regarder comme son apanage.

Les bêtes *sentent, comparent, jugent, réfléchissent, concluent.*

Bruno, mon chien homérique, est ombrageux à l'endroit de sa dignité, je vous l'ai dit.

Sur le *forum,* des décrotteurs lui font *les cornes, nominativement,* et, à ses yeux, c'est là une mortelle injure. Mais entre lui et les décrotteurs, c'est dès longtemps une guerre de Grec à Troyens.

Vous pensez bien que *les décrotteurs* n'ont pas commis l'imprudence d'outrager Bruno sans assurer *leurs derrières,* et déjà vous pouvez les voir, tous grimpés au sommet de l'échelle, éternellement accotée au mur, devant le bureau des messageries.

Du haut de ce promontoire inexpugnable, les *lâches décrotteurs* font pleuvoir sur Bruno tous les projectiles de l'injure.

Au bas de l'échelle, Bruno vient d'arriver enfin, *d'un pas tranquille.* Son mépris est bien trop grand pour qu'il se donne un air empressé, quand il s'agit de *châtier de vils décrotteurs.* Il forme un arrêt *négligent* sur cette grappe de *vauriens,* et laisse s'écouler, dans cette molle attitude, le torrent des imprécations et des *cornes.*

Mais alors, de sa mâchoire puissante, il saisit *le pied* de l'échelle et l'éloigne du mur — *peu à peu.*

Les décrotteurs éperdus se sentent périr *effondrés.* L'échelle s'en va sous eux, — eux-mêmes aussi peut-être, et il poussent des cris de détresse. Ils *voudraient bien s'en aller;* mais Bruno *ouvre l'œil.*

Le premier d'entre eux qui *va tenter le saut périlleux,* pour ne pas être compris dans l'*omelette* effroyable qui va s'ensuivre, — celui-là, soyez-en sûr, prestement sera *happé au vol,* par *le fond* de son pantalon seulement, *jamais par la fesse.*

Et Bruno, sur le Forum, théâtre de ce drame, présente *le décrotteur vaincu* à la foule émerveillée.

Analysez cette scène, au point de vue du *jeu des facultés,* et donnez-m'en votre avis *motivé.*

Encore Bruno. Il arrête ferme comme un pieu, et jamais il ne *pille.* Cependant.....

Si le lièvre, ou le tétras, se trouve parfaitement

en prise, — ou si Bruno en juge ainsi, — ma foi, *vlan!* et il l'empoigne.

Quelquefois il le manque. Oh! alors, Seigneur mon Dieu!

Vous a-t-il été donné de voir la mine d'une servante, juste au moment où elle vient de laisser choir, de ses bras arrondis en corbeille, — en présence d'une maîtresse acariâtre, — une pile entière de la plus belle vaisselle de *Chirens?*

Eh bien, tenez-vous pour assuré que l'attitude et la figure de la malheureuse ne témoignent pas de plus d'angoisse que la mine de Bruno, lorsqu'après *son méfait*, ma voix *tonnante* lui crie d'approcher.

Ah, comme il connaît bien, à mes paroles, qu'il s'agit d'une *tripotée!* Il hésite et me regarde. Mais comme il sait bien aussi qu'il faut *en passer par là.*

Donc, il arrive ; mais il arrive *en boitant*, pour m'attendrir.

Dès que le rideau est tiré sur cette scène de la *tripotée*, il se secoue et *ne boite plus.*

Eh bien, des fonctions les plus compliquées de ce que nous sommes convenus de nommer *intelligence*, — je vous le demande, dans ce petit drame, quelque chose vous manque-t-il ? Nullement, et Bruno, dans moins d'une minute, vient de se montrer en tout l'égal de l'homme, — en tout, y compris le mensonge.

Mais le chien n'est pas seul à participer aux facultés de l'homme, et, dans l'observation de tous les animaux, vous rencontrerez des enseignements pareils.

*
* *

Ainsi, parmi toutes les bêtes *de poil*, le lièvre est le moins doué. Le lièvre est né profondément bête ; le jeune levrault est stupide. Mais comparable à mon ami Jolibois, lequel, au collège (il y a cinquante ans), vint à s'acharner à la formule *Labor improbus*..... et finissait toujours par nous *enfoncer* tous, — le lièvre hausse progressivement son intelligence jusqu'aux proportions du génie. Le vieux chien, capable de *débrouiller* toutes les ruses d'un vieux lièvre, passe à l'état de *chien-boudha*, et il ne serait nullement exagéré de lui dresser des autels.

Au lièvre, chaque journée vient accroître le trésor de son expérience. Bien vite il s'est aperçu que, dans les bois fourrés, où *le contact de tout son corps* laisse un sentiment *vif et multiplié* de son passage, — les chiens le suivent *d'assurance*, avec ardeur et sans interruption. Désormais il dit adieu, dans sa fuite, aux bois fourrés. Et il passe dans les claires futaies, sur *les nus*, dans les chemins.

Je ne vous parle pas de la merveilleuse diversité de ses ruses. Cent fois et toutes vous les avez vues, et sans doute aussi vous en connaissez que j'ignore, mais celle-ci :

Il a remarqué qu'il est trahi toujours par les traces *odorantes* de ses pas, et que la poursuite s'y acharnait sans merci. Vite il se procure des bottes.

Dans une terre *argileuse, tendre et mouillée*, il *trempe* ses jambes avec assiduité, — jusqu'à ce qu'il juge, avec entendement, que les couches surperposées de l'argile lui ont fourni *des souliers et des jambières*.

Souriant alors sous sa moustache, il reprend le cours de sa fuite.

*
* *

Ainsi le lièvre, né stupide, charge et enrichit tous les jours son esprit et sa mémoire, — par *l'attention*, par la *comparaison*, par la *réflexion*, — et la tortue, soyez-en sûr, a bien fait de le *pincer* une fois. Qu'elle ne tente pas d'y revenir.

La jeune *hase* — *met ensemble* ses petits. Survient le renard qui les croque tous. « C'est bien, dit-elle, *il ne faut pas mettre tous ses œufs dans le même panier.* » Et désormais elle les isole, à trente, ou bien à cinquante pas les uns des autres.

Pour les appeler et les réunir tous *aux télins*, va-t-elle crier? Oh! que non pas! Le renard *sait* la voix du lièvre. La hase donc, avec ses longues oreilles, et d'un mouvement de sa tête, — la hase *joue des castagnettes*, et les petits levrauts d'accourir. En doutez-vous? Regardez à la partie externe des oreilles d'une vieille hase, vous y trouverez la *peau sans poil d'un tambour*. Et maintenant, méditez!

Le renard est friand du hérisson, et je l'approuve. Le hérisson, bien avisé, *se met en boule*, et le renard délibère et réfléchit. Mais il ne réfléchit pas longtemps. « J'ai vu l'homme, dit-il, se servir, en pareil cas, d'un arrosoir pour faire s'*ouvrir* le hérisson. »

Aussitôt, du seul arrosoir qu'il possède, et *levant la cuisse,* — le renard fait s'*ouvrir* le hérisson.

Vous faut-il maintenant, en outre du sens et de l'intelligence, — de l'esprit à désespérer un Gascon? Voyez le renard et la mandarine.

Le renard sent sa peau criblée de puces. Toutes les pontes ont réussi, et voilà que la position n'est plus tenable. C'est pourquoi il se rend au bord de la rivière.

Jusqu'à ce jour rien n'y a fait. Vainement il a prémédité, contre l'ennemi, l'asphyxie pour cause d'immersion prolongée. A cette manœuvre le renard n'a gagné qu'un rhumatisme.

Vainement encore il s'est roulé cent fois sur la dépouille *odorante* d'une taupe étendue au soleil depuis quinze jours; les puces, pour si peu, n'ont pas même éternué.

« Mais cette fois, dit le renard, mon bon! vous allez un peu voir! »

De son ventre et de ses flancs, il arrache une poignée de *bourre*, et, de cette *denrée*, le renard façonne une boule, de la grosseur d'une petite orange. C'est la *mandarine*.

Tout près du bord, sur lequel, — de ses pattes de devant, — il s'appuie et semble toucher du piano, — le renard entre dans *l'eau par les jambes de derrière*, lentement, peu à peu.

*
* *

Les puces grimpent dans les fesses. Il les sent, et *il noie les fesses*. Ainsi de suite, et d'étape en étape, — artistement il conduit, comme à la baguette, les phalanges toujours grossissantes de la vermine, et les fait toutes arriver *sur sa tête*.

Délicatement alors, et du bout des lèvres, il saisit la mandarine déposée entre ses pattes, sur les touches du piano, puis il immerge la tête à son tour, et toujours *progressivement*.

Pour les puces, il n'est plus qu'un refuge, — le promontoire fallacieux de la mandarine. Elles s'y empilent sans modération, comme les Grenoblois dans un omnibus de banlieue, ou bien encore comme les rouges grains dans une grenade.

Le renard éternue, — et crache au flot la mandarine.

Et, triomphant, regardant la mandarine naviguer, il fait des vœux pour son heureux voyage.

Voulez-vous voir maintenant les bêtes s'élever jusqu'aux sommets sublimes de la *blague extrême*, — regardez le moineau.

Vainement, à travers les siècles, les agriculteurs et les Alpins *cornent* à l'humanité que le moineau n'est qu'un pillard sans compensations. Le moineau s'est assuré des intelligences parmi les Savants.

Vous me direz peut-être méchamment que *se ménager des intelligences* parmi les Savants, est un tour de force dont il ne vous déplairait pas d'être le témoin. Eh bien, donnons à la phrase une autre tournure, si cela vous plaît mieux, et disons que le moineau s'est assuré le concours des Académies, et la protection des Savants de la ville.

Grains et graines, fruits et baies, pendant qu'il

pille tout, et surtout qu'il *marpaille*, — le vaurien ne prend d'autre précaution que de *panacher* son nid de quelques élitres de hannetons, décédés de leur mort naturelle.

Ou bien encore il s'ingénie, — s'il aperçoit un Savant, le nez dans son livre, — à tourner autour du Savant, tenant cauteleusement à son bec, un hanneton déployé.

Les Savants pleurent d'attendrissement, les tuiliers se réjouissent et les agriculteurs haussent les épaules. *Et adhuc sub judice lis est.*

Voulez-vous connaître le nombre de couples de moineaux qui nichent dans le charmant chalet de M. Pâris d'Avancourt, aux bords du lac de Paladru ? Demandez à M. Pâris le nombre de ses tuiles, et vous aurez le chiffre des couvées. Informez-vous aussi, par occasion, si le fermier le plus proche, celui de M. de la Villardière, — n'a pas demandé une diminution de son prix de ferme, depuis qu'il a pour voisins tant de *mangeurs de hannetons* ?

Gavet, un jour, fit la rencontre (on en trouve encore) d'un disciple *croyant et naïf* de l'Automatisme.

Il en eut raison, bien vite et sans labeur, et, parmi les exemples, il lui fit *toucher de l'esprit* que, sans la *Comparaison* et la *Réflexion*, — jamais le Castor du Rhône, qui vivait autrefois en Phalanstère, n'eût changé ses mœurs pour vivre aujourd'hui selon les manières de la *Loutre*.

Forcé dans ses dernières retraites, mais grincheux comme un vaincu, l'*Automatiste* vint à s'écrier :

« Maintenant peut-être vous m'allez dire que les bêtes ont un langage ! »

Jamais la figure de Gavet ne sortirait de votre mémoire, — si vous aviez pu la voir ainsi, effarée et sardonique, — à la rencontre inopinée d'un idiot assez *animal*, pour s'imaginer que les bêtes ne parlent pas.

Cependant, reprenant son sang-froid, « Monsieur, » dit-il !

» Deux loups associés se partagent les rôles. L'un » va dépister la proie, tandis que l'autre, bien re- » posé, va l'attendre en un lieu convenu, pour four- » nir un *relai*, et la *pousser* avec des troupes fraî- » ches.

» Pensez-vous qu'ils aient établi ce concert sans » se communiquer leur projet, — et pouvez-vous » admettre qu'ils aient fait ainsi, sans le concours » d'un langage *articulé*?

» Mais, si vous êtes chasseur, et je vous fais » l'honneur de le supposer, — lorsque par ukase de » la préfecture, trop longtemps il voit reposer votre » fusil, — cent fois vous avez surpris votre propre » chien *parlant à l'oreille* au chien de votre ami, et » vous les avez vus partir ensemble pour la chasse.

» Écoutez encore : Dans les lieux où l'on *traque* » le renard avec obstination, les jeunes renardeaux,

» *sortant du terrier pour la première fois*, sont infi-
» niment plus subtils et précautionnés, que leurs
» pareils dans les lieux où on ne leur tend pas de
» piéges.

» Pouvez-vous imaginer que ces renardeaux, s'ils
» n'eussent été *catéchisés* par la mère, auraient cette
» science de précaution qui suppose une suite de
» comparaisons faites?

» Demandez à Bombonnel si la chèvre n'a pas un
» cri, — un seul cri, — pour *ordonner* au chevreau
» de se taire lorsqu'elle sait que le lion est proche,
» ou la panthère? Et priez Bombonnel de vous dire
» aussi, si le chevreau, jamais, continue alors de
» *bêler?*

*
* *

» Quel discours de Sorbonne ou bien de Tribune
» a jamais approché de l'éloquence impérative de
» cette voix? Le chevreau se tait, et vous pouvez
» *lui dévider les entrailles*, il ne laissera plus *perce-*
» *voir son souffle.*

» Mais, Monsieur, dites-moi, n'entendez-vous
» point, tout le jour, la conversation et les bavar-
» dages dans votre basse-cour? La poule, parlant
» à ses poussins, en des accents divers, — les *ap-*
» *pelle,* les *convie,* les *avertit,* les *gronde,* les *épou-*
» *vante.* Le coq aussi, durant l'entière journée, *s'en-*
» *tretient avec les dames,* et vous avez bouché terri-
» blement vos oreilles, et votre entendement avec,
» — s'il vous a échappé de comprendre combien ses
» *paroles* sont diverses, — pour les réveiller, —
» pour leur offrir des gourmandises, — pour célé-
» brer leurs relevailles, à propos d'un œuf, pour

» faire à chacune, et tour à tour, le gaillard! — *une*
» *politesse.*

*
* *

» Et puisque se rencontre ici la question fort inté-
» ressante de la *politesse*, — faites-moi l'honneur de
» remarquer, en passant, combien partout le sexe
» *faible* est toujours le même ; et comme, précisé-
» ment à l'heure où il cède avec le plus d'emporte-
» ment à ses propres désirs, — il sait donner à ses
» faveurs la tournure de la complaisance et du sa-
» crifice.

» Vous avez vu les *simagrées* de la poule. Allez,
» Monsieur! la poule tout comme la femme, — *fugit*
» *ad salices.*

» Et maintenant que vous ne doutez plus que les
» bêtes se servent de la parole, — il me plaît de vous
» octroyer une concession. Les bêtes parlent moins
» et moins longtemps que l'homme ; cela est vrai, et,
» particulièrement, *elles articulent avec modération.*

» Articuler beaucoup — *elles ne daignent.*

» Mais si vous pensez que ce soit pour cause d'im-
» puissance, détrompez-vous. Le merle et la grive,
» le bouvreuil et la corneille, le loriot et tant d'au-
» tres — seraient là pour vous répondre, si le peuple
» infini des *Cacatoës* et des *Aras* venait à n'y pas suf-
» fire.

» Donc, chez les bêtes, la langue est courte, j'en
» conviens, mais, si vous êtes tenté de vous en
» plaindre, Monsieur, dressez le bilan des souffran-
» ces, — depuis l'ennui jusqu'aux catastrophes, —
» qu'aux hommes ont coûté, et particulièrement à la
» France, — *les longs discours.* »

Et savez-vous bien ce qui, chez l'homme, a nécessité ces nombreuses *rallonges* dont il a successivement chargé sa langue naturelle et primitive? ce sont précisément ses passions et ses vices.

Les bêtes ne connaissent, et je les en loue, ni les passions factices, ni les vices, abus du besoin. Les voyez-vous sujettes au *jeu*, ou bien à l'*ivrognerie*, ou bien encore à l'*avarice*, caricature de la prévoyance?

C'est pourquoi leur suffit une langue dont vous pouvez trouver étroites les limites, et c'est pourquoi encore leur suffit un exercice de leurs facultés qui inspire à l'un *le génie de la rapine*, comme il inspire à l'autre *le génie de la fuite*.

« Mais alors, dit à Gavet l'Automatiste, lui en-
» voyant sa dernière balle, je ne vois plus rien qui
» sépare l'homme des bêtes! »

Gavet reprit : « Je pourrais vous dire — ni moi
» non plus; mais je préfère vous répondre que je le
» sais.

» Or voici, sur ce point, la doctrine et le système
» des Alpins, et retenez bien ceci : les Alpins ne
» sont pas philosophes. Ce sont des hommes de
» montagne et qui ne se trompent jamais.

» Tous les animaux, l'homme compris, ont une fa-
» culté qui leur est commune, — *la sensibilité.*

» *La sensibilité* a deux formes, — *le plaisir, la*
» *douleur.*

» M. Prudhomme, M. de La Palisse, et Calino lui-
» même, vous apprendront que tout animal — re-
» cherche *l'un*, *évite l'autre*.

» *Or, la sensibilité* engendre *l'amour de soi*.

» Eh bien, tout ce que vous avez appelé — *in-
» stinct, sagacité naturelle, subtilité, intelligence*, —
» n'est qu'un produit, un développement de *l'amour
» de soi*, — lequel est lui-même le produit logique et
» obligatoire de *la sensibilité*.

» Tout animal *désire le plaisir*, — tout animal
» *est importuné par la souffrance*.

» Et toutes les facultés de son *organisation pro-
» pre*, — la Mémoire, l'Attention, la Comparaison,
» mère du Jugement, — sont toujours tendues ob-
» stinément vers ce but : — *rechercher l'un, éviter
» l'autre*.

» C'est là *la condition de l'existence de l'homme*,
» et c'est là aussi *la condition de l'existence des au-
» tres animaux*.

*
* *

» En quoi donc, répétez-vous, diffère tant l'homme
» des animaux ? Taisez-vous et attendez. Vous êtes
» par Dieu, bien pressé !

» Vous voilà plus tranquille. Eh bien, je vais vous
» le dire :

» L'homme diffère des animaux — *uniquement par
» la religion*.

» Vous beuglez ! tant mieux. Donc j'ai dit juste.

» La Religion, — la connaissance et *l'amour de
» Dieu*, — vous enseignent-ils et vous commandent-
» ils autre chose — que de rabattre énormément de

» votre naturel *amour de soi*, et d'appliquer le rabais
» au profit de *l'amour des autres*?

» Et *l'amour des autres*, fils de *l'amour de Dieu*,
» — *seul père assez puissant pour l'engendrer*, —
» *l'amour des autres* vous semble-t-il autre chose
» que la vertu combattant sans trêve et sans merci,
» la bête brute de *l'amour de soi*?

*
* *

» Ici, à dessein, je néglige de vous parler du re-
» noncement suprême qui élève l'homme *connais-*
» *sant Dieu* — jusqu'à ce sommet — *rechercher la*
» *douleur*. C'est là un exercice que j'admire, mais
» pour lequel je me suis reconnu toujours une si fai-
» ble aptitude, que nul autant que moi ne se sent
» indigne d'en discourir.

» Mais je vous mets au défi de supprimer *l'amour*
» *de Dieu*, sans supprimer du même coup, *l'amour*
» *des autres*, et sans retomber dans le bestial *amour*
» *de soi*.

» Au reste, ou vous êtes devenu bien aveugle, ou
» je prêche ici quelqu'un qui devrait être converti,
» — car dans *l'amour de soi*, vous me paraissez
» être aujourd'hui jusqu'au cou, vous et les vôtres,
» et si *l'amour de Dieu* n'arrive à temps *à la res-*
» *cousse*, bientôt vous m'en direz des nouvelles.

» Donc *l'amour de soi*, s'il n'est mitigé et com-
» battu par *la Religion*, — *l'amour de soi* est essen-
» tiellement *Bestial*.

» Chez les animaux, il aboutit au *mangement* ré-
» ciproque. Chez l'homme, il aboutit à la *Commune*.

» Et c'est vers cet aboutissement que vous ont con-

» duits vos philosophes, *le nez en l'air, les pieds au*
» *bord du puits.*

» Après cela, je dois vous dire que tous vos phi-
» losophes vinssent-ils à tomber dans le puits, — cela
» me serait assez indifférent. Mais ce qui m'inquiète
» davantage, c'est que vous et moi pourrions y tom-
» ber aussi.

» Donc, — l'homme diffère des autres animaux
» — *uniquement par la religion.* »

Maurice, dont les études et les observations philo-
logiques sur les bêtes sont extrêmement remarqua-
bles, établit et soutient ainsi son dire :

Lorsqu'est parlée devant vous une langue qui vous
est profondément étrangère, l'anglais, le russe ou
l'allemand, par exemple, — les intonations vous
semblent être toutes les mêmes, et la phrase se déroule à vos oreilles comme un ruban fait tout entier
de la même étoffe. De même en est-il, et pour des
raisons bien supérieures, de *la parole* des animaux.

La nature éloigne leur langage du vôtre, — bien
davantage que l'usage et la convention n'en tiennent
distant le langage des autres hommes, — et venant,
à la nature, s'additionner le surcroît de votre inat-
tention personnelle, — il vous semble rencontrer
une consonnance toujours la même, dans les langa-
ges où *les individus de l'espèce* savent bien percevoir
les dissonnances.

Maurice, donc, s'est avancé tellement dans la science des *intonations chez les Bêtes*, qu'il en est arrivé, sans que puissent le contester sérieusement les plus revêches, à comprendre la presque totalité de la langue dans un certain nombre d'espèces.

Naturellement, car chez lui c'est l'usage, sa prétention va beaucoup plus loin que la juste mesure et que la vérité. Sa vanité se fait fort de converser d'égal à égal avec la plupart des oiseaux. Mais quelle que soit l'exagération dont puisse être taxée cette faiblesse de Maurice, il est certain qu'elle l'a conduit à la science superlative comme *charmeur* de gallinacés. Demandez plutôt au marquis de Castous.

*
* *

Si vous possédez, ô lecteur, *le feu sacré*, c'est-à-dire l'amour unique de poursuivre les bêtes irréprochablement sauvages, et, par contre, l'horreur de faire des victimes estampillées et comme numérotées d'avance, — vous aurez voulu connaitre *la Camargue et la Crau*.

La Camargue et la Crau, pour leur vertu de n'être ni habitées, ni cultivées par l'homme, ont mérité de se voir annexées, sur la proposition formelle de Mathonet, à la patrie alpine. Un lien naturel déjà les unissait, la transhumance des troupeaux, et pour ce lien intime et séculaire, elles ont été définitivement proclamées des *Alpes plates*, mais néanmoins recommandables.

Au point de vue d'histoire naturelle, aussi bien que sous le rapport cynégétique, il a été milité puissamment en leur faveur, par leur condition spéciale d'être la *gare d'embarquement* de tous les oiseaux voyageurs. C'est le seul coin de la France où il puisse vous être donné, comme en l'Amérique canadienne, ou bien encore comme aux pays glacés de Russie, lorsque le soleil vient enfin les réveiller, — de contempler les grands spectacles des migrations.

Dans le désert imposant de ces solitudes, et lorsque *les temps sont venus*, les phalanges ailées, impossibles à dénombrer, couvrent la terre ou lui dérobent le soleil.

Elles s'agitent, sous l'œil de Dieu, en ces cris solennels des générations assemblées, en ces inquiétudes pleines d'angoisses qui tourmentent les peuples jouant leurs destinées. Vous les contemplez alors se ranger à la voix de chefs visibles, organiser leurs multitudes, et ce spectacle ramène votre esprit à la pensée des Hébreux, accomplissant leur migration sous le commandement de Moïse.

*
* *

Une seule pensée vient déflorer la magnificence de ces Thébaïdes. C'est qu'hélas ! comme tout en France, *elles appartiennent*. Le *cadastre* et la *propriété* ont aussi sur elles étendu la main. Seulement le *cadastre* leur ayant été d'une clémence extrême, la *propriété* bien vite s'est hâtée d'en faire sa *gourmandise*.

La production *ovine* de la France presque tout entière est assise sur ces deux termes : le *pacage hivernal méditerranéen.* — *la pâture d'été dans nos Alpes.* Supprimez l'un ou supprimez l'autre, — et vous supprimez le mouton.

Au premier aspect de la Crau, l'esprit conçoit avec

peine que les troupeaux trouvent à s'y nourrir. Mais ici la quantité est secourue par la *succulence*.

La Crau et la Camargue sont une des patries de la Lavande. Les Thyms variés, — *Créticus*, *Zygis* et *Lanuginosus* — les Armoises odorantes, — *Palmata Maritima* et *Gallica*, — aussi bien que quelques graminées rases mais savoureuses, — y fournissent au mouton des substances riches et concentrées.

Donc, au point de vue de la possession, votre esprit saisit les avantages : des champs éternellement semés et des récoltes toujours prêtes — que les orages ni le soleil extrême, que la grêle ou la gelée, que la foudre elle-même aussi bien que nul *Phylloxera* — ne sauraient offenser ; une propriété pour tout dire, où jamais il n'est à *planter un clou*.

Aussi les Anglais, gens toujours bien avisés, se sont-ils approprié les *lopins* les plus délicats de la Camargue et de la Crau.

*
* *

Ce paradis cynégétique se trouve enfermé entre la mer et la splendide muraille des *Alpines*. Dans la contrée qui touche aux Alpines, vous avez pour asile, en qualité de chasseur, les *Mas*, constructions vastes qu'habite chacune une famille.

Dans la Crau, les plus confortables sont le Mas de *Tenc*, le Mas *Thibert*, le Mas *Cassoule* et le Mas de *Jalenque*. Le Mas de Jalenque, propriété du marquis de Castous, est en même temps son rendez-vous de chasse et le lieu de résidence de ses meutes.

Dans la contrée centrale, vous rencontrez les Gourbis des pâtres, construits de *pierres sèches* amoncelées. Enfin dans la zône extrême, baignée par la mer, et la plus *friande* pour le chasseur, — vous en êtes réduit à l'ingéniosité de Robinson.

Mais ici la Providence, et sans doute aussi la protection bien visible de Saint-Hubert, vous sont en aide, et vous ont mis sous le nez *votre affaire*.

Dans la paroi verticale et résistant à souhait, — de quelque *Dune d'un sable cristallisé par le sel marin*, — aidé de votre seul couteau, pioche légère, — et de vos mains, pelles intelligentes, — en trente minutes, vous creusez une *Case*, élégante comme une boudoir; ou bien si la chose vous plaît davantage, gothique comme une chapelle, ouvrant sur la mer, tournant le dos au *Mistral* effroyable.

Ce réduit est confortable au degré supérieur. Si, par accident, la nuit vous semble fraîche, — *grattez* les parois, et vous ferez tomber sur vos jambes et sur votre corps l'édredon moelleux et chaud d'un sable chargé des rayons du soleil du jour.

Mais revenons au Mas de Jalenque et au marquis de Castous.

*
* *

Le marquis de Castous est *l'envoyé de Dieu* dans la Crau, comme Hercule fut l'envoyé de Jupiter dans la Grèce et dans le monde antique.

Les Alpes, nous l'avons dit, sont à peu près délivrées de cet infect communard, *Canis Lupus;* mais la Camargue et la Crau sont encore la proie de son banditisme. Dans la contrée supérieure, il s'abrite dans les Mâquis inextricables des Tamarins et de l'*Yeuse;* dans les régions nues, plus voisines de la mer, il *se rase*, selon les façons du lièvre.

Le marquis de Castous, au sein de ces solitudes, est le seul ennemi de ce redoutable carnassier. Mais quel ennemi !

Dans les Mâquis, avec ses quarante chiens tricolores de Saintonge, — dans le désert *pétré*, avec ses quinze *Slouglis* à la mâchoire d'airain, — il a déclaré à l'ennemi des troupeaux une guerre acharnée et terrible !

M. de Castous, pour tous ceux qui ont eu la joie délectable de participer à ses expéditions, — est le premier veneur de France. Mais aussi, grands dieux, quel champ de bataille !

Ni bourgs, ni hameaux, ni villages, ni jardins, ni clôtures, champs ou chemins. Tout Mâquis, tout *Palus* et tout Crau.

Et, dans les Mâquis, quand le loup sent *dans ses culottes* les quarante Saintongeois de M. de Castous, n'ayez crainte qu'il débûche jamais dans *le découvert*. Il sent trop bien que les Slouglis, tenus en laisse, l'attendent à la frontière.

Le Loup — *toujours* —, si le fusil n'en a fait justice, est *porté bas* dans les Mâquis, et toujours aussi les chiens sont promptement secourus. Les veneurs, montés sur des *Camarguais*, pas un seul instant ne perdent la chasse.

La danse du Loup, par les Slouglis, — absolument dissemblable, est merveilleuse.

Vous connaissez le petit cheval de Camargue, précieuse épave de cette avalanche de *Sarrazins*, dont les dernières projections vinrent expirer contre nos Alpes. Mais peut-être ne l'avez-vous vu que *dans le monde*, alors que l'homme l'a façonné, par la nourriture, par l'éducation. Aux lieux qui l'ont vu naître, il constitue un personnage digne de vous être présenté.

Son maître (il a un maître) ne lui demande que des services nobles et temporaires, — la *Chasse* et la *Ferrada*, chasse aux Taureaux. Tenez ce cheval pour un très-grand hypocrite.

Vous êtes prié, comme le fut Gavet, à un *Courre du Loup*, par le marquis de Castous. Un valet vous amène votre monture, et vous l'examinez en homme que l'affaire intéresse considérablement. Sa robe, d'un blanchâtre mou, vous paraît être tout d'abord *le paletot de la nonchalance.*

L'oreille est flasque, l'épaule aussi : la queue tombe tranquille comme *un émouchoir*. L'œil est éteint, presque blafard ; une jambe de devant s'avance mollement étendue ; une jambe de derrière semble s'appuyer douloureusement sur le bout du sabot.

« C'est bien, dites-vous en vous-même, si vous êtes » Alpin, c'est-à-dire si vous avez chaussé les souliers » ferrés, plus souvent qu'enfourché les montures. » C'est très-bien donc, et si je n'arrive point *à la* » *mort* le premier, je n'aurai pas du moins la mortification d'être lancé à croix ou pile dans la broussaille. »

*
* *

Ainsi pensa Gavet, lorsque au point du jour il enfourcha *la Nonchalance*.

Mais les abois se font entendre. Voici le *lancer* par les quarante *Saintonge*, et le Loup *perce* droit devant lui.

La Nonchalance, tout à coup, part comme la foudre. L'œil *atone* lance des éclairs, et l'*émouchoir*, relevé comme un panache, inflige aux reins de mon ami *le Knout et les étrivières*. Gavet, bien convaincu qu'il est emporté par l'Hippogriffe, crispe dans la crinière ses deux mains affolées.

Dans cette course vertigineuse, la *Nonchalance*, trouve encore le temps de se jeter en badinant sur son voisin, comme pour le mordre.

C'est au sein de cette aventure, que Gavet confesse avoir vu la Crau toute illuminée de chandelles, et s'être ensuite trouvé tout à coup plongé dans une nuit profonde.

La nuit profonde était le bourbier central d'un *Palus* de dix mètres. Comme une Biche, *la Noncha-lance* l'avait franchi, lançant Pylade à vingt-cinq pieds par-dessus ses oreilles.

Gavet, regagnant la terre, — par la tête était entré dans l'eau d'abord, dans la vase ensuite. Le marquis vint l'en tirer par ses longues jambes, lesquelles s'agitaient dans l'air désespérées, — à la manière des télégraphes de montagne.

Donc M. de Castous eut un jour la pensée malheureuse de dénier à Maurice sa faculté de *faire venir à lui* tous les oiseaux.

Maurice, en riposte, lui proposa de faire chanter, *sur son dos ou sur son ventre*, à lui marquis de Castous, et à son choix, — un des Gallinacés des Alpes, toujours à son choix.

M. de Castous choisit la Gélinotte.

« Ah, vous choisissez la Gélinotte ! s'écria Maurice pouffant de rire. Eh bien, mon bon ! *je vais vous en couvrir.* »

A Maurice, naturellement, appartenait le choix du terrain, et de suite il nous emmena aux sapinières de *Prémol*. Nous y étions *huit*, car, dit-il, quiconque peut y assister, à la condition d'être vêtu *couleur de bure*, et de garder toujours une loyale immobilité.

Maurice alors fit coucher M. de Castous à plat ventre, à trois pas d'un maître sapin, auquel il s'accota lui-même assis. Quant à nous, nous étions groupés à vingt mètres plus loin, les jambes croisées sous le corps à la manière des tailleurs, lorsqu'ils travaillent sur l'*établi*.

Or, c'était le temps cher à Vénus, où les mâles se montrent pleins d'emportement. Maurice préluda sur son chalumeau.

*
* *

Aux suaves accents de la romance féminine, dans la forêt ce fut un réveil. Polis comme il convient au sexe fort, de tous les horizons messieurs les Gélinottes répondirent. De l'oreille d'abord, et de l'œil bientôt après, nous pûmes les entendre ou les voir accourir — avec la voix, avec l'aile, avec les pattes.

Trois d'entre eux commirent l'irrévérence de piétiner, au passage, et même de chanter sur le groupe des spectateurs, — sans les considérer davantage qu'un tas de *bûches* et de *groubes*.

Autour du sapin attractif, Maurice alors, assourdissant ses cadences, et les promenant dans des nuances d'une délicatesse infinie, — poussa jusqu'à l'exaspération l'ardeur des coqs en présence de *l'amante invisible*.

La bûche Marquis de Castous paraissant à leur curiosité un promontoire favorable, nous les vîmes se promener le long de son épine dorsale, comme vous l'avez fait plus d'une fois sur l'arête faîtière de *Chame-Rousse*, pour admirer le paysage.

Lorsque M. de Castous se sentit véritablement affecté d'une demi-douzaine de Gélinottes sur le dos, — il se remit sur ses jambes sans ménagement, serra cordialement la main à Maurice, et s'en fut lui tresser une couronne de myrtille.

En redescendant par Uriage, nous dinâmes à la table d'hôte excellente de l'hôtel Robin. M. de Castous, dont le sentiment admiratif se trouvait être véritablement exalté, et dont la tête s'était montée progressivement durant la descente dans les sapinières, — raconta au dessert qu'il avait eu, dans la journée même, *quarante gélinottes* s'ébattant ensemble sur le promontoire de ses fesses.

Il est certain que nous en avions vu *processionner* un grand nombre, mais jamais, à notre estimation, il n'en avait porté guère plus qu'une demi-douzaine à la fois. C'était donc là, chez notre ami, une *multiplication* de la vérité, *ressentie* de bonne foi, et dont les exemples ne sont point rares.

Le goût de la chasse et l'entraînement militaire absolument sont pareils, et tous deux participent aux mêmes ardeurs. Chez un grand nombre de natures, sincères mais passionnées, ces ardeurs prêtent parfois à la réalité les *plus vives couleurs;* et cette exubérance qu'au peintre vous comptez comme mérite, — de quel droit, et au nom de quelle justice l'imputeriez-vous au chasseur comme un crime?

Les guerriers et les chasseurs, j'en conviens, parfois nous content des aventures un peu *épicées.* Mais ayons la condescendance, selon notre devoir, d'y regarder avec un esprit bienveillant.

Dans les récits qu'ils nous font, *l'action* toujours s'est déroulée enivrante et rapide. Le corps, avec tous ses sens surexcités, — l'âme, avec ses facultés puissantes décuplées par l'exaltation, se sont unis dans un effort surhumain, — et le *fait*, prompt comme la foudre, est venu les frapper tous, *sens et âme,* — à la manière d'un projectile.

Et vous vous étonnerez si le projectile quelquefois vient à dépasser le but, — ou si le *fait-vérité*, entrant, *comme dans du beurre*, au sein des facultés *chauffées à blanc*, — y grave son empreinte en des *creux* exagérés !

D'autres fois aussi, pour le chasseur ou pour le guerrier, deux ou trois faits *arrivés* se mêlent et se condensent dans la mémoire, dans l'imagination peut-être un peu. Et l'imagination alors prend, pour les réunir, ces deux ou trois vérités, dont elle ne fait qu'une, et vous les *sert*, fondues ensemble de la sorte, mais avec toute sincérité.

Ce n'est ici point autre chose que de la vérité *condensée*.

*
* *

A la première fois qu'il fait l'*épreuve de son récit*, le héros lui-même conçoit bien un léger scrupule. Non point sur la vérité, *essentielle* et *fondamentale*, dont il est sûr, — mais sur la *quantité*. Il a comme la conscience de *doser* d'une main trop généreuse. Mais le scrupule bien vite s'évanouit, selon la destinée d'un grand nombre de scrupules.

Aux *éditions postérieures* qu'il fait paraître, le héros *dose* un peu davantage encore, et par un entraînement naturel, — semblable en cela au paysan des montagnes, que vous voyez *saler la soupe* chaque fois qu'il passe devant la marmite, se gardant bien de se souvenir que *souventes fois* déjà la soupe est salée.

Pour moi, au chasseur comme au montagnard, ou bien au guerrier, — je ne me sens le tempérament ni le courage d'intenter un procès, — s'il *sale un peu trop la soupe*.

Qu'est-ce qui fait la vérité sinon la bonne foi? Et combien n'avez-vous pas connu de guerriers ou de chasseurs qui sont morts dans la foi sincère des exploits *excessifs* que, toute leur vie, ils ont racontés?

*
* *

12

Vernet, de Tullins, *mamelouk* du premier Empire, — dont personne n'a jamais songé à discuter ni la bravoure ni la véracité, — Vernet n'est-il pas descendu dans la tombe bien convaincu, — pour l'avoir mille fois raconté, — que Napoléon, sur un champ de bataille, avait fondu sur lui, bride abattue, — et l'avait pris au collet, lui criant : *Vernet, mon ami Vernet, au nom de l'humanité, cesse ton carnage!*

De même en est-il des chasseurs. Et n'allez point, par exemple, contester au marquis de Castous qu'il ait possédé un chien d'un nez tellement exquis et délicat, — que jamais *Taboureau* ne chassait le renard que sur trois pattes, obligé qu'il était de se boucher le nez avec la quatrième.

M. de Castous est le plus habile tireur de lièvre au *déboulé* qui se puisse voir. « Un jour, cependant, » dit-il (et gardez-vous d'y contredire), j'en ai vu » s'échapper un. Mais il a laissé sur le coup un tel » *matelas de bourre*, qu'ayant ensuite déjeuné sur la » place, — *nous étions trois assis dessus.* »

Mais pareils aussi sont les peintres, et tous les artistes, et tous les *bien doués*. Voyez Ravanat.

Ravanat est trop poëte pour n'être pas, en même temps qu'un amant des Alpes, un familier de la Crau. Un soir, il rentra consterné au mas de Jalenque, et il apprit à M. de Castous qu'un coup de mistral avait emporté *au large* toutes ses esquisses de la journée. « En aviez-vous fait beaucoup, demanda M. de Castous? — Allez y voir, dit Ravanat désolé, *votre mer en est couverte !* »

Voilà, je pense, judicieusement analysées, les *exubérances* du guerrier, du chasseur, de l'artiste.

Elles sont faites de vérité et conformes en tout à la nature des choses. Ce sont des faits *réels*, accommodés à *la provençale*, non point à *la blanquette*.

Et s'il vous plaît toujours de les nommer *blagues*, eh bien! qu'à cela ne tienne. Disons seulement que ce sont des blagues sincères.

Convenons encore que si quelque imbécile, après ces explications lumineuses, vient à s'obstiner à hausser les épaules devant les *récits des chasseurs*, — il n'est plus qu'à le renvoyer aux blagues désordonnées dont il fait sa nourriture, — les blagues de la bourse, des journalistes et du barreau.

Mais il devient évident que nous perdons considérablement de vue la Crau, et le marquis de Castous, et le *courre* du Loup par les Slouglis.

*
* *

Comme esprit et comme caractère, aussi bien qu'en sa qualité de veneur, le marquis est un des hommes les plus sympathiques qui se puissent rencontrer. Quand j'eus, pour la première fois, l'avantage de lui être présenté, — attendri, je me précipitai dans ses bras, — avec l'effusion d'un chasseur très-maigre, qui vient enfin d'en rencontrer un plus maigre que lui.

Long, sec et vigoureux, — ses jambes semblent monter jusque dans sa poitrine, et ses bras descendre non loin du talon. A chacun des engrenages de sa membrure, — les os énormes apparaissent en ronde bosse, — dédaigneux des voiles et de l'accompagnement de la chair, et se montrant sous la peau noire résolûment.

Le cou, toujours vierge de la cravate, porte haut une tête longue.

La figure est pleine de franchise, joviale et moqueuse tout à la fois; les traits sans ordre et absolument démesurés, — sauf les yeux, ardents et petits.

Gavet est convaincu que la Providence n'a pourvu de la sorte le marquis de Castous de sa silhouette et de son profil si réjouissants, — que dans l'intention d'égayer un peu la Crau et de rompre la monotonie du paysage.

*
* *

Lorsque cette charpente formidable serre dans *ses pinces*, un petit cheval Camarguais, — du cheval vous diriez *une mauviette*, qu'on vous offrirait avec des tenailles. Ce n'est point lui que *la Nonchalance* jettera jamais par-dessus sa tête, comme Gavet.

Son Mas de Jalenque est le palais de la *Bienvenue*. « Entrez, dit-il, les hôtes sont les *envoyés de Jupiter*. »

Il est sans contredit le roi de la Crau, laquelle, je l'ai dit déjà, a été mise sous le protectorat des Alpins. Le marquis se plaît à venir, chaque année, s'initier aux secrets et aux jouissances de la Métropole alpine. Gavet est son instituteur.

Ce rude Provençal est bien trop parfait chasseur pour n'être point un peu Gascon. Il pratique la vérité *sursalée*; mais, quand il conte ses histoires, n'allez point vous récrier. Autrement il vous dira vite: « Quelle étoffe vous est jamais présentée — qui n'ait, » au préalable, reçu *son coup de polissoir*? Et le

» noyau n'est-il plus amande, — pour vous être of-
» fert *praliné?* »

Si Gavet *l'éduque* et le nargue un peu dans les Alpes, — dans la Crau, M. de Castous le lui rend bien, et Gavet y prête, je dois en convenir.

A sa première apparition dans la Crau, Gavet a subi de fâcheux mécomptes, et il est étrange de voir combien cet homme, si puissant dès qu'il a *pénétré les choses*, — apporte de naïveté dans ses premiers *attouchements.*

Le matin où, pour la première fois, nous découvrîmes les steppes empierrées de la Crau-Thébaïde, — les Courlis innombrables couraient devant nous, sans daigner même fuir de leurs ailes, — tandis qu'entre nous et le soleil, les Vanneaux par centaines de mille, étendaient une ombrelle épaisse et propice, dont les bords touchaient partout jusqu'à terre.

Littéralement, nous étions *sous cloche,* — enfermés dans un filet fait de Vanneaux.

Gavet, depuis une heure, courait sus *aux mailles du filet,* — lorsqu'à sa grande joie, il put enfin aligner, entre son œil et la *mouche* de son fusil une trentaine de Vanneaux, restés à terre paisiblement.

Or, Pylade allait lâcher sa formidable *bordée,* lorsqu'il sentit partir entre ses jambes, un plus formidable encore : *Tron de Diou, qu'allas faïre !*

Et, — toujours entre les jambes de Gavet, — apparut la tête cochinchinoise d'un trappeur indigène, dont tout le corps était inhumé verticalement dans le sol.

Les Vanneaux qui venaient d'échapper ainsi à la foudre de mon ami, — se trouvaient être des Vanneaux empaillés, fichés à terre, par l'abdomen, sur des chevilles.

Flegmatiquement, Gavet remit son arme sur l'épaule et s'en fut. Mais, dans ce moment, je me gardai bien de la témérité de rire.

Gavet, en pays plat, a quelquefois été victime d'aventures plus cruelles encore.

Aux premiers temps de la *vapeur*, il vint se poster au milieu du pont suspendu de Valence, pour voir les *Steamers* du Rhône dont il avait entendu parler. L'*Aigle* arriva, chargé de Lyonnais se rendant à Beaucaire. Le navire, à toute vapeur, passa sous le tablier du pont, et sous les pieds de Gavet, — ployant avec grâce, sous le tablier, sa haute cheminée *Gibus*.

« Capitaine! capitaine! cria la voix tonnante de Gavet, votre cheminée se casse! »

A cette *violente* naïveté, la position de mon ami fut difficile, — au sein de tout un peuple *hilarant*. Du bateau comme du rivage, Gavet fut salué de hourras frénétiques. Néanmoins, il opéra sa retraite avec dignité, pareil au Lion de l'Atlas, qui se retire devant les Douars rassemblés, — mais comme savent se retirer les Lions.

Seulement il n'est pas bon de lui rappeler cette scène, non plus que celle du tunnel de Voreppe.

*
* *

C'était au début de l'exploitation du Saint-Rambert, et jamais encore Gavet n'avait vu, de près, fonctionner une voie ferrée. Or, nous étions descendus de la forêt des *Banettes*, où nous avions rencontré, selon l'usage, les bécasses de primeur.

A la gare, Gavet examinait les rails avec intérêt, lorsque se fit entendre un train venant de Grenoble. Mon ami vit passer ce train devant lui, plein d'émotion, et ne put retenir un cri, — le voyant disparaître à ses yeux dans le tunnel.

— « Comme il s'est engouffré! dit-il. »

Au même instant, sortit du tunnel un autre train, à destination de Grenoble. Les ébahissements de Gavet engendrèrent aussitôt dans ma cervelle une pensée idiote :

« — Tiens! dis-je froidement, le voilà qui revient. » Peut-être a-t-il oublié quelque chose?

» — Comment diable! s'écria Gavet, a-t-il pu faire » pour se retourner? »

Je ne pus retenir un rire fou. Il va sans dire que, ce jour-là, nous rentrâmes à Grenoble chacun de son côté.

Mais si nous nous attardons à la nomenclature des *malheurs de Gavet*, — jamais nous n'arriverons aux Slouglis.

*
* *

Dans la Crau, le lever du soleil est original. Devant vous et sous vos pieds, la *rase lande* étend son désert, et, plus loin, va le souder à la mer *plate* et tranquille.

L'horizon est une table de marbre, découpée circulairement par la *calotte* du ciel.

Du bas de la calotte et du *sein d'Amphitrite*, le soleil se lève à la hauteur de vos pieds, large comme une paillasse.

Et la nuit n'est plus. L'éclat du jour commence d'emblée. C'est vous dire que *l'aube* n'a pas le temps d'exister.

C'est donc ce *luminaire inopiné* qui vient éclairer le spectacle. Sur la lande, vingt pur-sang de Camargue s'avancent au pas sur un seul et vaste front, — face à la mer, et portant chacun un veneur.

Au centre de la ligne et en arrière des cavaliers, — quatre piqueurs, géants et maigres, au jarret d'acier, — maintiennent et conduisent les Slouglis *ameutés*, — avalanche et foudre toujours prêtes.

Devant le front *papillonnent* les huit *Black-Spaniels* de M. de Castous. Cette très-petite race d'épagneuls anglais, charmante et fougueuse, — est la seule capable, suivant lui, de faire *jaillir* la bécasse des fourrés d'yeuse et de tamaris. Pour le courre du Loup, il en a fait de merveilleux dépisteurs.

Il est bon de vous dire que la cauteleuse bête, *rasée* à plat ventre dans la broussaille *trois fois naine*, — est réputée parfaitement capable de laisser un Camarguais et son veneur — *faire le pas* sur elle, sans sourciller, — tant elle a peur et conscience des Slouglis.

Et c'est pour ne point subir cette mystification
— *d'un loup que l'on cherche et sur lequel on passe,*
— que le marquis a dressé ses *Black-Spaniels* à multiplier devant les veneurs des *croisés* tellement *serrés,* — qu'à moins de se tenir le nez bouché, les
gentils chiens ne puissent *ignorer* de la bête archi-
puante.

Avant d'avoir perdu, par vos propres yeux, le
droit d'en douter, vous ne consentez pas à croire que
l'homme soit en quête d'un Loup, sur cette surface
qui semble comme *cirée,* et qui cacherait à peine un
lézard.

C'est pourquoi vous vous croyez chez Robert Hou-
din, lorsque, devant vous, *jaillit* tout à coup de la
surface un Loup gigantesque. Car c'est de la Crau
méridionale, autrement dit de la Crau *rase-lande*
qu'il est judicieux de dire : *Il n'est point de petits
loups.* Vous vous imaginez sans peine, en effet, que
les jeunes Loups se tiennent *au couvert,* et que ceux-
là seuls osent vivre ainsi *sur le nu* — qui, cent fois
déjà, ont bravé la cour d'assises.

Mais il y a mieux encore, et le marquis de Castous
nous a bien souvent expliqué que c'est pendant le
jour précisément que les vieux Loups sont le plus
redoutables. Ils manœuvrent et se déplacent, ils évo-
luent autour des troupeaux, sur la rase lande, *sans
être vus jamais.* Vous en doutez peut-être ?

Et bien, placez-vous au centre d'un pré *rasé de
frais,* et tentez l'essai de soutenir, contre un Renard,
— le pari qu'il vous abordera, et *lèvera la cuisse
contre vos jambes,* sans que vous l'ayez vu venir.
Je tiens triple enjeu pour le Renard.

*
* *

C'est à six kilomètres en avant et au sud du Mas Thibert que je fus témoin pour la première fois de la manœuvre des Slouglis. Le soleil, ce jour-là, venait d'émerger dans la ouate d'une brume épaisse, et le regard pouvait l'affronter. Nous l'admirâmes, — pareil au disque rouge du fond d'un chaudron.

Ici je confesse mon infamie. J'étais à pied, à côté des Slouglis. Le spectacle de Gavet lancé par *la Nonchalance,* comme *le sou de pile ou face,* — était présent à ma mémoire, et je ne m'étais pas senti le courage de subir l'épreuve du *réveil* des Camarguais. Ce diable d'animal est véritablement terrible, lorsqu'à l'aspect du Loup, il passe, sans transition, de l'allure de Rossinante aux fureurs du cheval de Mazeppa.

C'est pourquoi j'avais diplomatiquement déclaré au marquis de Castous que je m'occupais d'études psychologiques sur les chiens en *action,* et qu'à ce titre, il m'importait beaucoup d'observer le *départ* des Slouglis. Le marquis, avec un sourire bonhomme, avait fait droit à ma requête.

Après une heure de marche tranquille, notre corps de troupes — subitement fut frappé d'un choc électrique. Un loup avait bondi, presque sous les pieds des chevaux, à l'aile droite. Dans le mirage des horizons de la Crau, — sa silhouette en fuite se dessinait gigantesque.

*
* *

Les trompes avaient sonné la *Castous,* fanfare de l'*a vue,* — la plus brève et la plus *violente* qui jamais ait retenti. Les pur-sang, rompant leur ligne méthodique, convergeaient sur le loup, tandis que les malheureux Black-Spaniels attardés, dans une course affolée, hurlaient de désespoir et d'impuissance, épars dans la lande.

Alors seulement furent lâchés les muets Slouglis, et jamais je ne perdrai la mémoire de cette fureur silencieuse du départ, — ni de ces *grappes serrées* dévorant l'espace, sans laisser jamais échapper un *seul grain*.

La *mort*, je ne la vis pas ; mais lorsqu'après deux kilomètres, j'eus atteint la chasse massée au milieu de laquelle gisait le cadavre, — je pus contempler le loup le plus proprement étranglé qui se puisse voir.

Devant d'aussi terribles adversaires, la défense est nulle absolument. Que le loup soit atteint dans sa fuite, ou faisant *face*, au premier choc, la bête agile et nerveuse est culbutée, roulée, étranglée. Cette foudre ne lui permet l'usage de rien.

Quelque jour où je me sentirai moins attardé et fourvoyé parmi les digressions, — je veux revenir avec vous, ô mon lecteur, dans la Camargue et dans la Crau, — lorsqu'elles se trouvent *bondées* de toutes les bêtes de la création, prêtes au départ. Mais, à l'heure présente, j'entrevois avec peine, et je poursuis, fuyant à l'horizon, mon sujet, — une razzia de coqs de bruyère, à *Puy-Saint-Vincent*, dans la Vallouise.

Partis de Guillestre, nous remontâmes, en côtoyant la Durance, — *aux flots diligents*, — suivant le dire de Mathonet; car, auprès de la Durance briançonnaise, le *Rhodanus impiger* lui-même n'est qu'une limace.

Or, ce jour-là, j'exerçais le commandement.

Parmi nous, toute escouade en marche est commandée comme un navire. Des essais consciencieux de Parlementarisme n'ayant abouti qu'à compromettre tout dans la confusion, — un régime autoritaire et le plus radicalement absolu — a été unanimement décrété et mis en vigueur.

Donc j'étais investi du pouvoir suprême, et je couvais avec amour, dans ma pensée, la méditation d'une manœuvre *virile*, comparable à l'action méritoire du prudent Ulysse, lorsqu'il boucha ses propres oreilles et celles de ses compagnons, contre les enchantements des Sirènes, filles d'Achéloüs.

Arrivés à la hauteur de l'*Argentière*, et juste sur un point où la Durance étendait librement ses eaux dans la largeur d'un lit de six cents mètres, — subitement j'ordonnai le passage *à gué* de la rivière.

Une tuile sur l'occiput n'eût point étourdi plus brutalement mes matelots, et ce ne fut point trop de leur serment à la discipline et à la *Constitution*, pour contenir, dans leur sein, et les murmures et la fureur.

Maurice essaya d'être méprisant, et Gavet me regarda d'un œil farouche; mais au fond de son regard il y avait néanmoins comme une approbation résignée.

Gavet, parfois, s'écarte de la sagesse, mais le retour lui paraît toujours bon.

Or, ce trait d'audace, ce *Deux-Décembre* sauveur, n'était rien moins que le renversement d'une idole, la Déchéance de *Cymodocée*.

Cymodocée, dans toutes les Alpes, est la femme qui m'a causé le plus de tourments.

C'était la fille au père Moutet, l'hôtelier de *La Bessée*, et, sur le livre de l'état civil de l'endroit, elle se trouvait intitulée *Jeannette*.

Maurice trouvait à sa taille *le galbe d'une Déesse*, — Mathonet jurait l'avoir vue courir *sur* les prés sans courber les *Orchis* davantage que *Camille les moissons*, — et Grivel autrefois lui-même, *reluquait* sa jambe fine, à dessein peut-être mal cachée par son court jupon.

C'est pourquoi Gavet, — toujours habile à tout couvrir d'un badigeon de poésie Virgilienne, — l'avait nommée Cymodocée.

Or, Cymodocée et le père Moutet composaient une Dualité redoutable.

Au grand jamais, vous n'auriez obtenu du père Moutet qu'il voulût *dresser le compte*. — *Je suis un simple et ne sais point écrire*, — répondait-il, et naturellement il renvoyait le *patient* à Cymodocée.

Cymodocée, alors, apportait le *compte*, — la chan-

son gaie toujours suspendue à la cerise de ses lèvres,
— et c'est pourquoi Grivel, dès longtemps, l'avait
nommée, à juste titre, la *Malibran de l'addition*.

Elle s'avançait, souriante et belle, — *incessu patuit
Dea !* Quels yeux ! mais aussi, grands dieux, quelle
addition !

Jamais, non jamais, *Mortelle ou Déesse* n'a fait
sortir avec tant d'aisance un pactole d'une soupière,
— et l'épaule d'un mouton, sans aucun doute, eût
été facturée moins cher sur le radeau de la Méduse.

Sous sa plume, le poisson de la Durance, particulièrement, se haussait à des tarifs inimaginables, et
personne au monde, autant que Cymodocée, n'a fait
enfreindre aux Alpins le commandement : *Vendredi
cher ne mangeras.*

Maurice, et Gavet lui-même, évidemment s'étaient
créé *des incompatibilités* pour — faire *un discours
d'opposition.* Leurs *attaches* avec le gouvernement
me paraissaient indéniables, et lorsque sonnait le
quart d'heure suprême, lâchement ils avaient coutume de déserter leur banc de Député, et de prendre
les grands-devants, — me laissant sur les bras tout le
fardeau de cette bataille.

Mais à bien peu venaient aboutir les désespoirs de
ma résistance, et d'ordinaire, je ralliais mes compagnons n'ayant plus de rebondi et de gonflé que le
cœur.

Or, chez les Alpins, la bourse est la seule chose qui manque de nerf. Le jarret et les épaules, les poumons et la plante des pieds — sont inépuisables ; mais la bourse est poitrinaire, et d'elle on ne saurait dire : *vires acquirit eundo.*

Tellement qu'après tout *Mardi-gras*, passé chez Cymodocée, invariablement nous entrions dans un dur carême, et qu'il était de règle, alors, de vivre trois jours durant, dans la montagne, — des feuilles du *Rumex* et des fruits du *Myrtille.*

Voilà pourquoi, par une manœuvre hardie, et conseillée par l'histoire, j'avais franchi la Durance, juste en présence de l'ennemi — mettant entre nous et lui *les flots impétueux.* Glorieusement ainsi j'avais *sauvé la caisse.*

Mais aujourd'hui qu'ont cessé dès longtemps toutes hostilités, j'ai le devoir de payer au père Moutet, aussi bien qu'à Cymodocée, le tribut de l'admiration que j'ai toujours professée pour les grands artistes.

Lors de son voyage dans le Briançonnais, le duc de Nemours s'arrêta durant douze minutes à la Bessée, et demanda, chez le père Moutet, une couple d'œufs frais, — *sur le pouce.*

Cymodocée présenta une addition, chiffrée à cinquante francs.

— Mademoiselle, objecta le duc avec douceur, les œufs sont donc bien rares dans ce pays ?

— Non point les œufs, Monseigneur, répondit Cymodocée avec simplicité, mais les princes.

Et le prince paya cent francs cette belle réponse.

Le père Moutet, en outre de sa profession d'aubergiste, était fermier à la Bessée, des vastes domaines d'un vieux gentilhomme, le comte de La Roche. Habile à flatter la vanité du bonhomme, il avait eu la subtilité de lui faire abandonner la moitié du prix *ferme* et de remplacer la somme par l'équivalent en *drôlées.*

Or, dans le contrat, Moutet, qui avait la manie de libeller lui-même les clauses, faisait, par exemple, écrire par le notaire :

Chaque année, en octobre, le père Moutet apportera à M. de La Roche trois cents grives de genièvre. Si le père Moutet ne peut pas prendre des grives, M. de la Roche prendra des merles.

En octobre, M. de La Roche, ne voyant rien venir, s'en allait trouver Moutet. — Et mes grives? disait-il.

— Je n'en ai point pu prendre, répondait Moutet, il faudra nous en tenir à la clause.

— Eh bien! soit, donne-moi des merles.

— Comment donc! *clamait* Moutet, la clause dit : M. de La Roche prendra des merles; prenez des merles. Seulement, je dois vous prévenir que c'est difficile; car, depuis longtemps que je cours après, je n'ai jamais pu en attraper un seul.

Si vous demandez aujourd'hui, passant à la Bessée, à qui sont ces prés si drus que baise la Durance, à qui ces vergers plantureux et ces troupeaux à l'opulente toison, chacun de vous dire : C'est tout à Cymodocée, la fille à défunt le père Moutet.

Vers le soir nous arrivions chez Brunet, le cabaretier de *Ville-Vallouise*, et nous nous emparâmes de la cuisine, — ustensiles et potager. Jamais les Alpins ne se mettent à table que devant les mets *cuits* par eux-mêmes. Et tenez les Alpins pour des cuisiniers français *survivants* parmi *les rares* que vous trouverez.

La cuisine française est aujourd'hui mourante, et vous savez bien que le *fourneau* la tue. Je veux, un jour, vous convier à quelqu'une de nos agapes, n'importe où, dans les Alpes, — et vous faire toucher *du palais*, les œuvres d'art qui se peuvent partout obtenir, avec des ressources restreintes, — l'huile de Provence, le beurre *supérieur*, le vin généreux, — corroborés des doctrines de nos grand'mères et de leur science de *cuire*, — toujours *au bois*, bien entendu.

*
* *

Mathonet et Maurice coururent, *par ordre*, pêcher à la *Gyronde*, — juste au point où le *Gy*, descendu d'*Alefroide*, et la *Ronde*, fille des Glaciers de *Says*, confondent leurs eaux et soudent leurs deux noms.

Philippe, durant ce temps, épluchait, *sans les laver*, les sphères pourpues de la pratelle des pâturages, *Agaricus Bursa pastoris*.

Retenez bien ce principe, — que pareils aux Républicains de la rue, les champignons exècrent toute ablution. Le lavage emporte leurs parfums subtils, et les cellules aromatisées de leur chair se trouvent envahies par le liquide sans saveur, comme les chambres d'une éponge. A ce malheur je connais des palliatifs, mais je ne sais pas de remède. Ne lavez donc jamais vos champignons, hors le cas d'impérieuse nécessité.

En Dauphiné, pas une cuisinière ne s'abstient de martyriser ce manger délectable. Toutes recherchent pour lui des apprêts compliqués au sein desquels se noient ses arômes, et s'altère sa chair savoureuse.

Combien plus judicieuses sont les Doctrines des Cévennes et de la Gascogne! Retenez ces principes clairs :

L'huile d'olive et le champignon ont été créés l'un pour l'autre. Le beurre est *un succédané;* le vin *capiteux* n'est qu'*une variante.* Le jus lui-même ne doit être admis qu'après réflexion.

L'ail est avantageux, et pareillement le cerfeuil *jeunes feuilles,* hâché comme poussière. Roi, parmi les acides, le citron doit être accueilli.

*
* *

A la nuit close, nos pêcheurs rallièrent le cabaret, chargés de deux douzaines de truites, et d'une filoche bondée d'écrevisses. Maurice se mit en devoir de nous offrir un plat favori, les truites *en camisole,* — dont l'acte principal est une friture.

La friture est *une surprise.* Mais dans la pratique de la friture, — dont telle est la théorie cependant, qu'en elle la simplicité le dispute à la science, — combien de fautes grossières commettent tous les cuisiniers !

La surprise est un coup de fouet violent, instantané. Les *frituriers*, presque tous, pratiquent l'hérésie de prolonger le coup de fouet, — ou de le répéter, faute plus grande, — et tout est perdu. Vous avez alors l'odieuse friture du cabaret.

Or, la surprise n'a qu'un but : *Enduire le sujet d'une cuirasse fournie par la surface boursouflée et durcie.* C'est à l'abri de cette cuirasse que *le sujet* cuit ensuite *paisiblement.*

*
* *

Et voici comment procède Philippe :

L'huile en ébullition se trouvant, au degré suprême, chargée et saturée de calorique, — ce que reconnaissent les praticiens à l'aspect des *bulles*, et les *mal-sûrs d'eux-mêmes* à l'éprouvette de pain, — Philippe étend ses truites dans la poêle, les balance, et prestement les retourne.

Plus prestement encore il enlève le *vase*, et *loin du feu,* il berce mollement et plus longtemps les précieuses bêtes, les retournant toujours avec délicatesse.

L'huile qui *crépitait* furieuse, maintenant à peine *sussure*. Les truites apparaissent boursouflées, non point en leur chair mais en leur peau seulement. Une tunique d'or impénétrable les revêt, à la manière des crinolines. Cette tunique est la *camisole*.

C'est alors que Philippe, sur un feu *flambant* mais amorti, les cuit *sans violence*.

Et, bouillantes, il les étend sur un coulis d'écrevisses, — étendu lui-même d'huile fine échaudée, mais échaudée seulement à la dernière minute,

A ce plat d'*Empereur*, les queues d'écrevisses font une couronne de roses.

Cette pratique de la friture *supérieure* devait être ici rappelée. Non-seulement elle embrasse tous les poissons, mais une foule d'autres *sujets* participent à son bienfait. Tous les champignons, par exemple, sans qu'aucun en soit excepté, sont exquis, — *surpris et cuits* de la sorte, et servis sur une sauce à part préparée, — sur une *mayonnaise claire* préférablement.

*
* *

Le souper fut digne des immortels, et composé des trois plats du sage. Les truites à droite, les champignons à gauche; au centre, le gigot plantureux, boursouflé sous la cloche, au sein d'une pommade odorante, faite des navets sans pareils de Vallouise.

Mais le banquet fut encore plus exquis par la *parole*, qui devait se hausser jusqu'à l'insanité, — George Duseigneur étant avec nous.

George Duseigneur est un jeune peintre dont la *manière* est attachante. Réaliste *ce qu'il en faut*, son pinceau est bien trop poëte pour échouer jamais dans la trivialité. Il est un peu *Callot*, pas mal *Gavarni* et très-passablement *Charlet*.

Sa couleur, au début, semblait *acariâtre*, ainsi qu'il sied aux couleurs nées viriles; elle n'est plus aujourd'hui que *bien plantée* et vigoureuse. Ses derniers tableaux, *Egyptiens*, — témoignent plus que jamais que George a le don de *bien voir* et le talent de *bien dire*.

En lui le peintre est doublé d'un poëte, ce qui n'a jamais gâté rien, et comme poëte, il a principalement le *chic* et la spécialité de la ballade. De ses ballades je vous dirais bien quelques-unes, — mais celles qui viennent à ma plume, en ce moment, sont trop *épicées*, et depuis que le propriétaire du journal m'a morigéné, je retiens ma langue — énormément.

Certes, c'étaient là déjà des titres riches et plus que suffisants — pour faire admettre George dans la corporation. Mais il en avait d'autres encore.

*
* *

Vous connaissez cette qualité si précieuse, — à la guerre, à la chasse et partout, de savoir, en tout état de choses, se tirer d'affaire, — et d'être ce qu'on a nommé judicieusement un *débrouillart*.

Robinson fut un Débrouillart de première force; et le premier homme également fut bien forcé de le devenir, le jour où Dieu créateur lui *donna son sac*.

Quant à George, il est tellement Débrouillart, et si grande est sa foi dans la toute-puissance de cette admirable faculté, — qu'il a coutume de dire que, sur le radeau de la Méduse, si des Débrouillarts se fussent rencontrés, — la chose n'aurait point tourné si mal.

Durant la guerre, George a enfanté des prodiges. Son entendement se trouve être entaché de théories philosophiques sur la fraternité universelle, — lesquelles ne concordent point avec l'usage des armes à feu; mais au titre *d'ambulancier*, il a rempli son devoir noblement.

*
* *

Au sein du dénûment universel, organisé par le *Quatre Septembre*, — il s'est montré la providence de ses compagnons de médicaments.

Ce qu'il a déployé de ressources pour faire vivre l'ambulance, est infini. De rien il a fait sortir un *semblant d'abondance ;* ployant toute substance et la faisant condescendre à des usages inaccoutumés. Ses potages et ses gratins au cataplasme de farine de lin, plus d'une fois dans le désert ont sauvé la caravane.

Devant les saillies de George, par ses ballades et par sa jovialité, — s'attendrissaient les cœurs de roche, et s'ouvraient les portes verrouillées. Dans les salles hospitalières, toutes les *Sœurs* étaient propices, et, dans les familles, toutes les mères devenaient attendries.

Jamais George n'a *vidé l'étape* sans avoir, au préalable, échangé l'anneau des fiançailles avec la demoiselle de la maison. C'est à cette besogne qu'il a dépensé jusqu'à trois mètres de fil du plus pur laiton.

Donc nous soupâmes chez le bonhomme Brunet, et, le lendemain, après huit heures d'un sommeil réparateur, — accompli sur la paille étendue en demi-cercle autour du foyer flambant de l'auberge, — l'aube nous convia.

De suite nous grimpâmes le long de *Puy-Saint-Vincent* au-dessus du charmant village qui lui donne son nom.

A chaque instant, dans cette région, vous rencontrez *Puy*. Mais regardez à l'orthographe, non point à la consonnance. Car bien loin qu'ici il s'agisse d'un *creux*, Puy vous dit un *pic* quelquefois, mais toujours au moins une *montagne*. Maurice m'explique que Puy est une corruption du nom celtique Puech, *mont* ou *sommet*. Exemple : Puech ou Puy-de-Dôme.

Le Puy-Saint-Vincent n'était plus, en ces jours d'octobre, le *miracle* cynégétique et végétal que vous trouverez en *septembre*, et qu'il faut bien vous signaler et vous décrire :

Figurez-vous un Mont paresseux et lent à *monter*, — offrant à vos jarrets, — comme une gourmandise inusitée, — ses croupes nonchalantes. Les notaires les plus asthmatiques le grimperaient sans s'en apercevoir.

Depuis sa base jusqu'à la naissance des rocs, s'étagent les récoltes opulentes du seigle, de l'orge, des avoines et de la parmentière. Les gaulis *modérés* et les boquetaux les séparent. Ces emblavures propices s'élèvent toujours et vont s'extravaser en archipels, — jusque dans les océans de Rosages, de Myrtilles et de Busseroles.

Les pins Mugho, Sylvestre et Cembro, les mélèzes et l'épicéa, multiplient, en montant, leurs bouquets épars. Saint-Hubert, dans vos rêves, jamais ne vous fit message d'un pareil tableau.

Aux premiers jours de septembre, si vous l'y conduisez, et quelle que soit sa sagesse, ou la solidité de ses principes, — votre chien dès l'abord y devient insensé. Les cailles y volent plus *dru* que les mouches dans une cuisine, et les perdrix y montrent leurs *grappes* en des détonations presque incessantes.

Mais c'est dans l'*Imprévu* surtout que réside le charme souverain de ces pentes bénies. Votre chien tient l'arrêt ferme : Est-ce lièvre, perdrix ou tétras? Car le tétras, friand de se mettre *au grain*, matin et soir, chérit ces emblavures. Mais il y a mieux encore, et le chamois, convié par l'incessant abri des boqueteaux, à chaque instant peut débouler entre vos jambes.

Le Pelvoux, l'Arcine et la Barre-des-Escrins sont à eux seuls tout un monde où la noble Antilope multiplie à l'aise, et jamais, en septembre, nous n'avons *foulé* tout un jour Puy-Saint-Vincent, sans que deux ou trois fois, durant la chasse, l'épisode d'un chamois bondissant soit venu s'ajouter à la fête.

C'est vers le milieu de ce mont sans pareil que Philippe, l'éternel favori des Dieux, — deux fois a eu la chance enviable de tuer un chamois en pleine récolte, — au ferme arrêt du chien.

Mais à l'époque du quinze octobre, où se place notre récit, Puy-Saint-Vincent, en ses bas étages, se trouve rasé jusqu'à la peau, de son opulente chevelure de récoltes. Les cailles dès longtemps ont disparu, et les perdrix sont déplacées. Restent toujours les gaulis et les boqueteaux, les fourrés *pourpres* de l'Airelle et les noirs tapis du Rosage.

Or, notre objectif était le parcours des *pastoures d'Enclas*, vaste contrée sommitale que les pâtres avaient abandonnée depuis trois jours.

J'ai dit qu'avec *Mensonge*, *Fleur-de-Lys* et *Pluton*
— nous avions *Virgule*.

Cette adorable et mignonne bête a excité pendant
dix-huit ans, une trop vive et trop universelle admiration, pour n'avoir point mérité qu'ici j'élève un
monument à sa mémoire.

Virgule est *une démonstration*. Elle nous fait toucher du doigt combien il nous serait facile, avec un
peu de coup d'œil, un peu de génie, si vous voulez,
de substituer aux ignobles chiens abâtardis que je
vois aujourd'hui tous les chasseurs traîner à leur
suite, — des races vraiment belles et véritablement
douées. Voici comment j'ai *créé* Virgule.

A *Entre-deux-Guiers*, aux mains de Lacroix, chasseur très-éminent, un chien de hasard était tombé,
dont on disait des merveilles, — soit pour l'étrangeté
de ses manières, soit pour son *fonds* prodigieux, et
soit encore pour la délicatesse supérieure de son nez.
Je fus le voir et l'étudier en ses allures. Rien n'avait
été exagéré.

J'eus reconnu bien vite un *Blood-Hund écossais*,
de la race que nous avons nommée *Saint-Hubert*, —
noir et feu, mais avec des variantes avantageuses
dans les formes. *La sécheresse* des jambes, principalement, me sembla sans rivale. Le chien était d'une
taille bien en dessous de la moyenne.

A Entre-deux-Guiers aussi se trouvait alors une
très-petite chienne brune, *dérobée* à la race favorite

du roi Charles-Albert, et que son ardeur, aussi bien que son entêtement, nous avait fait surnommer, dès longtemps, *Fureur et Persévérance.*

Entre le Blood-Hund et Fureur et Persévérance, je surveillai moi-même une alliance, — et Virgule *fut.*

Si j'avais eu le bon sens de garder pareillement un mâle, nous aurions aujourd'hui la race des *Virgules,* au lieu de n'avoir plus qu'un souvenir.

Noire et feu sans mélange, Virgule avait le regard *surhumain.* N'oubliez point que l'œil, chez le chien, ne vous trompera jamais, — ni sur le caractère, ni sur les aptitudes.

Elle était petite et mignonne tellement, et noire si profondément, que, pour *sa ressemblance-avec,* — de suite elle fut baptisée Virgule.

A trois mois, alors qu'elle n'avait vu voler encore ou courir — que les mouches ou les crancrelats de la cuisine, je la menai promener aux champs.

A miracle un grand lièvre partit sous mes pieds loin des yeux de Virgule, et de suite gagna la montagne.

Je pris la chienne enfant, et je la mis dans le *gîte,* lui disant : *qu'est ceci?*

De mes mains Virgule *jaillit,* et, de sa voix endiablée, suivant la trace invinciblement, — elle disparut à son tour par-dessus les coteaux. Elle y serait encore si je ne fusse allé la quérir.

Je lui dis alors, l'emportant dans mes bras : *Tu Marcellus eris.*

Elle est depuis, et bien vite, devenue la Virgule

que vous savez ; forçant sur commande deux grands lièvres avant l'*Angelus*, et remportant invariablement la médaille d'or à toute chasse.

C'est Virgule qui a le plus triomphalement résolu cette proposition hardie : — que la sagesse unie à l'intelligence exquise, chez le chien *équivaut à l'arrêt*.

Jamais elle n'a *poussé* un gibier de plume en ses derniers retranchements, — sans attendre le chasseur. Toute pièce, hors la bécasse, Virgule l'a toujours fait partir *dans les guêtres*.

Faute d'un mâle de sa noblesse et de sa caste, elle a fait *bon,* mais *inférieur*. C'est Virgule qui engendra *Caramel*.

Mais Caramel est digne de quelques mots :

*
* *

Figurez-vous un chien jaune, *sucre brûlé,* — n'ayant jamais pesé huit cents grammes en saison d'obésité, et ne dépassant pas *une livre* dès que la chasse était ouverte. L'usage était alors de le tenir dans un gousset.

Mais dans cette *fiole* infime, — quel élixir !

Son âme était une lame de Tolède enfermée dans une gaîne insuffisante. Et la gaîne éclatait toujours.

Le matin, au moment sacré de l'entrée en chasse, — lorsque je sortais Caramel de mon sein, déchaînant ses fureurs sur la création, — c'était miracle de le voir bondir et se répandre sur la surface de la terre, l'œil à la fois sanglant et fauve, — avec un air absolument *depopulabundus*.

Il était ordinaire de rencontrer Caramel évanoui dans un guéret, — à bout de ses poumons surmenés, mais nullement à bout de ses jarrets ni de ses ardeurs dévorantes. On lui *brossait* alors un peu la poitrine, et de suite il repartait.

Les *Emouchets*, je pense, ont abrégé sa vie. Le prenant tous pour un écureuil abandonné par sa mère, — ils fondaient sur lui de la nue *pour le déguster*.

Mais Caramel les voyait arriver *par leur ombre*, et, prévenant l'attaque, bravement leur sautait à la gorge. L'Emouchet surpris se retirait, mais revenait plusieurs fois, *en récidive*. Jamais les *Taons* n'ont tourmenté tant les chevaux, que les Emouchets Caramel.

Ayant ainsi de sa mère les ardeurs décuplées, mais pas un brin de sa sagesse, — la vie de Caramel fut une *Odyssée*. Seulement il est juste de dire que toujours ses malheurs furent poinçonnés d'une marque de *Chevalerie*.

Un jour, dans les marais défrichés de Chirens, voici ce que nous vîmes :

Dans une pièce immense et plantureuse de maïs, Virgule *menait* un grand lièvre qui refusait de vider l'enceinte, et randonnait dans les fourrés.

Nous aperçûmes l'animal rusé — se dérober par le sillon de bordure, suivre *le creux*, et venir droit à Caramel.

Caramel, de loin le voyant arriver, s'était lui-même *tapi* au fond du sillon.

La rencontre était imminente, et notre émotion ne pouvait être comparée qu'à la vôtre, — lorsque, sur le même rail, vous apercevez deux convois, courant en sens contraire, prêts à s'entre-choquer.

Que diable, allait-il bien arriver de Caramel ?

Or, comme toujours, Caramel fut avisé autant que magnanime.

Sachant très-bien que *la force prime le droit*, — que *mal on étreint, lorsque trop on embrasse*, — et que le lièvre vigoureux *se secouerait* de lui comme d'une mouche, Caramel *considéra* seulement *le bout d'une oreille*.

Et lorsque s'effectua la rencontre, au bout de cette oreille Caramel planta ses dents *d'outre en outre*. Puis, fermant les yeux, il serra sa mâchoire d'acier.

Le spectacle alors fut incomparable !

Vous avez vu l'effarement d'un chien, — dont les voyous immondes ont embelli la queue d'une casserole. Non moins terrifié, le lièvre emporta Caramel dans une course furieuse, à travers la diagonale d'une vaste terre défoncée, noire et nue, tantôt obligeant le chien Pygmée à faire la roue par-dessus sa tête, — et tantôt le plongeant dans l'encre épaisse de la terre défoncée.

Si l'héroïque Caramel eût lâché, — nous l'eussions vu voler dans les airs, comme la pierre qui divorce avec la fronde.

Mais le Myrmidon ne lâcha rien, et Virgule *au pied léger* put arriver à la rescousse.

De l'oreille du lièvre, je *desserrai* Caramel, — évanoui mais *rivé*. Je rinçai dans la rivière ce vaillant cœur enfoui dans l'encre, et je le réchauffai sur mon sein.

✱
✱ ✱

Lorsque naguère, dans ces *colonnes*, j'entrepris la démonstration de *l'acuité* de l'intelligence chez les bêtes, par douzaines de fois j'aurais pu citer Caramel.

Nous dirigeâmes un jour vers *Chambarand* une battue aux bécasses, et Caramel, à peine lâché, étrangla un dindonneau. Conformément à l'équité, je payai cinq francs pour le dindonneau.

Mais, en présence de la caravane assemblée, je signifiai à Caramel que son compte se trouvait débité de cinq francs soixante centimes, — les centimes représentant son coût au chemin de fer.

Je lui déclarai, de plus, qu'il eût à prendre ses mesures pour *apurer* son compte avant la fin de la journée, la société n'entendant point faire crédit davantage à un vaurien d'aussi piètre tournure et solvabilité.

Il va sans dire que ces justes déclarations furent corroborées d'une *tripotée* de première classe et grandeur.

✱
✱ ✱

Eh bien! parmi mes quatre compagnons, et durant la journée entière, aucun ne put se méprendre un instant sur la manœuvre *intentionnelle* de Caramel.

Avec une affectation soutenue, il fit *bande à part;* — fouillant seul le coteau de gauche, lorsque la *chasse* était à droite, — avertissant à grande voix pour toute bécasse par lui dépistée, — prompt et empressé d'accourir *à la mort*, — et de dire, par ses abois de triomphe : *cette bécasse est bien à moi.*

Tellement que son compte, — *débiteur* à huit heures, — à midi se trouvait *créditeur.* Caramel a toujours su, par l'énergie, sortir *applaudi* des positions les plus graves.

Mais rentrons aux *Pastoures d'Enclu.*

Lorsque nous les atteignîmes, un beau soleil levant *d'octobre* éclairait leurs croupes onduleuses de sa nonchalante lumière. Les vives émeraudes, la pourpre et l'or, couleurs végétales filles d'*Automne*, — étendaient sur la montagne un impérial manteau, tandis que les aiguilles des Géants Dauphinois, — de toutes parts venaient enserrer l'indescriptible paysage.

La solitude si profonde des monts Alpestres, accroissait encore cette majesté, — la couvrant de son incomparable grandeur.

Vous connaissez, ô mes confrères, cette émotion délicieuse de *l'entrée en chasse.* Un espoir *opulent*, et dont cent fois il a fallu *rabattre*, — un espoir immortel gonfle le cœur. A vos côtés marche *Pylade*, et devant vous le noble chien, — trésors de l'âme, parmi les plus doux. Ah ! combien alors sont oubliés profondément — le *pays plat et ses misères !*

Or, ce jour-là, par aventure, bien peu fut à rabattre des richesses de notre espoir. Dépossédés durant la saison estivale, et longtemps bannis au sein des forêts profondes, ou dans les couloirs difficiles, — avec amour les tétras avaient repris possession des *jardins* délaissés enfin par les pâtres.

Une neige propice, sans doute les avait refoulés des sommets, et nous allions les rencontrer dans l'attitude embarrassée et hésitante de gens qui viennent d'emménager.

Ainsi fut-il, et bientôt sur les lignes savantes que nous avions échelonnées, — une fusillade enivrante se fit entendre, — plus *serrée* que jamais encore il ne nous avait été donné d'en entendre. Mais Mathonet et Maurice eurent des mécomptes, pour avoir négligé les préceptes du montagnard.

En montagne toujours, — mais surtout en octobre, alors que les tétras sont riches de *plume* et riches *d'aile*, la charge de votre fusil doit être *une œuvre d'art*.

Il est étrange de voir combien, ailleurs que chez les Alpins, est aujourd'hui tombée en désuétude, et comme en mépris, — cette *science de la charge*. Les méthodes faciles, et le Lefaucheux principalement, avec ses cartouches *au paquet*, ou bien travaillées *à la diable* au coin du feu, — font perdre de vue les principes.

Allez voir comment procèdent tous les chasseurs de chamois. Pour eux *la charge* est comme *un Sacrement;* et si vous apportiez un soin aussi religieux à faire vos Pâques correctement, ou bien à choisir une compagne, — dans le monde, soyez-en sûr, les choses n'iraient point si mal.

Et combien pourtant sont *limpides* les règles qui doivent vous guider ?

Je prends le calibre 16, et c'est là tout ce que je peux accorder au goût du jour. Même, le concédant, je fais une réserve historique, et je prends acte, en passant, — des prouesses cynégétiques qu'ont accomplies nos pères avec leurs calibres 24 et 26. Mais, rassurez-vous ; je sais vivre poliment avec les erreurs contemporaines, et j'ai dit : *un calibre 16.*

Ah ! combien vite je vous aurais pardonné, si vous n'aviez mis que vos fusils au calibre 16 ! Mais ce sont principalement vos aberrations sociales et politiques, dont vous avez augmenté le calibre sans modération.

Il demeure bien entendu qu'il est ici question du fusil à baguette. Contre le Lefaucheux, je n'ai pas d'objection sérieuse, — *à la plaine.* Je le reconnais suffisant pour le tir de la caille, ou bien des mauviettes, — même du perdreau, si vous insistez. Mais jusqu'à plus ample démonstration, vous ne verrez pas un chasseur de montagne délaisser, pour le Lefaucheux, *son bon vieux fusil.* Nous parlerons donc ici du fusil à baguette.

Toute l'excellence de l'arme réside dans le *tonnerre* et dans les *batteries.* Ne demandez au canon que d'être *correct et solide.*

La portée est en raison directe de la longueur du

canon. Fermez l'oreille à toute *blague* qui tenterait de vous infuser une doctrine contraire.

Trois grammes de bonne poudre et trente grammes de plomb — constituent, pour le calibre 16, une charge *ordinaire* intelligente.

Si vous voulez augmenter la portée et la pénétration, diminuez le plomb.

*
* *

Mais la règle *Cardinale* est la suivante :

Nulle pénétration puissante, et telle qu'il la faut en montagne, ne peut être obtenue — que par l'emploi, sur la poudre, d'une bourre *plate, mince et dure*. Dure à ce point — que la rondelle métallique mé semble être la bonne par excellence.

Sur cette rondelle, Gavet, toujours *passé maître*, bourre à faire *jaillir* la baguette hors du canon. Faites d'assurance comme Gavet.

Voilà, m'allez-vous dire, des principes pas mal *rococo*. J'en conviens, et tant que seront debout les lois de la dynamique, — laissez-moi m'y tenir, et faites de même.

Mais n'allez point conclure, de mon *dire*, que je méconnaisse un progrès, quand il est réel et précis. Je vais vous raconter un fait intéressant et qui n'a pas trois mois de date.

*
* *

Dans le Valbonnais, M. Dorène, accompagné d'un ami, s'est approché à mille pas d'une horde de chamois de plus de trente têtes. Nos chasseurs, armés d'un seul chassepot, se trouvaient être sur un pied d'égalité avec les antilopes, — sous le rapport de l'altitude. Les nobles bêtes paissaient et se divertissaient en paix, en face des chasseurs embusqués derrière un roc favorable.

Eh bien ! M. Dorène a tiré successivement jusqu'à quatre coups, — *avant que la horde ait pris la fuite*.

Et cependant le premier coup avait *roulé* un chamois.

Oh ! je m'attends à l'incrédulité ! mais vous savez le cas que j'en fais, et l'estime dont je l'honore. D'autres faits semblables, bientôt, viendront s'ajouter à l'aventure de M. Dorène, et vous apprendre : — que le chassepot retentit faiblement ; — qu'à grande altitude, tout retentissement est amorti ; — et, qu'à la distance de huit cents mètres, la détonation du chassepot, pour les chamois, n'est plus qu'un des mille bruits variés, répercutés et peu sensibles, — qui parcourent la montagne.

Seulement, tenez-vous pour assuré que l'antilope intelligente saura se précautionner contre ce *truc*, — dès qu'elle l'aura bien pénétré.

Je reviens maintenant à vous dire que pour avoir négligé le *respect* dont il est juste d'entourer la cérémonie de la charge, — Maurice et Mathonet, à Puy-Saint-Vincent et à l'Alp-Martin, éprouvèrent, sur de beaux coups, la mortification de ne voir tomber que des plumes.

N'importe, avant la fin de la journée, nous pûmes étaler, dans le châlet de l'Alp-Martin, un trophée sans pareil : vingt-six tétras de première grandeur, flanqués de huit lièvres.

*
* *

Et dans le foin sec nous nous endormîmes, après avoir décidé que, le lendemain, serait tenu un solennel *Pilou-Pilou* sous les assises du *Névé-Formose*, au pied des pics supérieurs du Pelvoux.

Pour les *Naturels* de toute la modeste Polynésie comprise entre nos possessions *Néo-Calédoniennes* et l'archipel des *Loyalty*, — le Pilou-Pilou est une Kermesse, — bien davantage qu'une Kermesse.

Dans la Kermesse européenne, le cœur est *à la joie* seulement. Dans le Pilou-Pilou, l'âme tout entière est exaltée, et successivement et sans distinction, — les sentiments qui peuvent l'agiter, depuis la *joie* jusqu'à la *rage*, — se traduisent par les éclats de la voix, par les fureurs du geste et de la pantomime.

Pendant que dansent en rond les Guerriers hurlants et terribles, — les vieilles femmes, mégères d'enfer, courent menaçantes et silencieuses. Les Chefs, chargés d'ans et de sagesse, devisent, accroupis, des grands intérêts du Peuple.

Les jeunes filles, durant ce temps, et dans la nuit profonde, parcourent la fête, timides et joyeuses, — absolument semblables aux étoiles filantes.

C'est qu'avec un art savant et féminin, elles ont constellé leur chevelure des touffes de l'Agaric flamboyant, *Agaricus Luridus*, — plus étincelant dans les ténèbres que la Luciode de Nubie, ou que les mouches phosphorescentes du Tropique.

Au centre du cercle immense, — sont dévorées palpitantes les victimes humaines.

De cette *Assemblée* des Néo-Calédoniens, les Alpins se sont approprié l'Idée fondamentale. Mais dans cet édifice de la *Pensée de tout un peuple,* — ils ont introduit des *variantes* et fait des *coupures.*

C'est ainsi que dans leur Pilou-Pilou, l'éclat de l'Agaric flamboyant se trouve compensé par les étincelles de la discussion, — et la chair humaine, remplacée judicieusement par le fromage des hautes vallées, le *Chaparet* inéluctable.

Précieusement néanmoins, ils ont conservé le *Conseil des Vieillards,* et l'universelle expansion des sentiments de l'âme.

De telle sorte qu'aujourd'hui leur Pilou-Pilou, *si parva licet...,* donne un faux air à la séance solennelle de l'Institut, *toutes sections réunies,* — et d'autres sections encore.

C'est pourquoi dès que l'Aurore *diligente* eut rendu sensibles à nos regards les aiguilles de l'Arcine et des Escrins, — nous nous élevâmes sur le Pelvoux, plus proche, mais pour nous encore invisible.

Avant d'arriver au *lac du Monde,* si imposant et si terrible au milieu de ses apics, et le long des pâturages de *Gros-Chaudon,* Gavet nous parut très en colère.

Les potentats de Grenoble, brûlés des nobles fureurs familières aux Myrmidons, avaient mis en pièces, sur la place Impériale, la statue de Napoléon 1er.

Vainement une foule de voix généreuses, au sein du conseil général, avaient fait entendre des protestations bien senties. L'acte idiot, précurseur et rival de la *Chose-Courbet*, se trouvait couvert d'une absolution quasi-légale, et c'était là la manière dont la France s'acheminait à reprendre son rang dans le monde.

Le cardinal Gavet s'écria sur le pâturage :

> Ils ont mis hors de son cheval
> L'Empereur qui battit la Prusse.
> L'homme qui semblait colossal,
> Ils l'ont fait moins haut qu'une puce !
> Le Héros, — ils l'ont démodé,
> Quant au cheval, — ils l'ont gardé !
> La demi-ration sera leur récompense ;
> Le plus cheval de tous n'est pas celui qu'on *pause*.

*
* *

Maurice a toujours des intentions irréprochables. Mais il commit l'imprudence de calmer Gavet, au lieu de lui parler du *Gnaphalium pumile*, qui multipliait sous nos pieds ses boutons d'argent et de rose. Vainement Philippe, Mathonet et moi, nous lui fîmes des signaux de détresse. Il s'obstinait à verser de l'eau sur ce pétrole, si bien que, tout à coup, le cardinal se retournant : Ce qui m'indigne, dit-il :

> Ce qui m'indigne, en dix-huit cent soixante-treize,
> Et ce qui met en l'air tous mes sens ahuris, —
> Ce n'est pas de ployer sous un impôt obèse, —
> Je vis en République, et j'en connais les prix.
>
> Ce n'est point même encor qu'en France toute gloire
> Soit salie aujourd'hui de boue et de crachats ; —
> Tout rayon, tout soleil, tout Dieu, toute victoire —
> Chagrine le regard des maigres avocats.

— C'est que Thiers ait la main dans l'immonde grattage
Et préside complice à ce déboulonnage
Des Dieux et des Autels que je vois morceler.

— C'est voir défilocher ainsi tout ce qui sauve, —
Tout ce qui nous fit grands ! — et qu'il me faille aller
Pour voir Napoléon, — au pays d'Hudson-Lowe !

Ce sonnet insensé ne pouvait pas un instant supporter la discussion, mais je me contentai de remarquer (*in imo pectore*, cela va sans dire) combien est prononcée la tendance humaine vers l'exagération, lorsque viennent enflammer un sujet — la poésie et la politique en même temps. Ainsi Gavet, dans ce sonnet, se plaignait de l'*impôt obèse*. Or, je puis jurer n'avoir jamais vu notre cardinal s'entretenir avec le percepteur, sinon de la pluie ou du beau temps, ni jamais avoir aperçu dans ses mains d'autre côté que celle de l'agneau ou du melon.

Quant à son domicile, je le vois, en été, loger en garni chez les pâtres du lieu, ou bien dans ses gangrabbens dont je vous entretiendrai plus tard. En hiver, durant son exil au pays plat, je ne lui sais pas de demeure, sinon le canapé de ses amis. Si quelqu'un lui connaît d'autres mœurs, qu'il le dise.

Nous atteignîmes, au soleil bien levé, le pied des étonnants monolithes de glace du Névé-Formose.

Il est remarquable qu'à l'inverse des jouissances

de la Pensée, dont l'attrait et la vivacité toujours s'accroissent, — les jouissances que nous transmettent *les sens* subissent, toutes, la loi du dépérissement. Elles s'émoussent avec nos sens eux-mêmes.

Seule se trouve exceptée, — l'émotion délicieuse et profonde dont nous inonde la sublimité des monts Alpestres, — contemplés *chez eux*, loin de la terre, et face à face.

Ces délices, ni l'âge ni l'habitude, ne sauraient en rien les amortir. L'homme, ici, n'est plus *parmi les hommes*, ni parmi *les effarements des Doctrines*. Dieu seul est présent.

De l'assise merveilleuse où nous étions parvenus, nos yeux ravis pouvaient alors s'abaisser sur toutes ces admirables chaînes soulevées, et nous n'étions plus dominés que par le Viso et le Pelvoux, par l'Arcine, l'Alefroide et la Barre-des-Escrins.

Après la contemplation nous déjeunâmes, — des tranches jaspées du *Chaparet*, des disques parfumés du saucisson d'Arles, et de l'anchois sincère de Collioures, dont Gavet a dit avec équité :

> Qu'un anchois véritable est une douce chose !
> Il cherche nos besoins au fond de notre cœur.

*
* *

Après ces agapes fut tenu le Pilou-Pilou. Les Calumets étant allumés, nous nous assîmes tous, — Gavet ayant pris possession de *sa présidence*, sur une pierre curule.

Le président ouvrit la séance par une homélie à propos des *langues mortes :*

« Parmi les langues de l'humanité, dit-il, resplen-

» dissent deux diamants purs, deux *Koni-Noor* au
» milieu du strass : la langue grecque et la langue
» latine. Nulles jamais n'en ont approché, pour la
» noblesse ni pour la grâce, pour la force et pour
» la sublimité.

» Instruments merveilleux façonnés par des peu-
» ples favoris du soleil, elles ont pu suivre, dans
» leur vol le plus élevé, — toutes les magnificences
» de la forme, toutes les délicatesses de l'esprit et de
» l'art, toutes les aspirations de l'âme, — Apollon
» et Ψυχή.

» Dans les parfums de leur littérature, nulles sen-
» teurs ne se respirent que les senteurs réconfor-
» tantes, — l'amour de Dieu, père de l'amour du
» Bien, le respect des ancêtres, le culte sacré de la
» patrie.

» La poésie, sommet sublime de la pensée, ces
» langues l'ont fait s'élever si haut, et dans des ré-
» gions tellement sereines, que leurs poëtes nous
» apparaissent plus grands que leurs Dieux, — Pin-
» dare, Homère et Virgile.

» Répondez! l'humanité, dans ses exemples, vous
» montre-t-elle un spectacle que vous puissiez com-
» parer à cette admirable dualité — Auguste empe-
» reur et Virgilius Maro, — le sceptre et la muse,
» fondus en une seule âme, et s'attachant passionné-
» ment à ramener parmi les hommes la pudeur en-
» fuie, la justice exilée, l'amour et la crainte des
» dieux ?

» *Discite justiciam moniti, et non temnere Divos!*

» Je vous le dis en vérité, Auguste et Virgile ne
» furent autres que des chrétiens en avance.

» Eh bien, ce sont ces langues dépositaires des
» plus chers trésors de l'esprit et de l'âme, que les
» *épiciers de la pensée* ne trouvent point assez mor-
» tes, et viennent tenter aujourd'hui d'ensevelir plus
» profondément !

» Par la raison qu'elles ne sauraient s'appliquer
» directement à une roue motrice, ou bien au bé-
» zigue, — doctoralement ils les déclarent inutiles,
» et leur font la guerre idiote à laquelle semble
» s'associer, par son indifférence, même l'univer-
» sité.

*
* *

» Mortes ces langues, dites-vous? morts vous-
» mêmes!..... à leur sublimité, au sentiment et à
» l'éclat de la lumière dont encore elles vous inon-
» dent! Elles sont mortes, comme est mort le vio-
» lon de Paganini, et parce que sont morts ceux
» dignes d'en jouer. Mais sachez-le bien, tant vaut
» l'artiste, tant vaut la guitare, et maintenant vous
» jouez *les airs de la pensée* sur des instruments à
» votre taille.

» Vos langues modernes, même les plus parfaites,
» vous montrent-elles d'autres joyaux que des joyaux
» de Strass? Mais regardez-bien à la monture. Elle
» est d'or pur Grec et Romain. Et vous parlez pré-
» cisément de briser la monture !

» Il est remarquable que ces *langues soleil,* com-
» me dirait Victor Hugo, soient aujourd'hui princi-
» palement combattues par les apôtres prétendus
» du progrès et de la libre-pensée, tandis que, —

» langues païennes, — elles rencontrent précisément
» pour les défendre, — les évêques, princes chré-
» tiens de *l'obscurantisme.* »

Cette splendide homélie du cardinal Gavet est accueillie par des murmures d'admiration tempérés par le respect.

⁎
⁎ ⁎

Plus d'une fois, entre Alpins, nous avons recherché, par voie d'analyse, les causes de cette autorité souveraine que la parole de Gavet a conquise au milieu de nous.

Jamais personne n'a pu voir notre cardinal — donner des ordres de Bourse, ou recevoir ses fermiers, — ou bien se couvrir de bijoux, stigmates de l'opulence. Tous ces agissements, et d'autres pareils, qui commandent à juste titre le respect parmi les hommes, lui furent toujours profondément inconnus.

Ses demeures également, bien que variées à l'infini, sont modestes, et je ne connais lui appartenant en propre, que ses Ganggrabens, domiciles telluriens, qui l'élèvent tout juste à la considération sociale de la marmotte. De quel droit donc, même dans leurs excès, cette âme ardente et cette parole de flamme nous commandent-elles ?

Serait-ce qu'il y a véritablement des vérités immortelles, et qui demeurent incorruptibles, même au milieu des gangrènes et de l'universelle lâcheté ? Et serait-ce encore que, dans les âmes d'apôtre, tel que nous semble être Gavet, la foi se redresse toujours plus vive quand elle est plus attaquée ?

Gavet, modeste sous le feu de nos applaudissements, mais néanmoins visiblement attendri, — donne la parole à George Duseigneur.

*
* *

Ce jeune Alpin chante devant nous, pour la première fois, sa fameuse ballade, imitée des *Louis d'or* :

> Amis, faites flamber Finances !
> Dans son berceau l'enfant sourit.
> . . . .

Cette poésie saturée d'Atticisme, véritable gourmandise littéraire qui fait aujourd'hui le tour du monde, colportée dans le portefeuille des *délicats*, — est saluée par la plus vive approbation. Le Président fait approcher George et l'embrasse.

George, à la suite, développe une théorie inattendue, de l'intérêt le plus saisissant.

Il expose premièrement — les difficultés qu'éprouvent les guerriers en général et particulièrement les guerriers improvisés — quand il s'agit de marcher à l'ennemi, sans armes, sans chaussure, sans vêtements et sans vivres.

Il fait remarquer que ce cas néfaste et singulier, chez aucun des peuples anciens, non plus que chez les nations modernes, n'avait encore été observé ; mais que la France, à la face du monde ahuri, s'en est trouvée atteinte, tout récemment et la première.

Il devient donc urgent désormais, — de rechercher et l'origine du phénomène et le remède propre à le combattre.

Sur l'origine aussi bien que sur la cause, expliquet-il, les penseurs et les philosophes se trouvent être d'accord. Ce cas calamiteux du dénûment *radical* des guerriers, — coïncide exactement avec *l'infusion* des avocats dans le gouvernement ; et l'infusion des avocats dans le gouvernement, — coïncide elle-même, suivant une pareille exactitude, avec l'avénement des Républiques.

*
* *

Or, les Souverains, par une négligence coupable, paraissant avoir renoncé à l'emploi du gourdin vis-à-vis les avocats Rabagas, — plus rien au monde ne saurait garantir la France contre un choc en retour des Républiques, et plus rien aussi ne saurait préserver les guerriers français — de se trouver en face de l'ennemi, absolument dénués de toutes ressources.

Il appartient donc au philosophe d'envisager cette situation du guerrier, et de rechercher, à son profit, — par quels prodiges d'ingéniosité il pourrait bien se tirer d'affaire, — la première fois que les avocats auront décrété une *défense nationale*.

« La matière est vaste, continue l'orateur, et je ne » prétends point l'embrasser tout entière. D'autre » part, mes principes humanitaires et mon horreur » du sang, — qui jamais ne m'ont permis de *me* » *défaire*, ni d'un ennemi, ni de mes puces, — » m'interdisent de rechercher par quels ustensiles on » pourrait bien remplacer les armes.

» C'est pourquoi j'ai circonscrit mes investiga-» tions dans un cercle beaucoup plus modeste. »

*
* *

George Duseigneur explique alors que l'homme s'est accordé successivement, sous la dénomination d'*aises* ou *commodités*, — une foule de gourmandises superflues, à destination du palais, des autres organes ou des membres.

De telle sorte qu'aujourd'hui son existence se trouve comme *embroussaillée* de besoins, et qu'*à la guerre*, — s'il voulait les satisfaire tous, — il traînerait après lui d'impossibles *impedimenta*.

Il décrit ensuite sa campagne de Dijon, ses infortunes et celles de ses compagnons.

C'est en cet endroit que George nous apprend — que bien qu'ils eussent obtenu, pour le corps d'armée, un général pharmacien, — ils marchèrent invariablement sous la conduite de chefs invisibles, et virent éclore ce phénomène — de guerriers rencontrant *une solitude de vivres et de ressources*, — au sein des départements les plus populeux.

Il dépeint alors, sous des couleurs saisissantes, la surprise et l'ahurissement de ses compagnons, — voyant démentir toutes les prophéties, et s'apercevant — pour la première fois — que le chant de *la Marseillaise* ne fait éclore ni saucisses ni pantalons.

*
* *

C'est au sein de cette universelle détresse, que vinrent resplendir, dans tout leur éclat, les ressources infinies de ce génie *débrouillart* — que possède George au plus haut degré.

Il rend compte avec modestie de ses procédés inépuisables, pour faire sortir du *néant* — le *confort*.

Mais l'assemblée, particulièrement, trépigne d'aise, lorsqu'elle entend George décrire avec quel succès il a pu, durant quatre mois, et pour toute une ambulance — manufacturer à la fois le punch, la cuisine et la lessive, dans un seul *vase*, et sans même le détourner absolument de sa primitive destination.

Il expose encore que, dans les résidus de sa lessive, se rencontre un *cambouis* sans rival, — très-profitable aux roues des chariots de guerre.

Le cardinal donne ensuite la parole à Mathonet, sur les intérêts agricoles.

Mathonet expose que l'*Oïdium* devient une *scie*. Le vigneron paisible, alors qu'il suppose le monstre profondément enseveli dans son linceul, — fait de remords et d'ignominie, — le voit tout à coup reparaître, à l'exemple du diable à ressort qui jaillit d'un jouet d'enfant, — ou bien à l'imitation des Jules Favre et autres Satans mal foudroyés.

« Il est temps, poursuit l'orateur, que cette co-
» médie finisse. Je propose donc à l'assemblée la pu-
» blication d'un opuscule concis, qui ne saurait man-
» quer de donner à l'oïdium le coup du lapin.
» En voici la teneur, sous la forme catéchis-
» male : »

CATÉCHISME CONTRE L'OIDIUM.

PREMIÈRE PARTIE.

D. — Connaît-on, contre l'oïdium, un remède souverain?

R. — Oui, sans doute, le soufre.

D. — Pourquoi donc, étant donné un remède souverain, — l'oïdium, en Dauphiné, poursuit-il ses ravages?

R. — Parce que le soufre est employé selon les formules édictées par les savants.

D. — Expliquez ces formules.

R. — Faire trois *soufrages* dans les *hautains*, en foulant aux pieds, avec assiduité, les récoltes déjà grandies. Lancer le soufre *vainement* à destination des grappes, — qui s'en trouvent préservées par une cuirasse de feuilles et de branches diffuses.

D. — Connaissez-vous un procédé autre et meilleur?

R. — Oui, sans doute.

D. — Dites-nous votre procédé.

R. — Volontiers. Mais à chacun son tour, et c'est moi maintenant qui vais vous interroger.

DEUXIÈME PARTIE.

D. — En mars, dans les hautains, et lorsque la vigne vient à *bouger*, — sur les branches arquées par le vigneron, — que se présente-t-il à vos regards?

R. — Des bourgeons, gros comme des pois, roses et velus, — *imbriqués* à la manière d'un artichaut.

D. — Que représente ce bourgeon *imbriqué, rose et velu, gros comme un pois?*

R. — Il représente, — *condensée,* — *la branche de végétation tout entière.*

D. — Cet embryon, vous l'avez dit, contient en lui, et à lui seul, tout le trésor de la vigne, feuilles, branches et raisins. Si vous le pouviez *pénétrer* d'une puissante inhalation de soufre, — ne vous apparaît-il pas que son organisme, ainsi concentré *sous un centimètre,* — en serait *imbu* tellement, que nulle approche de l'oïdium ne serait plus à craindre?

R. — Oui, sans doute. Mais comment obtenir cette inhalation salutaire?

D. — Je vais vous l'apprendre, et c'est comme serait, au fusil, la charge en trois temps.

Ouvrez l'oreille :

I.

Dans une casserole, du coût de cinq centimes, fabriquée par le potier en vue de cuire un œuf solitaire, — *versez la fleur de soufre.*

II.

De la main gauche, portez la casserole sous le bourgeon *imbriqué, velu, gros comme un pois.*

III.

De la main droite, avec le pouce et ses deux voisins, — prenez de soufre une *pincée.* Puis, des trois doigts ainsi *chargés*, froissez l'*enfant* avec tendresse.

Ainsi introduirez-vous un *trésor de soufre* entre ses feuilles imbriquées. La matière surabondante sera recueillie par la casserolle — judicieusement *tenue dessous*.

D. — Or, que va-t-il se passer ? répondez.

R. — Je comprends. Le soleil, arrivant à la rescousse, va provoquer l'*évaporation sulfureuse*.

Le soufre alors se trouvant retenu avec obstination dans les *poches* que forment entre elles les feuilles imbriquées, — et se trouvant encore et davantage retenu par les poils duveteux de l'*enfant*, — l'inhalation persiste et se prolonge, — *puissante, répercutée jusqu'aux entrailles, pénétrant souverainement l'embryon qui bientôt doit être toute la vigne*.

Seulement il me semble que l'opération doit être bien minutieuse et longue.

D. — Vous venez de déposer l'immondice d'une *ânerie* sur votre *dire*, judicieux au début.

*
* *

Une servante, en s'amusant, *vaccine* plus d'un hectare dans sa journée, sans se détourner pour cela du soin de traire et de soigner ses vaches.

Maintenant que vous êtes éclairé, je pense, — dites pourquoi les Savants ont passé sous silence cette méthode lucide ?

R. — Précisément, sans doute, parce qu'elle est judicieuse et simple, économique et sûre tout à la fois ; et aussi peut-être par le motif que si cette méthode était pratiquée, plus ne serait besoin que les Savants discourussent sur l'oïdium.

D. — Maintenant que je vous vois *initié*, — jurez-vous de pratiquer cette méthode ?

R. — Je le jure !

D. — De m'offrir un verre de votre meilleur vin, et de ne plus écouter les Savants.

R. — Je le jure !

Mathonet alors demande à *réciter son morceau*. — Le cardinal fait un signe d'assentiment, et Mathonet déclame son ode :

CONTRE GUTTENBERG.

« Trois fois maudits — l'entraille qui t'a conçu, — » le sein qui t'a porté, — le sol qui t'a vu naître !

» Entre les jours les plus détestés, — néfaste fut » le jour où Satan, l'immortel ennemi, te vomit sur » le monde, mettant à profit, sans doute, une dis- » traction, ou bien un voyage de Jéhovah !

» Mayence *te genuit*. Une nourrice idiote te donna » son sein rebondi.

» Sans doute, — pour ne te point étrangler, — » elle eut, dans les yeux et dans l'âme, une myopie » sans pareille, inusitée parmi les mortels. Comment » n'a-t-elle point vu l'*encre* circuler dans tes veines ?

» Ah ! que n'a-t-elle deviné tes *noirs* projets, et ta » fatale destinée, et les venins cachés sous ta peau ! » Pourquoi ses mamelles crétines ne se sont-elles » point desséchées !

» Que les philosophes béats, race moutonne et
» *créandière*, cataracte de l'humanité, — coulent
» ton image en un airain badaud ; moi, je prétends
» *couler* ta gloire aux yeux dessillés des mortels.

» Auprès de ta *machine* abhorrée, — tous les
» fléaux sont agréables. Les fléaux meurent quand
» s'éteint la colère de Jéhovah. Immortel est ton
» engin.

» Avant ta venue, — souverain s'étendait sur la
» terre le règne de la vertu.

» Deux choses étaient, — *le bien, le mal, dis-*
» *tinctes et séparées.*

» Et Dieu disait à l'homme, — et la mère redisait
» à l'enfant, — et pareillement la feuille qui tombe
» répétait à la feuille sortant du corsage : *Voilà le*
» *bien, et le mal, le voici :*

» Tu vins, ô Guttenbérg, — et LE JOURNAL
» FUT.

» Et le *bien* et le *mal* — au lieu de rester toujours,
» et comme il convient, — *brouillés à mort,* — fu-
» rent à jamais *brouillés dans le plat.*

» C'est pourquoi sois maudit dans les siècles, et
» détesté jusque dans la poussière de tes os, — ô
» toi qui as attaché, à la queue de l'humanité, — la
» casserole du désespoir ! »

Le cardinal adresse à l'auteur un compliment *mi-*
tigé, saupoudré d'ironie, — pointe d'ail dans la
louange :

« Au point de vue lyrique, dit-il, ton ode est re-
» commandable. Mais *l'imprimerie* est-elle autre

» chose que la *pensée électrique?* La science et son
» enseignement pour *monture* et pour véhicule
» avaient autrefois le *manuscrit limace,* — aujour-
» d'hui la *presse antilope.* A l'antilope, quelle har-
» diesse oserait préférer la limace ?

» L'imprimerie est le *semoir* de la pensée. »
Mathonet répond avec un respect tempéré par l'indépendance :

« Ton panégyrique, ô cardinal, tout droit arrive
» du pays plat. Sans doute, et par mégarde, tu l'as
» laissé *se fourrer* dans ton sac, à la manière caute-
» leuse du cancrelat immonde.

» Que Jupiter me soit en aide pour en purger ton
» bagage !

» En des siècles indéfinis, l'homme a transmis sa
» pensée par le récit, — par le manuscrit, par la
» tradition.

*
* *

» Or, dis-moi quelle civilisation contemporaine,
» — pour la splendeur des arts, ou la noblesse des
» épopées, — se peut comparer à Athènes ou bien
» à Rome, à Memphis ou bien à Angkor ?

» Mais chastes étaient alors les organes de la pen-
» sée, et quelle langue eût bien pu, — sans être de
» suite arrachée, — transmettre, par le récit, les
» doctrines contraires à l'amour du bien, au culte de
» la vertu ?

» Quel monstre eût osé dire, par la tradition, par
» le manuscrit, — au grand jour, et sa face étant
» découverte : *Vains sont les Dieux, et vaine leur*
» *Justice. Mensonges, — l'amour de la Patrie, et*
» *l'Innocence et la Pudeur !*

» Et qui pourrait prétendre que se soient égarés
» jamais, dans ces siècles bénis, les saines leçons,
» les nobles exemples, et la mémoire des Héros ?
» Quel idiot oserait nier qu'alors les Doctrines em-
» poisonnées soient mortes infécondes dans le sein
» des pervers ?

» Ouvre les yeux, ô Cardinal !

» Le *Journal* est venu, et, sur le Journal, — *la*
» *pâle Envie* a mis la main.

» La face couverte du masque immonde de l'*ano-*
» *nyme*, — elle a pu tout oser. Sur l'Univers elle
» fait couler ses poisons.

» Le Monstre a retourné *la veste des choses*. Il prê-
» che — *l'amour du mal, la haine du bien.*

» Aujourd'hui, dans les brasseries et dans les *ca-*
» *boulots*, écoles d'instruction communarde, pocharde
» et laïque, — à l'âme des générations, *par l'Impri-*
» *merie*, quels aliments sont offerts?

» Le *Siècle* et ses satellites !

» Les poisons idiots du *Siècle*, — présentés par la
» Machine de Guttenberg, aux lieu et place des no-
» bles enseignements du récit !

» Le *Siècle*, — nourrissant de sa parole les *citoyens*
» *ignorants d'Homère*, et *déboulonnant* les vérités
» et les principes de saint Paul et de Tertullien, de
» saint Augustin, de Bossuet et de Leibnitz, — *vé-*
» *rités* que Pascal a défendues, que Newton *croyait*,
» et que Descartes a respectées !

» Oui, cardinal, — l'Imprimerie est un semoir.
» Mais que dire d'un semoir qui ne laisse passer que
» l'*Ivraie* et la *Varvouille?*

Philippe, à son tour, demande à présenter des observations sur la situation douloureuse faite aux Balcons.

Il expose que le Balcon, à travers les siècles, s'est prélassé dans l'état social le plus enviable.

Trône et chapelle de la *Beauté*, — du Balcon les dalles n'étaient foulées que par les *pieds mignons*. Sur l'appui fortuné de ses grilles, se penchaient accoudées les *belles nonchalantes*.

A ses pieds frétillaient la guitare et la mandoline et les chants d'amour. Tendres soupirs, lettres furtives, baisers qui volent, — faisaient, autour du Balcon, comme un atmosphère de poésie et d'enivrement.

*
* *

Ah, *quantùm mutatus !* Aujourd'hui *sur* le Balcon, de borgnes Rabagas se montrent, flanqués d'avocats *dénués*. *Sous* le Balcon, s'entassent et grouillent les *faces patibulaires*, et les *frimousses* des *titis* odieux.

Et, — du Balcon à la rue, — se fait l'échange des propos immondes, contre les bravos du vice, — télégraphie des impuretés.

Si bien que le Balcon n'y peut plus tenir, et qu'il se fend de désespoir, — demandant à mourir, — ou qu'on lui rende *ses belles amoureuses*.

Gavet convient que le sort du Balcon est devenu misérable *au maximum ;* mais il fait observer judicieusement que les Alpins n'y peuvent rien, — aucun d'eux ne se trouvant *au pouvoir* dans ce moment.

Une règle du cardinal est de ne jamais clôre un Pilou-Pilou, sans une *invocation à la contrée*. Pour Gavet, c'est une manière à lui de nous interroger comme aux examens, et de nous faire *repasser nos matières*. Il ordonna donc à Maurice de *célébrer* le pays.

Maurice, avec aisance, improvisa l'ode suivante :

« Salut, ô pays des sommités extravagantes, monts
» admirables, rivaux du mont Blanc, — géants favo-
» risés, qu'éclaire et que réchauffe un soleil plus gé-
» néreux !

» Salut, ô noble Briançonnais, et gloire à tes fils,
» montagnards *invicti!*

» Dans la mer immense, et montant toujours, de
» l'invasion romaine, — seule parmi *les terres*, ô
» Briançonnais, — sous la conduite de tes rois Cot-
» tius, — tu demeuras comme un phare *unique* de
» liberté, et comme une île indomptée au milieu des
» servitudes universelles.

» Ses splendeurs les plus éclatantes, et ses dons
» les plus chers, — le ciel te les a prodigués. Ta
» Flore incomparable serre ses cohortes, du *Centau-*
» *rea solstitialis,* amant des terres brûlées, jusqu'au
» *Potentilla minima,* enfant rachitique des glaces de
» Kara.

» Les trésors de Bacchus, à tes pieds, mûrissent

» leurs grappes. La fière Antilope couronne ton front
» de ses bataillons.

» Et salut encore à tes vertus !

*
* *

» Dans ton nid d'aigle de *Dormilhouse,* — tes
» heureux enfants ne connaissent *clef ni verrou.*

» — Honnis et mal venus seraient dans ton sein,
» — les *prêches* nauséabonds, les enseignements des
» Sans-Dieu, et les doctrines des orateurs venimeux,
» — *avocats à sonnettes,* qui mordent au talon l'hu-
» manité !

» A de telles vilenies, — l'atmosphère puante et
» lourde des estaminets, où grouille la *plate* envie. A
» tes vertus, — la Div-Aria, mère de toutes les santés.

» Briançon, que fonda Brennus, et toi mont *Ja-*
» *nus* des anciens, mont Genèvre, jardin sans rival,
» — mont Dauphin, qui commande le plateau terri-
» ble de Mille Vents ; — Embrun, exil et prison de
» Louis XI.

» Alefroide, mère du *granit rose* et du *mica*
» *vert,* — pour les yeux, comme pour la pensée,
» quels trésors sont les vôtres !

» *Vallouise* incomparable, les fureurs humaines
» un jour montèrent jusqu'à toi. Ta *Baume-des-Vau-*
» *dois,* ta sinistre *Roche Chapelue* — m'épouvantent !
» Mais un roi juste et *Rédempteur* voulut te donner
» son nom dans un nouveau baptême, — et la bou-
» che ne prononce plus l'infâme nom de *Val-Pute,*
» ô noble *Val Louise !* »

Maurice enfin s'arrêta, pas mal essoufflé.

*
* *

Ainsi devisaient les Alpins abrités sous les glaces cent fois millénaires du Névé-Formose, — que protégent elles-mêmes les derniers rocs du Pelvoux.

Leurs fronts, presque illuminés, resplendissaient dans la Div-Aria. Leurs croupes endurcies reposaient, mollement assises sur les édredons du Myrtile; leurs pieds agiles dormaient étendus parmi les étincelles de la Busserole.

Et pendant ce temps, au pays plat, — les mortels jouaient au bézigue.

Le Pilou-Pilou fut levé au bruit d'une *salve* du soixante-troisième couplet de la chanson de Grivel :

> Le cinquième Verset! de la Foi!! de la Loi !!!
> Dites-le-nous ! père Grégoire !!

> Quatre quatre quatre pieds de *por*,
> Trois poules au pot, cuites au *pourreau*,
> Quatorze aloyaux, un ventre de veau ,
> Bien farci, sans os !

> Trois perdrix au chou
> Voilà tout, voilà tout!
> Voilà tout !!!

Certes, c'est un noble exercice que cette lutte de l'intelligence par la parole, mais il eût été meilleur que cette gymnastique du cerveau ne nous eût point fait négliger la prévoyance. Les dernières notes du couplet s'éteignirent sous le flot d'une averse alpine.

Dans les Alpes tout est grandiose, et les mesures d'*étendue* ou de *capacité*, usitées dans le pays plat, — se trouveraient insuffisantes pour *décrire* cette averse. Jamais *lyriques en ébulition* ne se trouvèrent aussi considérablement refroidis.

Après avoir *mijoté*, quatre heures durant, dans cette lessive glacée, nous regagnâmes enfin Ville-Vallouise, et là, — Gavet, suivant son usage, *médicamenta* la caravane.

Dans le four banal aux trois quarts refroidi, il *enfourna* les Alpins congelés, les faisant se dépouiller, à l'entrée, de toutes leurs mouillures.

Et dans le four tout put entrer, — hormis la Décence. Gavet, pour lui comme pour *ses enfants*, possède des ressources infatigables.

C'est lui qui a trouvé le meilleur procédé pour coucher dans le lit d'un notaire.

L'histoire est difficile et savoureuse en même temps. Peut-être au lieu de l'entreprendre, — j'eusse fait sagement de l'abandonner. Mais je ne me sens pas le courage de dissimuler ce qui peut mettre en lumière l'ingéniosité de Gavet.

Et cette histoire est comme les fruits épineux : sous les épines, on devine que repose la succulence. Or, la succulence, je viens vous la servir, ô lecteur ! vous avertissant toutefois que mon entreprise est *délicate*, et qu'il ne sera point trop, peut-être, d'une double ration de votre indulgence.

Gavet un jour, voulant chasser les coqs de bruyère de la *Maladrey*, s'en fut coucher à *Cholonges*, chez le père Malifaut. Mais le père Malifaut n'a jamais eu qu'un lit, et ce lit se trouvait être *retenu* par un notaire.

Gavet s'étant présenté au notaire en *gentleman*, le notaire consentit charitablement à partager son lit.

Or, le soir venu, et suivant l'usage, tous les deux se déshabillèrent, — le bienfaiteur et l'obligé.

Certes, je dois à mon ami ce témoignage, — que nul moins que lui n'est déshérité à l'endroit des sentiments recommandables ; et l'ingratitude, particulièrement, n'est point son fait. Mais, une fois déshabillé, — à Gavet ce notaire parut trop gros.

Son ventre était un ventre *principal* parmi les plus désordonnés, — et surtout d'une consistance absolument *gélatineuse*. Aujourd'hui encore Gavet jure ses grands Dieux qu'il n'a jamais vu *tremblotter* autant un aspic.

On peut admettre raisonnablement que Gavet ait *foncé les couleurs* avec perfidie, — pour détourner l'intérêt de la personne de sa victime, — suivant une propension des coupables. Mais il faut bien convenir aussi que, pour *dormir avec* — ce notaire manquait d'agrément. *Notoirement* il était trop gros.

C'est pourquoi Gavet prit une épingle.

*
* *

Sans doute il ne vous a point échappé, combien l'opération de coucher à deux est une entreprise éternellement délicate, sous toutes ses formes, et dans tous les cas que vous puissiez imaginer. Le Sage, pour son compte, y regarde toujours à deux fois, bien convaincu qu'il ne saurait entourer de trop mûres réflexions un engagement aussi formidable.

Même la ballade de George, — sur *l'art de coucher à deux*, et malgré ses traits les plus vifs, — ne me paraît point renfermer, pour les cas divers, des recommandations exagérées.

Dans l'espèce, c'est-à-dire au cas de Gavet, — plus on se déshabille et plus on s'examine. Une fois en chemise, *on se dévisage.*

Et c'est en ce moment que Gavet, — contemplant son notaire, et tout à fait mis hors de lui, — prit une épingle.

Peut-être ici peut-on lui reprocher d'avoir regardé trop, — comme font les enfants au sirop qui purge. Mais sans doute, aussi bien que lui, vous vous seriez *agacé* vous-même dans cette contemplation attractive.

Alors donc, par un trait d'audace et de désespoir, qu'on ne saurait approuver, mais qui peut être beaucoup pardonné, — étant donné un notaire, — Gavet saisit le bord inférieur et *postérieur* de son vêtement *suprême*.

*
* *

Il éleva ce bord, *(horresco referens)*, jusqu'au col de sa chemise, — et ensemble il les souda dans ses deux doigts, portés derrière sa tête, — par le mouvement gracieux des jolies femmes, lorsqu'elles veulent *tordre* leur chevelure.

Offrant ensuite l'épingle au notaire, — et s'offrant à lui par le dos, — Gavet dit : « *Piquez l'épingle — solidement.* »

Le notaire, surpris, mais commençant à s'intéresser beaucoup, dit à Gavet : « Pourquoi diable piquer l'épingle ? »

— L'heure est venue de ne vous rien cacher, dit Gavet. Je suis affligé d'un dérangement.

— Je vois bien, dit le notaire, que vous ne me cachez pas grand'chose. Le dérangement se trouve sans doute dans vos affaires?

— « Nullement et je n'ai pas d'affaires. Les affai-
» res dont je vous parle sont *sans consistance*, —
» trop et trop vite *liquidées*. Or, je ne possède qu'une
» chemise, laquelle j'entends ne point *offenser* —
» cette nuit.

» *Piquez l'épingle, et piquez bien.* »

Le notaire lâcha l'épingle et lâcha tout, — et s'enfuit épouvanté, emportant la chandelle. Sur ce notaire, Gavet tira la clef.

Et c'est ainsi que Gavet, — *cui lumen ademptum*, — coucha tout seul dans le lit du notaire.

Dans cette vallée bénie de Vallouise, nous vécûmes encore toute une semaine.

Les Alpins sont dans la coutume de fonder ainsi, et successivement dans tous leurs pays d'*élection*, — une agglomération temporaire, une ville qui dure huit jours, — heureuse Salente dont Gavet est l'Idoménée.

C'est durant ce *déplacement de chasse*, — que nous parvînmes à *réussir*, sous la conduite du père Faure, notre vieil ami de Névache, — le passage du Lautaret à Allevard.

C'est là, sans doute, une entreprise héroïque et que je ne crois pas, avant nous, avoir été conduite à bonne fin. Elle ne demande toutefois que trois journées de marche, *en chassant*, et surtout, — pour choisir judicieusement son chemin, — que le coup d'œil d'un montagnard exercé. Le père Faure fut admirable de sagacité et de *rectitude*.

*
* *

Du col du Galibier, qui domine le Lautaret, et que j'ai décrit, nous montâmes les pentes du Goléon, laissant ses dernières cimes à notre droite. Au *col des Cavales* (géographie du père Faure), nous eûmes à gauche les *Trois-Ellions* et, plus loin, l'*Etendard*. Nous nous trouvions dès lors sur le versant septentrional des *Grandes-Rousses*.

Du *col des Cavales*, une marche savante, maintenue sur la droite, à la hauteur du col lui-même, nous conduisit sur les flancs orientaux du *Bec d'Arguille*. De là contournant la *Pointe du Grand-Glacier du Gleyzin*, — nous atteignîmes le *Col de Bourbière* que domine le *Grand-Charnier*.

Dans ce *voyage au long cours*, nous pûmes constater combien est *intense*, dans ces déserts, la multiplication du chamois. Jusqu'au Grand-Charnier, notre chasse fut contrariée par l'importance des hardes et par leur nombre.

Le sifflement d'alarme se transmettait incessamment à nos yeux comme à nos oreilles, et nous nous trouvâmes réduits, en fait de chamois, au spectacle de la *splendeur de leur fuite*.

Mais au Grand-Charnier, nous prîmes une revanche, et nous entrâmes à Allevard, munis de deux mâles, tués par le père Faure.

*
* *

Les Alpins sont un peu comme les Trouvères, et beaucoup comme les Chevaliers-errants. Ils sont en voyage, les *colporteurs* des saines doctrines, et leur sac militaire est une corne d'abondance, qui verse à flots, sur les populations, les recettes profitables et les procédés ingénieux.

De même encore, à l'exemple des *chevaliers*, on les voit *redresser*, sur leur passage; les torts et les fautes commis par les savants. Dès notre entrée dans Allevard, Maurice nous en fut un nouvel exemple.

L'eau d'Allevard est sulfureuse et iodée, — sulfureuse principalement.

On s'y baigne, on la boit, on s'en gargarise. On en respire les vapeurs, par le nez, par la bouche.

On se les fait administrer en douches, corporelles ou pharyngiennes, en jets variés.

On nomme *inhalation* — l'aspiration qu'on en fait par le nez et par la bouche. Et l'inhalation ne s'entend point du liquide lui-même, — mais des gaz divers et du soufre *très-divisé*, que l'on oblige préalablement à se dégager de l'eau thermale.

La source d'Allevard, suivant un caprice familier à ses congénères, surgit au niveau du *Bréda*. Une pompe puissante la hausse dans des réservoirs de distribution. Or, Maurice, en arrivant, voulut tout voir et visita la pompe. L'ayant visitée, il éclata de rire.

Et de suite, il nous expliqua *le cas*. La pompe aspirante — *aspirait* précisément tout le principe et tout le gaz *sulfureux*.

*
* *

Et remarquez qu'en disant *sulfureux*, j'entends ne vous garantir rien. Lorsque je m'assieds à la table de la science, je me sens toujours disposé à confondre les ustensiles, — la fourchette avec le couteau. Ce pourrait donc être tout aussi bien, et peut-être mieux *sulphydrique* ou tout autre *sulf* plus subtil encore. Toujours est-il que la machine aspirait tout et *dévorait la substance*.

D'où cette conséquence, que les malades, à Allevard, depuis un temps immémorial, dégustaient par le nez et par le gosier, les vapeurs *sulf....*, à la manière dont j'ai vu les acteurs *manger une poularde* sur la scène, dans les vaudevilles. L'administration prévenue se hâta de faire *rectifier* la pompe.

Aujourd'hui, je recommande à votre attention les salles d'inhalation de l'établissement d'Allevard. Ce sont d'aimables salles de lecture et de conversation. Là, contrairement à l'usage, *plus vous parlez, plus vous profitez.*

L'effet est saisissant, et vous vous porteriez à merveille, que je vous conseillerais encore cette pratique. Sortant de là, vous vous portez mieux.

*
* *

Philippe a remarqué qu'aux eaux thermales, ou bien encore aux eaux quelconques qui sont le sujet d'un *rassemblement*, — et suivant la nature et les aptitudes de la *source*, les baigneurs sont affectés d'une préoccupation générale uniforme, qui donne à tous même attitude et même physionomie.

« C'est ainsi, dit-il, qu'à Allevard on voit les gens
» se tamponner le nez et la bouche avec leur mou-
» choir, *pour ne rien perdre*, — tandis qu'à Uriage
» les baigneurs ne tamponnent rien et perdent tout,
» et qu'on voit les hommes ne plus porter de bre-
» telles, ni les dames de pantalons. Uriage, évidem-
» ment, est un endroit où l'on est *fort affairé*. »

A Allevard, nous étions descendus chez M. *et* M^mc *Berthet*, hôtel du Louvre.

L'hôtel du Louvre est un hôtel bien ordonné. Mais parmi les *famuli* auxquels se trouve confié le *service*, une personnalité se détache en un relief tellement saisissant, qu'il serait injuste souverainement de la passer ici sous silence.

Si vous avez fréquenté l'hôtel du Louvre, vos lèvres ont déjà nommé *Monsieur Jules*. Vous avez encore dans les oreilles ce nom qui, durant l'entière journée, vole de bouche en bouche, et vos yeux n'ont point oublié cette silhouette en bras de manche, qui semble douée du privilége d'ubiquité et dont l'empressement, aussi bien que la placidité bonasse, sont inaltérables.

Nul jamais, au même degré que *Monsieur Jules*, lorsqu'a sonné la cloche des *victuailles*, ne sut endosser l'habit noir avec une dignité plus correcte, ni donner autant de grâce aux flots de mousseline de sa cravate de commandement.

Monsieur Jules est un ancien préfet de la Savoie, préfet d'une de nos Républiques, c'est bien entendu, et victime aujourd'hui des *manœuvres de la réaction.*

Mais dans cette âme modérée et tranquille, où le fiel n'est autre chose qu'un sirop, il est aisé de reconnaître l'unique survivance d'une immense satisfaction.

Monsieur Jules se nourrit de sa grandeur passée, — aussi peut-être un peu (oseriez-vous l'en blâmer?) du doux espoir d'un *renouveau,* et sa philosophie *attentive* doucement ainsi le berce dans l'édredon de sa pensée.

M. Pastoureau, ancien préfet de l'Isère, homme fort distingué, comme tous les préfets de l'Empire, est un habitué de l'hôtel du Louvre. *Monsieur Jules* a pour coutume de le montrer *discrètement,* et de vous dire : — *Vous voyez bien ce monsieur, là-bas; c'est mon collègue. Seulement, sans qu'il s'en doute, je suis plus près que lui de* REFLEURIR.

Donc, à l'hôtel du Louvre, nous trouvâmes la société la plus aristocratique, et nous résolûmes d'*offrir* le père Faure à la table d'hôte.

*Il est incontestable que le père Faure peut être présenté avec assurance dans une Académie. Mais le présenter dans le monde est une entreprise considérable et beaucoup plus délicate.

Cette couleur *bise,* empruntée aux moutons *bruns,* et qui s'étend, sans nuances, de sa culotte à sa veste, et de sa veste à sa figure, — n'a besoin d'aucun secours pour en faire un être absolument indescriptible.

Sans doute, quand il a parlé, non point *modes* ou *futilités*, Dieu l'en garde! mais de choses saines, fortes et scientifiques, — sans doute alors, à la *surprise dédaigneuse*, pour ne point dire à la *révolte*, — succède l'étonnement admiratif et la domination de sa parole. Mais, pour son *cornac*, le premier moment est un moment bien difficile.

Philippe, avant de se mettre à table, saisi d'une défaillance subite, offrit au Père Faure un *vêtement de rechange*, sous un prétexte fallacieux. Mais la manière dont fut accueillie, à sa première lecture, la proposition de Philippe, — ne fit naître chez aucun de nous l'envie de la reprendre, et d'y insister pour son propre compte.

Si bien qu'à l'instant suprême, et lorsqu'avec affectation nous vînmes *nous rafraichir les mains* à la piscine, — tout notre effort dut être limité à faire, avec le savon, en présence du père Faure, la pantomime expressive que fait la poule — *becquetant devant ses petits, pour leur apprendre*. Mais nul ne fut assez osé pour offrir au père Faure le *savon*.

Il fallut donc *engager l'affaire* sans avoir obtenu de lui le *moindre rabais*.

*
* *

Enfin, et prenant notre bravoure à deux mains, — dans cette phalange de femmes élégantes rangées en corbeille autour de la table, au sein de ces toilettes *Benoitonnes*, panachées de cravattes blanches,

palpitants d'émotion, nous introduisîmes le père
Faure.

Avec respect Philippe le fit asseoir sur le siége
présidentiel de la table, au milieu des chaises qui
nous étaient réservées.

Une *brochée* de vingt-trois Ptarmigans, dont nous
avions fait *octroy* à la table d'hôte, — nous avait
mérité, à nous derniers arrivés, les places d'honneur
au centre de la table.

Gavet, toujours avisé, s'empressa de déployer sur
ses propres genoux, et par *duplicata*, la serviette
du père Faure, — masquant ainsi aux *indiscrets* le
mépris que professe notre ami pour cette *nippe*.

Quant au chapeau du père Faure, un et indivisible
avec sa tête, — il fallut en prendre notre parti, et
faire fonds sur l'insignifiance des quelques franges
qui sont aujourd'hui son *bord*, — pour compter que
cette auguste assemblée voudrait bien le tenir pour
une *calotte*.

*
* *

L'effet fut immense, et plus d'une cuillerée de
potage en témoigna par des étranglements. Mais
Gavet bientôt domina la situation.

De son œil d'aigle, bien vite il eut dévisagé les
deux ou trois personnalités d'élite de notre entourage,
et bien vite encore il eut engagé les luttes courtoises
de la parole avec M. Pastoureau, d'un côté, et, de
l'autre, avec le baron de Tourmagne.

Avec adresse mon ami Gavet s'efforça de mettre
en scène les *mérites* du père Faure, faisant appel,
à chaque instant, et s'en rapportant avec déférence
à son *autorité*.

Mais le père Faure, pour le moment, était trop affairé à son assiette, et pareil au *silex* que vous trouverez toujours dans sa poche, lequel ne donne jamais sa gerbe de feu au premier choc du *briquet*, — il ne rendit tout d'abord que des étincelles monosyllabiques.

A *l'époque du rôti*, les choses tournèrent au mieux. M. Pastoureau, connaisseur délicat, avait flairé son *père Faure*. Il l'entretint de Paris et des moutons de *Présalé*.

En quelques paroles, le père Faure *remit à sa place* le Présalé, et démontra quelle distance le sépare des *ovines* de transhumance qui passent des *lavandes de la Crau aux incomparables génépis des Alpes*.

Rangé à son avis, M. Pastoureau lui demanda son sentiment sur les viandes anglaises, si *jolies*, — marbre rosé, que parcourt avec délicatesse une fine dentelle de graisse déliée.

« Ça, des viandes! s'écria le marchand de mou-
» tons, dites plutôt des *empoisonnements!*
» Dans ces colosses essoufflés que j'ai vu primer
» à Londres, — le cœur dégénéré dès longtemps,
» ne se *contracte* plus; le sang n'est plus une *circu-
» lation*, mais un *engorgement*. Allez, Monsieur, la
» viande ainsi engendrée par des organes malades,
» indiscutablement est malade elle-même; elle ne

» mérite pas l'honneur d'être couronnée comme
» type de nourriture humaine.

   » Savez-vous bien quand on les tue, ces bêtes at-
» teintes d'une *éléphantiasis* universelle? Juste la
» veille de leur mort.

   » Parlez-moi de nos bœufs dauphinois, où tout est
» à sa place correctement, muscles et graisse; où la
» chair est *rouge* avec franchise, non point rose,
» — par la bonne raison qu'un sang *rouge*, le seul
» sang bien portant et généreux, — librement y cir-
» cule et la nourrit. »

*
* *

M. de Tourmagne, pris à son tour d'intérêt et de
curiosité, demanda au père Faure s'il se faisait, à
Névache, des *enfouissements civils*.

   « Si vils! Ah, certes non, dit le marchand de mou-
» tons, et sur ma foi, dans le cimetière, nous ne les
» laisserions point pénétrer! »

   » — Cependant....

   » — Oh, je sais par cœur votre *cependant*, et je
» connais encore, — tout aussi bien que je connais
» les *choses du mouton*, — le *margouilli* qu'a infil-
» tré dans vos usages, dans vos cervelles, et jusque
» dans vos codes, — la *doctrine de la Loi-Athée.*
» Mais au-dessus du *margouilli*, il y a le droit et le
» voici :

   « Le Chrétien *meurt*, — le Sans-Dieu *crève*. Du
» Chrétien, le corps est dépouille, — du Sans-Dieu,
» le corps est *charogne*. A la dépouille, le *cimetière*,
» — à la charogne, le *charnier*.

» Et de quel droit introduiriez-vous la charogne
» dans nos cimetières ? »

M. de Tourmagne se récria, mollement et comme
pour aiguillonner. Alors le père Faure :

« Doucement, Monsieur, et veuillez écouter en-
» core. L'église est *temple*, n'est-ce pas, et *vous la*
» *trouveriez mauvaise*, pour emprunter le langage
» aujourd'hui si délicat des villes, — si les Sans-
» Dieu prétendaient faire servir l'église à leur usage.

» Eh bien ! je vous le demande, le cimetière est-il
» moins *temple* que l'église, et moins *chrétien* et
» moins *croyant* et moins *religieux?*

» Votre *respect*, votre *prière*, dans ce lieu saint,
» témoignent-ils autre chose, — sinon que *l'âme en-*
» *volée veille sur la dépouille*, — et que c'est ici la
» *salle d'attente* des dépouilles ?

» Et dans cette salle d'attente, *réservée aux dé-*
» *pouilles*, pénétrera la charogne du Sans-Dieu !

» Non point certes ! pas mieux ici qu'à l'église.
» Mon droit de *Croyant* le défend. Qu'elle aille plus
» loin, chez elle et selon sa place, — le charnier.

» C'est là le droit et c'est la Justice. Que la Loi
» traduise enfin la Justice et le droit, et vienne le
» dire nettement, — et toute émotion s'éteindra. Les
» Sans-Dieu *crèveront* alors chez eux, librement et
» tout à leur aise.

M. de Tourmagne se récria, mollement et comme

» Ah je les connais bien vos Sans-Dieu, et je les
» tiens pour de rudes hypocrites. Ils veulent la liberté,

» et bien haut ils le disent. Mais nous allons voir
» quelle liberté.

» La liberté d'entrer chez les autres, — pour y
» insulter à la croyance et à la liberté d'autrui.

» Sous la Restauration, comme sous Louis-Phi-
» lippe, ils ont, toute leur vie, *repoussé le Prêtre;* à
» leur dernière heure, — *repoussé le Prêtre*; et
» voulu mourir — *sicut canis.*

» Et, *morts*, ils ont voulu que le Prêtre vînt les
» prendre à domicile, — et vînt les introduire *chré-*
» *tiennement* dans l'Eglise où, *vivants*, jamais ils ne
» sont entrés, — et vînt encore, dans le cimetière,
» prier sur eux et les bénir, à l'égal des croyants. »

*
* *

« Aujourd'hui c'est autre chose. De l'une de leur
» double face, ils ont rejeté le masque.

» Ils ne veulent plus ni de l'Eglise ni du Prêtre, et
» se font escorter par les curés *Francs-Maçons* de la
» *Marianne.*

» Mais ce qui les *délecte* encore, aujourd'hui, —
» c'est de venir narguer, *côte à côte*, la dépouille du
» Chrétien.

» Je vous le dis en vérité, — ces garçons-là ont
» la manie et la distraction d'entrer chez les autres,
» — et de s'y comporter *propriétairement.*

» Que les Chrétiens leur interdisent *leur domicile*,
» et tout sera dit.

» Chacun chez soi. Et les Sans-Dieu seront chez
» eux, *libres profondément*, — dans le doux tête à
» tête de leur Doctrine et de leur curé Franc-Maçon.

» La jouissance d'insulter aux autres leur étant

15

» ainsi ravie, — vous me direz alors des nouvelles du
» *Reliquat* de leur félicité. »

Depuis un bon moment, M. Cabassol, de la rue du
Sentier, dansait sur sa chaise.

Rue du Sentier, à Paris, est un endroit fort *cocasse*.
On y rencontre des Messieurs bien mis.

C'est le lieu par excellence, où l'on est *indépendant*. Sans doute on y veut être protégé par le Gouvernement, ne sachant nullement se protéger soi-même, ni du cœur ni de la main, — mais toujours on
y reproche au Gouvernement la protection qu'il nous
donne.

On y parle la bouche en cœur, donnant à la *phrase*
de hauts talons, et l'on s'y croirait rapetissé d'une
coudée, — pour cesser, un seul jour, d'être de l'*opposition*.

Dans le tiroir, on trie les pièces fausses, pour les
clouer ignominieusement au pilori, *sur la banque*.
Mais, de son âme, on se garde bien de sortir les
pièces fausses qui foisonnent.

Ils ont un culte cependant, le culte de soi-même,
— mais *d'étudier* ils n'ont que faire, croyant tout
savoir.

A ces Messieurs, si jamais quelque chose vient à
manquer, — prenez l'engagement que ce ne sera
point ni le *contentement de soi-même* ni l'*assurance*.
Et n'allez pas les confondre avec *les timides*, les-

quels se gardent bien de s'expliquer sur ce qu'ils ne comprennent point.

Donc M. Cabassol très-irrité, et la bouche armée de cette *supériorité* qui fleurit rue du Sentier, — *entreprit* le marchand de moutons sur le *Progrès* et sur la *République*.

Aux premiers accords, le père Faure débuta *moderato*. A toutes les *passes* de M. Cabassol, bénignement il présenta la poitrine, ne ripostant *aux coups* que par *des appels* pleins de courtoisie.

M. Cabassol *vola de victoire en victoire :* d'abord sur *les droits de la pensée*, et sur la nécessité de *vaincre l'obscurantisme*.

Ensuite sur l'humanité, *patrie universelle*, et sur l'esprit chrétien de conciliation qui commande l'*amnistie*, pour étouffer les *discordes civiles*.

Enfin sur le gouvernement du peuple par lui-même, qui laisse *les capacités méconnues* (de la rue du Sentier?) prendre leur place au soleil.

Mais M. Cabassol eut principalement de très-belles paroles — contre les Tyrans qui *se repaissent de la sueur du Peuple*, et lui refusent *les libertés nécessaires*.

M. Cabassol *allait* toujours, et le père Faure toujours amorçait. Mais plus le père Faure se montrait *bénin*, davantage je frissonnais, la tête courbée dans mon assiette, — pareil à la Scabieuse, *fleur des veuves*, qui regarde la terre à l'approche de la tempête.

Gavet lui-même ne se montrait point rassuré, voyant le feu des éclairs que le marchand de moutons comprimait mal sous sa vaste paupière.

Enfin, du revers de sa manche, le père Faure essuya *les lèvres de sa trompette.* Dans mes veines je ne sentais plus une seule goutte de sang.

Mais il commença comme à l'Académie, et suivant les manières de M. Guizot, à la tribune :

*
* *

« Monsieur, dit-il, nous avons aujourd'hui n'est-ce
» pas, — la félicité de vivre parmi toutes les ruines.
» Notre *Troie* est en flammes, je crois, — *jam pro-*
» *ximus ardet Ucalegon,* — et nul de nous ne peut
» plus dire : *ce n'est rien !*

» Donc, en de tels désastres, le droit nous reste de
» tout *dévisager,* les hommes et les doctrines, — et
» de toucher à toutes choses, sans prendre plus *ni*
» *gants ni mitaines.* Vous êtes un *bourgeois de Paris.*

» Hé bien ! il ne me déplaît pas — d'avoir en face
» un bourgeois de Paris, et de lui dire ce que nous
» pensons à Névache.

» Monsieur, vous et les vôtres, les bourgeois de
» Paris et les bourgeois de la province aussi, — vous
» et les vôtres vous avez tout tué !

» Vous avez tué *l'autorité,* et vous avez tué le *res-*
» *pect.*

*
* *

» Vous avez tué — *la croix de ma mère,* et *le sabre*
» *de mon père* aussi. Vous avez tué *Pandore,* —
» après lequel, *de profundis,* — vous *clamez* aujour-
» d'hui.

» Vous avez tué toutes les bonnes choses, les
» grandes et les petites, — le *serment et la fidélité*,
» l'*honneur* et le *culte des ancêtres*, palladium de la
» famille.

» Et cette mort universelle a mis tellement le deuil
» dans les âmes — qu'est morte du même coup, —
» même aussi la *gaieté française*, — si ce n'est à vos
» enterrements, où se rencontre encore un peu de
» jovialité.

» Du Christ, — Judas et les juifs n'ont tué que le
» *corps*. Vous avez tué l'*Esprit du Christ* — dans les
» âmes.

» Si bien que vos fils, aujourd'hui, vous nomment
» *vieilles perruques*, et vos filles... ah ! grands dieux,
» non ! — vos filles, heureusement protégées par la
» mère, — vos filles sont restées chrétiennes, et,
» si le salut doit venir, ce sont vos filles qui vous
» sauveront.

*
* *

» Oui, des *Mystères de Paris* et du *Juif-Errant*,
» de la *Grande-Duchesse*, et du *Jaune Baudrier*,
» bourgeois, *mes amours*, tu t'es repu et saturé. Tu
» t'es fait *libre-penseur et franc-maçon*.

» Tu t'es endormi *malcontent;* tu te réveilles com-
» *munard*.

» De toutes les *irréligions;* — tu t'es *ensocialipesté*.

» Or, le Christ, ô bourgeois, n'étant plus en ton
» âme, — tu te promènes désespéré dans la nuit
» profonde que tu t'es faite, — *éteignant les lumières*
» *de ta propre main*.

» Et voilà qu'aujourd'hui tu te débats, sans bous-
» sole et sans courage, dans tous les affaissements et

» dans toutes les *platitudes*. Et si profondément dans
» la *platitude*, ô bourgeois, que — si je vous mets
» tous deux en comparaison, près de toi la *punaise*
» *me semble un globule.*

» — Monsieur ! s'écria M. Cabassol exaspéré.

» — Oh ! dit le père Faure, entendez bien ! Devant
» moi j'ai la doctrine et non point l'homme. Mon
» bourgeois est *une abstraction*, et le temps est *aux*
» *vérités.*

» Je n'ai, dans mon âme, pas *une foi* que tout à
» l'heure vous n'ayez offensée. Laissez-moi blesser
» un peu les vôtres à mon tour.

» La France est aujourd'hui mourante, et bien plus
» de ses propres mains que par le bras des autres.
» Chacun de nous peut en dire *son sentiment*. Soyez
» assuré, du reste, que je connais la *politesse*. »

La politesse du père Faure a toujours eu le privilége de me faire frissonner, et sa manière de se
présenter *pour la discussion*, à la façon du sanglier
des Ardennes, — dans le monde me donne la *chair de*
poule.

N'importe, les grands périls semblaient conjurés.
Gavet montrait un front serein, et j'osai porter sur
l'auditoire un regard circulaire.

L'impression me parut bonne. Sur les visages on
apercevait bien encore comme *un effarouchement*, —
mais il était aisé de voir que déjà la *Domination* du

père Faure avait *courbé sous le joug* les esprits les plus rebelles.

Et c'est là l'effet ordinaire de la *parole* de notre ami le marchand de moutons. Ce n'est point l'homme aux longues phrases, mais, dans ses discours, combien la *substance* est condensée !

Toute liqueur, — le père Faure vous la verse en élixir.

« Voyez, Monsieur, continua-t-il, tranquille autant
» que tout à l'heure il venait d'être fougueux, — la
» France est une *malle* dont voici, paraît-il, depuis
» longtemps la destinée :
» La Monarchie, durant vingt années, l'emplit de
» prospérités.
» La malle étant ainsi pleine, survient la Républi-
» que, qui met la main dessus. *Dessus et dedans.*
» Le lendemain, la malle est retrouvée au coin d'un
» bois, — écartelée et *radicalement* allégée.
» Après quoi, — ça recommence.
» Or, cette malle a la manie de mieux aimer être
» pleine que vide. C'est son goût, à cette malle, d'être
» tranquille, et non point éventrée. Et c'est pourquoi
» vous ne la ferez jamais *aimer la République.*
» Montrez-moi que jamais, en France, la Répu-
» blique soit sortie de ces deux états : *l'état grave* et
» *l'état aigu.*
» L'état grave — c'est Thersite-Gambetta, prompt
» à faire *des désastres avec des revers.* — C'est
» Glais-Bizoin, faisant des grimaces. — Et c'est
» encore Crémieux-le-Porcher, ouvrant, à deux bat-

» tants, le temple de la Justice, pour y pousser son
» troupeau. »

*
★ ★

A ces mots, que n'avait point encore *entendus la terre*, — *Monsieur Jules* laissa verser toute une sauce verte destinée aux anguilles, — sur les splendides épaules de la belle madame Durocher.

Avec empressement, et aussi avec *son fin mouchoir*, — Maurice étancha la remoulade. Avec empressement et *longueur de temps*.

En toute catastrophe qui survient *à la beauté*, — Maurice est ingénieux et prompt à tirer *son épingle* et son profit personnel.

Le père Faure continua :

« L'état aigu, c'est la *Commune*.

» Et puisque voici la Commune, dites-moi : ne
» sont-ce point des républicains — et des républi-
» cains plus républicains que les autres, les monstres
» idiots qui, dans Paris, ont reculé toutes les bornes
» imaginables de l'audace et de la perversité ! N'est-
» ce point sous la République, et *de par* la Républi-
» que, — qu'a été déchaîné sur nous ce *torrent de*
» *vilenies*, *de férocités et d'abominations* — dont la
» seule mémoire épouvante le monde !

» Et n'allez point prendre cette horreur pour un
» accident. C'est la *doctrine*, et tant que sera debout
» la doctrine, sur vos têtes restera suspendu le péril. »

*
★ ★

» — Mais savez-vous bien, dit M. de Tourmagne,
» que vous n'êtes point encourageant ? A vous enten-
» dre, c'est *Finis Galliæ*.

» — Peut-être oui, Monsieur, et, pour l'affirmer,
» ni les raisons ni les symptômes ne font défaut.

» Mais dans les foules empoisonnées de décompo-
» sition révolutionnaire, — il est des élans sauveurs
» qu'un mot peut réveiller : — *Dieu, Patrie.*

» Des mots bien vieux, Monsieur, mais immor-
» tels !

» Hé bien ! dit M. de Tourmagne, nature honnête
» et droite, mais diaprée d'opinions *fariboles*, — je
» crois comme vous que la République est funeste à
» la France. Mais ailleurs, et selon les exemples ?

» — Ah oui, *les autres !* parlons-en, dit notre ami,
» — et c'est là un *voyage autour du monde* qui nous
» promet de l'agrément.

» Et tout d'abord débarrassons-nous *du nombre* et
» faisons *une fournée.*

» Tous vos Etats sud-américains, épaves de la
» grande monarchie espagnole, — le *Mexique*, le *Par-
» raguay* et l'*Uraguay*, l'*Equateur* et le *Pérou*, le
» *Chili* et la *Plata,* et les autres encore, — tous *Ré-
» publique*, vous avez raison.

» Mais tous, autrefois et sous la monarchie, —
» gorgés de richesses et de toutes les prospérités. De
» même qu'aujourd'hui, sous la République, — vous
» les voyez *sans le sou*, comme aussi sans honneur
» et sans l'amour de Dieu, et réduits à se disputer,
» dans le sang, les places, *brevet du pillage.*

» Contemplez-les donc à votre aise dans ce sup-
» plice de Dante, — *se rappeler le bonheur passé
» dans la misère présente*. Et contemplez, au milieu
» d'elles, la prospérité du Brésil-monarchie.

*
* *

» — Oui, sans doute, dit Mathonet, mais la grande
» République des Etats-Unis?

» — Ah! celle-là je l'attendais bien! Savez-vous,
» mon camarade, qu'à New-York, après enquête, on
» n'a pu trouver *un seul municipal* qui ne fût un
» fieffé voleur, et surtout un voleur *gigantesque?*

» Et savez-vous encore que le congrès *averti* et
» *saisi* sur *le reste,* — a fermé les yeux, tant était ef-
» froyable *la vérité?*

» Allez, ce n'est point trop de *tous leurs espaces*
» pour contenir *toutes leurs corruptions.* »

M. Cabassol, mâté mais rancunier, reprit les armes,
et dit : « Trouverez-vous aussi quelque chose à redire
» à la République Helvétique?

» — Oh! celle-là, reprit le père Faure, c'est une voi-
» sine, et n'en parlons pas, bien que la langue m'en
» démange *tout autour.* Laissez-moi seulement vous
» dire que ce n'est point en sa faveur ni vers elle que je
» vois émigrer, — et qu'en elle, il y a encore de la
» place, sans que j'aperçoive qu'on s'empresse de s'y
» entasser, et sans que je vous aperçoive vous-même
» y aller quérir le bonheur. Quant à leurs *libres élec-*
» *tions,* laissez-moi vous apprendre, bien que le fait
» n'ait *touché* que moi, — qu'on m'y a mis un *œil au*
» *beurre noir,* rien que pour avoir voulu regarder à
» leur *boîte aux giffles.*

» Mais vous ne parlez point de l'Espagne, voisine
» également de la France, et, je crois aujourd'hui *sa*
» *République-sœur?*

» Eh bien! je vais vous dire sa *littérature affran-*
» *chie des tyrans :*

*
* *

» *Le canon*, *le fusil ne sont pas suffisants. Il faut*
» *aussi le pétrole et le poignard. Ayant tout produit,*
» *nous pouvons tout incendier.*

» Hier, aux rocs du *Grand-Charnier*, j'ai tué un
» chamois, de ma balle *emmitouflée* dans cette litté-
» rature ; déchirée à la *Federacion de Barcelona.* »

M. Cabassol courba sa tête, de la rue du Sentier.

« Changeons de pipeau, dit le père Faure, et je
» vais vous en montrer une *de république*, que vous
» passez sous silence, la seule qui n'ait point *oublié*
» *Dieu.* Aussi vit-elle bénie et fortunée, dans son
» coin : c'est la République d'Andorre.

» Seulement, veuillez remarquer que si ces mon-
» tagnards sont républicains, c'est que, chez eux,
» personne n'a le temps d'être roi. Allez leur faire
» une visite et tenez-vous pour assuré que, vous
» voyant avoir de tels loisirs, — ils vous adresseront
» cette requête, — de *gouverner durant une sai-*
» *son.* »

L'esprit humain a des contradictions et des *reculs*
insensés. Tout à l'heure j'étais plongé dans l'angoisse,
tant était grande ma terreur de voir le père Faure
faire un *four ;* — et voilà que maintenant je me sentais irrité, au spectacle de ce marchand de moutons,
maître de la situation, sur toute la ligne, en pleine
table d'hôte de l'hôtel du Louvre à Allevard.

—~~—☙—~~—

« Mon cher ami, lui dis-je, avec la fatuité d'un
» corps d'armée — arrivant frais sur le champ de

» bataille, vers la fin de l'action, pour rétablir *les*
» *affaires*, — il y a du bon dans vos paroles, mais
» nos maux ne découlent peut-être point tous de —
» *la République et son cortége de doctrines.*

» Pouvez-vous nier absolument, par exemple, que
» la Restauration ait été *bigote*, — que M. Guizot ait
» dit : *enrichissez-vous*, — et que l'Empire ait été
» nommé : *Vingt ans de corruption ?* »

Ce fut un *fâcheux mot*. Et je l'eus à peine lâché
que je vis *luire* contre moi l'œil fauve et le boutoir
acéré du *Sanglier des Ardennes.*

*
* *

Le père Faure fut méprisant : « Ah ! vous aussi,
» vieil ami, se mit-il à clamer. Mais, grands dieux,
» quel taon vous pique ?

» Et bien, soyez heureux ! A la *bigoterie* chré-
» tienne, a succédé la *bigoterie franc-maçonne.*

» Déjà vous avez eu, *présentement*, la jouissance
» de voir la bigoterie chrétienne égorgée par la
» Commune, tandis que flottait la bannière de la bi-
» goterie Franc-Maçonne sur les murs de *Paris-*
» *poignard et pétrole.*

» Et les *vingt ans de corruption de l'Empire !* mais,
» vieil ami, vous m'en semblez vraiment aujourd'hui
» fort heureusement délivré.

» Or, tous les voiles sont levés, et nous pouvons,
» à l'heure présente, *dévisager* bien cette corrup-
» tion.

» En voici le tableau :

» Tous les fonctionnaires de l'Empire, — l'élite de
» l'intelligence et de l'honneur, entendez-bien ! —

» rentrés aujourd'hui dans le travail de la vie civile,
» — *gorgés* de leur patrimoine amoindri.
  » Et, pour avoir voulu *couronner l'édifice*, — Cé-
» *sar* expirant sur la terre étrangère, — *vautré sur*
» *le monceau* de deux millions de francs, — disputés
» par la dette acariâtre !

*
* *

  » Ah, la faute est lourde à vos épaules, et sur
» César vous la rejetez, — d'avoir, de vos propres
» mains, rompu et mis en pièces *vos boucliers*, —
» d'avoir saturé vos femmes de *Thérésa-la-drôlesse*,
» — de vous être encrassés de Libre-Pensée, et
» d'avoir chassé tous les Dieux !
  » Rome se fait *Lupanar*, — et dit César corrompu !
  » Tenez, *votre malheur*, — je vais vous le dire :
  » Vous ne savez avoir — ni la haine vigoureuse
» contre *le Mal*, — ni l'amour passionné pour *le*
» *Bien*.
  » A la haine *virile* du Mal, — votre homme-lige
» et votre incarnation, votre *Thiers gouvernement* a
» failli, — n'écrasant point la tête au *Crotale* de la
» Commune, et relevant le reptile de sa main cau-
» teleuse, *pour le brosser* de sa poussière et de son
» infamie.
  » A l'amour du Bien, — tous vous avez failli, —
» même les Monarchies. Dans le panier de vos mi-
» sères, je prends au hasard ; écoutez !

*
* *

  » Au-dessus de tous vos revers, comme au-dessus
» de toutes vos turpitudes, — une *renommée de la*

» *France* — a parcouru l'univers comme un météore,
» et comme un frissonnement.

» Porté sur les épaules de deux millions de Guer-
» riers, le *nom Français* a retenti sur le monde en
» de tels éclats, — que vos mains idiotes n'ont point
» pu encore en étouffer la lumière.

» Eh bien, de vos vieux guerriers légendaires, *re-*
» *liquat* de deux millions de héros — et seul honneur
» qui reste en votre escarcelle, — de vos guerriers,
» qu'avez-vous fait?

» Sous les Monarchies, aussi bien que sous les
» Républiques, — je les ai vus, — mornes parmi
» vos fastes, — manger un pain noir disputé, et
» mourir dans des haillons.

» *Trop fiers pour mendier, comme fit Bélisaire!*

» Et, durant ce temps, — *Rabagas* se prélasse
» dans un palais, pour avoir *hurlé* sous les Por-
» tiques!

» *Trimalcion* achète cent mille sesterces la beauté
» de *Métella*, ou bien *Apicius*, plus judicieusement
» deux cent mille — *une Murène du* LAC LUCRIN! »

Lorsque les dames *Benoîtonnes* de l'Hôtel du
Louvre entendirent le marchand de moutons les entretenir de Métella et du lac Lucrin, — leurs yeux,
fort beaux, ma foi! s'accrurent encore. Le triomphe
du père Faure désormais fut indiscutable.

Au jardin, et sous les *Pergolas,* après le diner, le
père Faure fut la *Great attraction* de toutes les
dames, et le café fut pris en commun, sous la présidence incontestée de notre ami.

Seulement, le nectar odorant, contre l'usage, ne fut point versé par *Monsieur Jules*.

Une migraine *carabinée* s'était abattue sur l'excellent homme, lorsqu'il avait entendu *démolir* toutes les Républiques. Madame Berthet, qni l'affectionne à juste titre, lui fit appliquer la moutarde aux pieds.

Le père Faure ne porte aucuns diamants. Mais soyez assuré que Nasser-ed-Dine, avec toutes ses pierreries, n'a point excité, à Paris ou à Londres, ni plus de curiosité, ni plus d'intérêt.

A propos de Nasser-ed-Dine, voilà un gaillard qui *porte beau* et qui *sait* son métier de souverain !

A Londres, vous le savez, il a refusé de *luncher* avec les principaux dignitaires des Trois Royaumes, et il a fallu lui dresser une table *à part*, — où ne se sont assis avec lui que les membres de la famille royale.

Parlez-moi de cette manière d'*envisager la question*, et ce n'est pas lui qu'on verra jamais porter sous son aisselle *un parapluie*, — ou donner à M. Prud'homme *une poignée de main*.

Aussi Dieu l'a-t-il fait — *succéder à Darius*, — le même Dieu, grands dieux! qui pût un jour nous donner, — dans sa juste exaspération, — *Gambetta successeur de Charlemagne!*

Mais chez Nasser-ed-Dine, cette manière *équitable* de considérer les choses ne saurait nous surprendre.

Nasser-ed-Dine est un rude chasseur. Et tenez pour certain qu'à Paris, si les hommes de l'endroit eussent porté à sa connaissance les choses vraiment belles et dignes de son intérêt, — jamais il n'eût quitté la France sans faire, avec les Alpins, une chasse au chamois.

*
* *

Donc, *au café*, le père Faure fut très-*harcelé* par les dames. De *politique,* heureusement, il ne fut pas question davantage, — si ce n'est que M. Cabassol eut la pensée malencontreuse de se gargariser une dernière fois la bouche avec les *sentences* de la rue du Sentier.

« Je vous connais, vieux farceur, dit-il au père
» Faure, en lui tapant sur le ventre. Vous êtes de
» ceux qui veulent nous ramener *aux droits du Sei-*
» *gneur,* et nous faire battre de verges les fossés,
» — pour *imposer silence aux grenouilles !* »

» Monsieur, répondit le *vieux farceur,* avec ce re-
» gard narquois indéfinissable qui se trouve logé
» sous les arcades de sa paupière, — en France il
» n'y a plus de grenouilles. La République, vous le
» savez bien, — partout a *mangé la grenouille !*

*
* *

Mais la charmante comtesse Dina, mieux inspirée :
« Monsieur, dit-elle, vous qui savez tant de choses,
» serait-il indiscret de vous demander votre senti-
» ment sur les femmes?

» Comment donc, *Madame et mignonne,* s'écria
» le marchand de moutons, ne suis-je point ici pour
» vous servir? Les femmes! mais, pour les *ap-*
» *prendre,* c'est là ce qui m'a donné le plus de
» tourment. Et maintenant *je les sais bien, allez!*

» Elles valent mieux qu'elles n'imaginent, et da-
» vantage surtout que les hommes n'imagineront
» jamais.

» *Voyez un peu!* Dans ce temps néfaste, où tout
» périt par l'abandon des doctrines et par l'efface-
» ment de tous les courages, — combien seules, et
» sans avoir besoin d'être des vestales, — elles gar-
» dent le *feu* d'où vous verrez tout renaître un jour !

» Ah ! je sais bien, les *charmantes !* qu'elles ont
» leurs mignons péchés et défauts ! L'homme leur
» reproche précisément ce qu'il leur commande :
» — de vouloir être belles, toujours, et toujours
» pleines de séduction ; — de chérir d'un trop vif
» amour le soin et la *garniture* de leur beauté ; —
» et d'aimer qu'on les aime d'une tendresse *toujours*
» *prête*.

» Mais leur âme n'est-elle pas *pour toutes les*
» *mélodies?* Et qui leur en pourrait vouloir d'aimer
» la mélodie d'amour et la mélodie d'élégance, —
» les voyant tant aimer, et si bien, — toutes les
» saines mélodies de la pensée?

*
* *

» Oui, Dieu les fit ainsi pour notre joie et pour sa
» louange, — et, dans cette *bonbonnière* par lui si
» tendrement enjolivée, — combien avec amour il a
» déposé ses plus fières semences !

» La passion généreuse pour le bien, — et la haine
» *féroce* contre le mal, — ah, ne les cherchez plus
» *dans les culottes !* Tout entières vous les trouverez
» *contenues* sous leur mignon corsage. Bayard n'est
» plus, — mais toujours Jeanne-d'Arc.

» Je crois, Dieu me pardonne! que *le Père* aussi
» n'est plus, mais toujours *la Mère*. Et par la Mère,
» le Père sera ramené, ramené *au nom du Christ*.

» Essayez donc, à ces Lionnes, d'aller combattre
» devant elles, par quelque lâche éloquence, l'Evan-
» gile de leur Devoir, ou de leur proposer *le Nœud*
» *civil, unique lien du Mariage;* — ou bien de dé-
» grader la famille par *l'affranchissement de la*
» *femme?*

» Ah, trop bien savent-elles que *le joug*, institué
» sur leur tête par le Christ, est *un sceptre*, et qu'il
» leur faut cette servitude pour assurer leur légitime
» domination.

*
* *

» Vainement les philosophes Sans-Dieu leur prê-
» cheront *l'Indépendance* et *de secouer l'Esclavage*.
» Dans leur petite tête chérie, *Sorbonne* des choses
» *belles*, elles s'entêtent à savoir — qu'au jour où
» les philosophes les auraient si bellement éman-
» cipées, — plus ne serait besoin des *demoiselles* de
» la rue Montorge.

» Ou bien encore, et si vous préférez, allez leur
» dire, à ces *Adorables*, que l'âme n'est point im-
» mortelle, — ou qu'elles sont *Simiesques* par origine,
» — ou bien encore que la Raison Simiesque *gou-*
» *verne*, et non point Dieu. Allez leur dire ces
» choses, et vous me rendrez compte alors, — si
» vous lés trouvez *nonchalantes* à vous couvrir de
» leur mépris.

» Leur vertu, c'est *la propreté*, — et de n'avoir
» point goût aux ordures.

» Ah! trop *divines* elles se sentent bien, — en-

» seignant, souriantes, à l'enfant tout rose, — *le*
» *signe du Crucifié*, — *Cœlumque tueri!*

» Et n'allez pas dire que, dans nos malheurs, leur
» sexe a fourni les mégères de la rue et les mégères
» du club. A Coignet *la hurleuse*, comme à Jules
» Simon, *décrocheuse de Crucifix*, la sage-femme a
» mal regardé, et tenez-les, d'assurance, pour au
» moins *Androgynes*.

» Je vous le dis, en vérité, — seules les femmes
» sont demeurées *chrétiennes et viriles*, — en ces
» jours où je vois les jeunes gens porter des om-
» brelles!

» Ah! plût aux Dieux que, toutes ensemble,
» n'eussent qu'une tête, — pour la baiser avec
» adoration. »

*
* *

En cet instant, la délicieuse comtesse Dina, s'é-
lança sur le père Faure, comme fit sur Bombonnel
la panthère de l'Oued Corso. Dans ses mignonnes
mains elle saisit *la tête de bronze*, et lui *planta* au-
dacieusement un baiser, — juste sous la *bettcrave
jaune* qui lui sert de nez.

Ce fut alors un tableau adorable, et dont j'eusse
voulu qu'Hébert fût le témoin, — de voir ce visage
printannier courbé sur cette face anfractueuse de *café
brûlé*. Sur ma foi, l'attaque arrivant de haut en bas,
la tête du marchand de moutons un instant disparut
tout entière, — enfouie dans les boucles odorantes
de la féline chevelure.

J'étais tout à côté du vieux drôle, et je vis, sous le
baiser, — frissonner sa peau d'hippopotame. Il est
certain qu'ainsi *emportée*, la comtesse nous apparut

comme une furieuse *Desdemona*. Gavet qui souvent, je crois, perd la tête, est même demeuré convaincu que, ce soir-là, le marchand de moutons récolta *une bonne fortune* de premier ordre.

Cet élan féminin fut salué de hourras frénétiques. Seule, Mme Bergas, coquette en demi-solde, déclara le fait *scandaleux*.

Aussi bien que moi, lecteur, vous le voyez, — dans nos Alpes la disgression est *capiteuse*. Je la compare au vin charmant de Claix, dont jamais je ne puis entamer une bouteille *vieillie*, sans aller voir jusqu'au fond. Et c'est pourquoi, tous deux, nous avons tant de peine à retrouver notre coq de bruyère.

Un jeune adepte, ces jours derniers, me demandait où se rencontre ce tétras?

« Mon cher ami, lui ai-je répondu, dans nos mon-
» tagnes, — nulle part pour les imbéciles, — partout
» pour le chasseur intelligent. »
Si vous voulez, en effet, vous rendre compte de la position générale des coqs de bruyère en pays alpin, par rapport à l'altitude, retenez ceci :

Les nichées, dans les monts élevés, se produisent habituellement à la hauteur de deux mille mètres et au-dessus. Dans les montagnes dont le sommet est moindre, vous les rencontrerez toujours vers les points culminants. Au-dessus des nichées, vous ne trouverez plus que les mâles solitaires, ou bien les groupes de deux ou trois vieux tétras des deux sexes.

*
* *

Au-dessous des nichées, et jusque dans l'intérieur des forêts, se tiennent les tétras adultes, groupés en nombres divers, et se déplaçant pour le soin de leur nourriture, suivant les heures de la journée. Leur usage à peu près constant est d'aller prendre leurs gourmandises, au premier point du jour, dans les busseroles et les myrtilles élevés ; puis de redescendre *au couvert*, dès que se produit un bruit ou quelque cause d'inquiétude.

Au sommet des forêts claires, vous les rencontrerez également le soir, dans les myrtilles ; et, jusqu'au coucher du soleil, c'est le moment le plus favorable à leur recherche. La rosée alors ne vient rabattre rien des facultés nasales de votre chien, et toute trace rencontrée se trouve être chaude et pourvue du sentiment le plus vif.

*
* *

La fécondité de ce noble oiseau est considérable, aussi bien que celle de tous ses congénères. S'il vous plaît donc de considérer d'une part, que la femelle est une mère attentive, et, d'autre part, que les lieux favorables à sa nourriture sont innombrables dans nos montagnes, — vous atteindrez vite à cette conclusion véridique : que *les Alpes sont une manufacture de tétras.*

Seulement, vous laissez *consommer* les produits exquis de cette manufacture, — par le renard et autres brigands de poil et de plume, que je vous ai signalés.

Et maintenant que touchent à leur fin nos *propos* sur le coq de bruyère, — considéré comme gourmandise du fusil, — disons un mot de ce monarque des gallinacés — considéré comme délectation du palais.

Sur ce chapitre les hérésies se pressent accumulées.

Ainsi, vous qui me lisez, et précisément parce que vous me lisez, je vous tiens pour des intelligences de première force.

Soyez assurés, néanmoins, qu'à l'endroit du gibier en général, et particulièrement des *gallinacés*, — votre ignorance est révoltante.

Je vais dresser votre bilan, et procéder à votre facile inventaire.

Vous possédez, sur ce chapitre, deux ou trois vérités *éléphantes*, — celles trop colossales pour échapper à *quiconque*, et dont on finirait par acquérir la connaissance, même aux écoles laïques. Mais là se trouvent limitées vos *lumières*.

Vous savez, par exemple, que la caille veut être mangée au *bout du fusil*, — pour la pudeur et la volatilité de sa graisse, sujette à *tourner* instantanément.

Et vous ignorez que, du râle de genêt, la graisse est *pudibonde* bien davantage; qu'il est équitable de manger cet oiseau *supérieur* sans aucun sursis; et que même la méthode superlative, si vous la pouviez trouver, — serait de le savourer quelques instants avant de l'avoir tué.

Et vous n'avez jamais mangé que des râles *rancis*.

De même vous dites : Jeune, le coq de bruyère est délectable, vieux, il *vaut peu*.

Et pareillement encore vous prétendez — de tous les tétras et de tous les gallinacés.

*
* *

Mon Dieu ! si profondes je sais vos *ténèbres* — que je sens naître en moi comme un découragement devant la tâche ardue d'en percer les croûtes superposées. Mais les Alpins sont les hommes des travaux d'Hercule, du renoncement et du sacrifice. Ils exercent une prêtrise.

Je sens néanmoins devant moi votre esprit tellement gangrené d'erreurs, — que je ne sais vraiment par quel bout le prendre. N'importe, je vais essayer.

Trois mots français sont aux dictionnaires : *Succulence*, — *Esculence*, — *Componction*.

La succulence, vous la connaissez ; même vous la chérissez ; seulement vous ne savez pas la *faire sortir*.

L'esculence se prend ici pour le degré *précis* et *supérieur* auquel peuvent et doivent être amenés tous les corps *esculenti*.

Un tétras *très-jeune*, — presque au bout du fusil se trouve à son degré *précis* d'esculence.

Un tétras moins jeune, mais encore voisin de l'adolescence, et de ceux qu'on nomme *tétras de compagnie*, — s'y rencontre après quatre ou cinq jours.

Mais le vieux tétras...? Nous en parlerons tout à l'heure, lorsque j'aurai défriché et débroussaillé votre intelligence, lorsque je sentirai votre âme *préparée* pour cette *communion*.

Et maintenant, pour la bien dévisager, empoignons par les oreilles — *la componction*.

C'est là un substantif à double face, et dont vous n'avez vu jamais qu'un des côtés de la figure.

*
* *

Vous connaissez, je veux le croire, et vous pratiquez la componction — vertu chrétienne.

C'est cette componction qui fait éclore sur vos figures contrites, — ces signes d'un sincère repentir que j'ai la satisfaction d'y voir enfin.

La vanité de vos principes en maillechor, et la boursouflure de vos billevesées philosophiques, — c'est la componction qui vous les fait apparaître maintenant comme la cause unique des malheurs effroyables de la patrie.

C'est encore par la componction que vous frappez aujourd'hui le *meâ culpâ* sur votre propre poitrine, — au lieu de le *tambouriner*, selon votre commode usage, sur la poitrine des autres.

Mais il est une autre componction que celle-là, et par elle, de même que vous obtenez par l'autre le ramollissement et *la tendresse* des durillons de votre âme, — par elle votre intelligence marche à la conquête des *fibres endurcies*.

Analysons ensemble *un grand vieux tétras*. Deux éléments le composent.

D'abord — des fibres *viriles*, qui se sont avancées beaucoup dans *la consistance*, et qui font à l'oiseau une chair très-inférieure sans doute à la chair d'un jeune, — si, les ayant tués le même jour, vous les mangez *contemporairement*.

Ensuite, — une vaste carapace osseuse, étendue des épaules au *sacrum*, — bouclier et cuirasse des richesses abdominales et des trésors viscéraux.

L'attentive contemplation de ce chef-d'œuvre du Créateur pénétrerait votre âme de ravissement.

A la face interne, et le long de la ligne dorsale, — des deux côtés se prolongent les rangées parallèles de *cases* profondes, *boëtes célestiales*.

Pleines jusqu'au bord, comme fut toujours la coupe des Templiers, — elles apparaissent à vos regards, — comparables aux pots de confiture qu'une ménagère *satisfaite* aligne devant elle avec complaisance, avant de les déposer au placard.

*
* *

Dans ces *boëtes* se trouve contenu et solidifié en une pommade concrète, l'élixir des élixirs *génépins;* — hatchish du palais.

Et plus le tétras est *plein de jours*, plus vastes et plus profondes, et plus *bondées* de richesses se trouvent être les cassolettes ; plus puissants et plus condensés s'y accumulent les arômes.

D'où *il appert* — que si vous parveniez en même temps à *dompter* la rigidité des fibres de l'oiseau ; si, par un prodige, — aux muscles durcis et comme aplatis sur la membrure, — vous faisiez succéder, par substitution, — des chairs chargées de parfums, *pénétrées* et boursouflées, le vieux tétras, dès lors, — fait ainsi de chair tendre et des pommades divines de son abdomen, — ne pourrait plus être offert qu'aux trois déesses du berger Pâris.

Eh bien ! par les Alpins, et dès longtemps, — ce

procédé-prodige est mis en pratique, et vous les verrez toujours, avec un sourire sardonique, accepter
l'échange d'un vieux coq que vous aurez tué, contre
un jeune tétras sorti de leur gibecière.

Ecoutez :

Gavet, un jour, sur les rivages de la mer de Kara,
— dégusta une tranche de l'éléphant chevelu, *Elephas
primigenius*, dont la chair était enfouie et incrustée
dans les glaces, depuis une date qui manque de précision, mais qu'on ne saurait évaluer à moins de dix
mille ans. « Jamais, dit-il, je n'ai rien mangé qui
fût à *point* davantage. »

Rassurez-vous, et je ne pousserai pas l'exigence
jusqu'à vous faire attendre aussi longtemps un vieux
coq de bruyère.

Seulement, écoutez encore :

Chabert, que vous avez connu, si vous êtes un
homme *des pics et des rochers*, — avait reçu de Dieu
la mission de tuer des chamois, et cette voix d'*en haut*
l'avait si bellement fanatisé, que, des autres choses
de la terre, Chabert n'eût jamais aucun souci.

Pour *tromper le monde*, il portait un vêtement de
douanier, et même il poussait la ruse jusqu'à s'être
fait inscrire au cadre d'une brigade.

Or, sur mon brave ami Chabert, — pour son ignorance de savoir lire les arrêtés, lois et ordonnances
du pays-plat, — pleuvaient comme grêle les procès-
verbaux et les amendes, les arrêts de confiscation et
d'emprisonnement, les avertissements ou les menaces de destitution.

Mais *oncques* (par qui de droit), il ne fut omis de

faire à Chabert remise de ses amendes et condamnations. *Oncques* Chabert ne fut emprisonné, ni confis-
qué, ni décapité de son képi *galonné-jonquille.*

Cet homme avait un philtre souverain.

*
★ ★

Les Présidents et autres seigneurs justiciers, —
pour lui n'avaient point *d'angles*, et ne le pouvaient
contempler sans attendrissement. Les princes de la
douane ou des eaux et forêts — jamais n'ont eu la
dureté de mettre Chabert à la porte, ni de leur domicile, ni de leur administration.

Dans les cas extrêmes, le préfet et Mgr l'évêque
intervenaient avec onction. L'évêque et les chanoines
aussi.

Cet homme avait un philtre, vous dis-je. Il avait
compris *son chamois*, et pénétré les miracles de la
componction.

Dès qu'il avait *roulé* une antilope de choix : « c'est
» bien, disait-il, j'en vais manger, avec les amis,
» les entrailles fumantes (ce que Chabert nommait
» *la fricassée*).

» *Dans six mois* je porterai un cuisseau à M. *le*
» *Premier;* l'autre sera pour Monseigneur, et les
» épaules pour M. le Préfet et pour la douane. Les
» chanoines dégusteront le rable et le filet. »

Et Chabert, incontinent, inhumait la bête *vidée*
dans le sein d'un glacier septentrional, — édifiant,
par-dessus, un mausolée de roches lourdes, contre
les bêtes puantes.

Voilà comment, à Grenoble, dans le monde
sommital dont je vous parle, une légende reste vi-

vante et racontée, la légende *des chamois du père Chabert.*

*
* *

A cet enivrement du palais par le chamois *compondu*, — je ne sais pas de résistance. Cette délectation constitue un *avant-goût* indéniable des jouissances d'outre-tombe. Seulement, sur la terre, — et par le naturel *dérangement* qui découle de toute chose qui ne se trouve point à sa place, cet *avant-goût* est sujet à fausser un peu les balances de la justice.

La première fois, confrère qui me lisez, qu'une de ces nobles bêtes tombera sous votre balle, — enfouissez-la *selon la formule.* Mais ne faites pas connaître l'*endroit* à Gavet.

*
* *

Vous voyez qu'au chamois six mois suffisent, et qu'il demande moins de temps que l'*Elephas.* Le vieux coq de bruyère veut être encore moins attendu. Seulement, il ne saurait être mangé comme vous faites.

Avec la négligence que je vous sais, vous le livrez à votre cuisinière, laquelle s'en va le *crocher* au clou le premier venu du garde-manger.

Elle vous le sert ensuite, bien davantage durci dans sa chair qu'au jour où vous l'avez *peloté*, et (forfait plus exécrable !) — ayant laissé se dessécher et s'amoindrir les *confitures* inéluctables de son abdomen et de sa carapace.

Ouvrez donc les yeux sur vos fautes !

Au courant d'air vous suspendez votre lessive.

Pour la *sécher*, je pense? Et pareillement *au courant d'air* vous suspendez et vous *séchez* votre gibier!

Des Alpins voici la méthode, et sachez-la bien retenir :

Par les pattes, et dans la main gauche, suspendez le vieux coq, la tête en bas.

De la main droite écartez et relevez les plumes de son corps, — *à rebrousse poil.*

Prenant ensuite la burette emplie de l'huile *verte* de Saint-Chamas, versez sur le croupion, goutte à goutte, — laissant ainsi découler *lentement* sur la chair, à travers les plumes retroussées, — la liqueur onctueuse.

La bête se trouvant ainsi, en sa peau, bien saturée d'huile parfumée, à la manière des lutteurs antiques, — ramenez les plumes dans leur sens naturel, et, sur *l'onction*, de la main vous les rabattrez.

Ensuite, d'un linge fin, vous enveloppez *le trésor*, — religieusement.

Alors, au sein d'une cavagne, tombeau salutaire, — vous l'ensevelissez dans la sciure de bois, légèrement pressée par vos mains, arrosée *modérément* d'une eau pure.

Si la glace vous fait défaut, et si vous manque aussi un lieu *d'élection*, dont la température soit voisine de *zéro-degré*, — déposez *le cercueil* dans le lieu le plus frais que vous puissiez imaginer, — au fond du puits, ou dans la citerne, — ou bien encore, et faute de mieux, dans le coin *Nord* de votre cave.

Et maintenant réfléchissez!

Votre animal, au lieu de se dessécher *suspendu au courant d'air,* — selon la méthode abrutie de votre cuisinière, qui le décroche *momifié* pour l'empaler à sa broche, votre animal va, lentement et avec sagesse, *se gonfler* à la façon d'un pruneau dans le pot, ou bien encore à l'exemple du ballon de Godard.

Privé d'air et soumis à l'évaporation *humide et lente,* — il va se boursoufler *en ses chairs,* comme *en ses confitures.*

Et *ses confitures* vont infuser leurs arômes dans ses chairs — rendues pénétrables par la bouffissure.

Etique vous l'avez enseveli, vous le résurrectionnez *obèse.*

Invitez maintenant avec assurance, — et préférablement, — les plus dignes et les seuls *délicats,* — les Réactionnaires et les Cléricaux.

LA JALABRE

Attagas blanc et Lagopède de Buffon, Tétras Ptarmigan de Temminck, Tetrao Lagopus de Linné, Tétras des neiges des auteurs allemands, Jalabre en Dauphiné.

La Jalabre, par sa conformation générale, aussi bien que par tous ses détails anatomiques, est franchement un tétras. Parmi les noms divers qui lui ont été attribués, nul n'est plus conforme à ses mœurs que celui de *Tétras des neiges*.

Ce tétras, dont la taille est celle de la perdrix rouge ordinaire, *perdix rubra*, a le plumage fauve et cendré, avec zigzags nombreux de noir profond, et des bandes noires aux joues, chez les mâles seulement.

Le ventre, l'abdomen, les couvertures des ailes, ainsi que les couvertures inférieures de la queue, sont d'un blanc pur.

La livrée d'hiver, dans les deux sexes, est d'un blanc parfait ; le mâle conserve seulement les deux bandes noires de sa tête. Les jeunes ont des raies très-fines, cendrées noires et roussâtres.

Cette espèce, hyperboréenne par excellence, se trouve être répandue sur la plus grande partie du globe, l'altitude, pour elle, équivalant à la latitude.

*
* *

C'est ainsi qu'on la rencontre en Ecosse, en Suède et en Norwége, en Laponie et dans tout le nord de la Russie. De même, en altitude, elle vit dans toutes les Alpes d'Europe et dans les Pyrénées, dans toutes les chaînes de l'Amérique septentrionale, aussi bien que dans les Alpes thibétaines.

En Islande, au Groënland, au Kamschatka et jusque sous les glaces du pôle arctique, cet oiseau est remplacé par une espèce tellement voisine, que, si bien elle mérite d'en être séparée au point de vue strict de la science ornithologique, on peut sans inconvénient et naturellement les confondre au point de vue cynégétique et culinaire.

Cette deuxième espèce est le tétras des saules, *tetrao saliceli* de Temminck.

*
* *

Nulle chasse n'est plus mal connue, ou pour mieux dire, n'est plus complétement méconnue des chasseurs dauphinois que la chasse à cet oiseau, toujours fructueuse et pleine du plus vif attrait. Ses compagnies, à bonne hauteur, fourmillent dans nos Alpes.

Mais voici, communément, comment les choses se passent :

Vous êtes chasseur, vous avez entendu parler du

tétras des neiges, et naturellement vous brûlez de l'inscrire en la nomenclature des victimes de votre fusil.

Le but est louable et je l'approuve. Mais comment vous y prenez-vous? Je vais vous le dire :

Dans votre ignorance de la Genèse des Alpes, vous couchez au cabaret du village, et dans un lit…, comble de la témérité. Vous avez déjà dans les jambes votre marche de la journée, et, plein d'une séraphique innocence, vous pensez vous asseoir au banquet du repos.

Cruelle erreur! et bientôt *fatal délire!* Vous avez compté sans la puce noire des montagnes, *pulex terrestris ferox* de Fabricius.

La puce rouge du pays plat, *pulex irritans*, pour vous a toujours été bonne fille. Friande (et je ne saurais l'en blâmer) des croupes opulentes et des seins d'albâtre, elle a dédaigné vos muscles cuivrés de chasseur. Mais ici, pour les légions affamées de la puce noire, vous êtes une apparition, celle d'un agneau de lait sur le radeau de la Méduse.

Tellement qu'au matin, à l'heure où votre guide vient vous convier à la *fête de l'Ascension*, déjà vous n'êtes plus un chasseur, *venator improbus,* mais un objet qui marche encore, ou qui se traîne, et lorsque vous touchez à l'Eden des Jalabres, vous n'éprouvez plus qu'un désir : celui de recevoir au plus vite le sacrement de l'Extrême-Onction.

Voilà comment et voilà pourquoi vous avez fait le serment de ne plus *retourner aux jalabres*.

Autrement sait s'y prendre un adepte de la corporation des Alpins.

*
* *

Supposez qu'au lieu de votre Odyssée lamentable, vous ayiez couché sur la place, et dans l'Eden lui-même, bien au *chaud,* bien au *sec* et bien au *propre.* Vous n'avez fait qu'un somme, et le plus alerte de vos compagnons, à trois reprises vous secoue, pour vous arracher au repos. Le café de Ceylan, avec art préparé par Philippe, embaume l'appartement, et léger, frais et dispos, vous vous hâtez de tendre pour la deuxième fois votre tasse. Un *beuglement* se fait entendre, et vous vous écriez : Qu'est ceci? Des taureaux en ce lieu! Gavet s'étrangle d'un éclat de rire, et Mathonet, plus poli, vous explique que c'est là le réveil des jalabres.

Donc, admirablement reposé et réconforté, vous allez chasser au chien d'arrêt et durant tout le jour, sur des pelouses rases, entremêlées de pierres, aux abords des *clapiers,* — un tétras solide devant le chien, de bonne remise, et dont les compagnies, de six à vingt individus, se succéderont devant vous jusqu'au soir.

La chose, vous le voyez, est bien différente, et naturellement, elle me ramène à mes conclusions antérieures : Edifiez au sein des Alpes des stations de chasse, et, du chalet confortable dont vous aurez fait votre maison, vous aurez sous la main, loin des récoltes de l'homme qui *geignent* toujours, les chasses les plus variées, les plus belles, les plus vraies, et les plus enviables qui soient au monde.

Mais en attendant, direz-vous, comment faire et comment font les Alpins? Je vais vous le dire encore :

*
* *

Sur les monts alpestres, depuis huit cents mètres jusqu'à deux mille huit cents mètres de hauteur, on rencontre des habitations temporaires diverses, *chalets, aberts et gourbis supérieurs.*

Ces demeures sont habitées par les bûcherons, les charbonniers, les pâtres et les fabricants de beurre ou de fromages. Elles sont connues et accidentellement fréquentées par les herboristes, les naturalistes et les chasseurs.

Les aberts et les chalets, vous les avez vus souvent ; mais peut-être les gourbis supérieurs ne vous sont-ils pas familiers. Je vais vous expliquer leur raison d'être :

A mesure, sur le globe, que vous avancez vers le septentrion, vous trouvez l'homme épaississant les murs de sa maison, murs de bois, de terre ou de pierre. Mais l'épaississement a ses limites, et, du reste, une latitude se présente où ce procédé ne suffit plus. L'homme alors prend un parti sage, bien qu'il soit *radical.*

Il creuse au sein de la terre son habitation, à l'exemple de la marmotte sagace ou de la taupe plus subtile encore. Les animaux sont créés pour instruire l'homme, et ces deux rongeurs lui enseignent quelle chaleur douce et sans intermittence se rencontre au sein de la mère commune.

C'est ainsi que, dans toute la Russie septentrionale et dans le Kamschatka, les habitations sont *tel-*

luriennes et se nomment *Yourte*, et c'est ainsi pareillement que, dans toute la région scandinave, des demeures semblables prennent le nom de *Ganggraben*.

*
* *

Eh bien ! dans les Alpes, lorsqu'est dépassée la hauteur de deux mille mètres, en vertu de la loi qui impose à l'altitude les mêmes conditions climatériques et les mêmes besoins qu'à la longitude correspondante, les chalets ne suffisent plus, soit à cause de l'extrême abaissement de la température durant la nuit, soit en raison des tourmentes qui ne laisseraient debout nulle habitation en saillie sur le sol.

C'est pourquoi les pâtres *supérieurs*, c'est-à-dire les pâtres qui utilisent le gazonnement jusqu'à trois mille mètres et plus, creusent un Ganggraben au flanc de la montagne.

Dans un terrain compact, et dans la pente, ils façonnent un parallélogramme cubique, ouvert seulement par le haut. Au pourtour de la chambre unique, sont taillés massivement, dans le *Paros* argileux, les meubles nécessaires ; le lit de camp copié des Mongols, le potager de Bohême, et les placards pré-historiques sans devanture.

Au coin, la cheminée ingénieuse, mariant à l'argile les dalles granitiques.

Le toit, d'une seule pente, est une œuvre d'art. Six bûches de sapin, péniblement remontées des régions inférieures, s'étendent parallèlement dans le sens vertical. Un épais matelas les relie, tissé grossièrement en apparence, mais avec une science profonde.

Un grand *lichen* des Alpes, *patellaria macrocarpa*, fournit la matière textile, rivale de l'amiante au contact du feu. La chaîne qui l'enchevêtre est empruntée aux cordes robustes de la Busserole.

Sur le toit ainsi manufacturé, un *mach-intoch* imperméable vient s'étendre, fourni par le crottin pulvérisé du mouton, pétri dans une argile fine et choisie.

Matériellement le Ganggraben est achevé. Une fissure latérale de trente centimètres de large est la seule ouverture, la porte et les fenêtres tout à la fois. Les obèses n'entrent pas.

C'est le moment d'entreprendre les peintures. Au centre de l'édifice sont accumulées les herbes, les tiges et les racines. Un feu *sans flamme* dévore lentement cet amas, renouvelé sans cesse durant trois jours et trois nuits, et le Ganggraben sort de ce baptême de fumée profonde, durci et mordoré, offrant à l'œil ébloui des artistes, le prisme des couleurs familières à l'Espagnolet.

★
★ ★

Vous vous imaginez sans peine que cette fumigation puissante, renouvelée chaque dimanche, durant trente minutes, rend cette demeure inaccessible à la puce noire aussi bien qu'à ses acolytes.

Le Ganggraben réalise donc l'idéal de l'habitation

humaine, *chaud, sec et propre*, suivant la formule des Alpins. Aucun appartement en ville n'est confortable à ce degré.

Ne descendons point des parages où règne le Ganggraben sans cueillir une remarque utile.

*
* *

Dans la pâture *ultrà-supérieure* réside tout entier le fléau du dégazonnement, — lequel engendre le fléau du déboisement, — lequel engendre à son tour les désastres d'inondation.

A cette hauteur, les plantes affleurent le sol et vivent dans le nid d'humus qu'elles se sont économisé dans le creux de la pierre. Là le mouton ne peut plus tondre, et fatalement il arrache, laissant la pierre nue. *Indè mali labes.*

L'exercice du pâturage facilement peut rester utile, tout en cessant d'être nuisible et de plus en plus menaçant. Zonez-le et parquez-le dans les pâtures plantureuses, où la dent *tond* sans pouvoir *arracher*, et défendez qu'il monte au delà de deux mille mètres.

Par là vous laisserez respirer enfin la prévoyante nature. Bien vite elle aura refait aux montagnes une perruque sommitale, et, des cheveux de cette perruque, l'eau de pluie et l'eau de neige, dosées profitablement, découleront goutte à goutte sur les pâturages inférieurs dont la richesse sera doublée tout au moins.

Réglementez donc la pâture et tracez-lui *sa bande*.

*
* *

A l'endroit des jalabres, voilà donc la chose bien expliquée. Vous entrerez en pleine jouissance des délices de cette chasse, le jour où vous aurez accompli l'entreprise facile dont je suis le Pierre l'Ermite, — la création de stations de chasse dans la montagne. Ou bien encore vous en jouirez à titre provisoire, à la condition de vous approprier les procédés sagaces des Alpins.

Seulement, il demeure bien entendu que, si vous voulez, durant la journée, *bonder* votre carnassière de deux douzaines de ptarmigans, vous renoncez à la prétention d'avoir pris, le matin, votre café sur la place Grenette, et d'être, le soir, de retour à la brasserie.

Les Alpins ne se sont nullement contentés des Ganggrabens des pâtres. L'emplacement de ces demeures, naturellement, est choisi au point de vue de l'exercice du pâturage, et les *Disciples*, dans leur science profonde du confort, ont manufacturé des Ganggrabens dans tous les centres les plus populeux du tétras des neiges.

Gavet, à lui seul et de sa main, en a fait trois qui sont des œuvres d'art. L'un au Creux des Méandes, val de Névache; un autre à Notre-Dame-des-Neiges; et le troisième à Taillefer, tout à côté du Lac, éternellement fermé de glace, qui avoisine les *Rocs de Cuivre*. Depuis trente ans ce domicile fait les délices des Alpins qui couchent ainsi confortablement au milieu des jalabres.

*
* *

Sur le ptarmigan, de même que sur tout gibier des Alpes, les écrivains ont bien semé quelques fables aussi. La première qui se rencontre sous ma main se rapporte à son extrême familiarité.

Des chasseurs et même des naturalistes, *ornés d'une badine*, ont fait marcher devant eux toute une compagnie docile; puis l'ayant, par ce procédé, *massée* à souhait, l'ont couverte intégralement d'un filet léger, ou peut-être d'un large chapeau.

Quant à *cueillir* ce tétras individuellement entre l'index et le pouce, c'est là une *distraction* tellement commune, que ces messieurs n'y insistent pas.

Pour moi, je ne saurais vous convier à de telles bucoliques, et j'estime déjà fort honnête et très-présentable de vous apprendre que cet oiseau, bien que se recherchant toujours sur *le nu*, se laisse aborder par compagnie, si nombreuse soit-elle, tient l'arrêt assez fermement *à la première affaire*, et beaucoup mieux encore à la remise.

*
* *

J'ai dit que la voix des jalabres était comparable à celle du taureau. Cet oiseau, en effet, possède plusieurs voix.

Lorsqu'il prend son vol par compagnie, quelques individus, dans le nombre, poussent un cri doux et plaintif. Cette habitude est constante chez les jeunes; elle est fréquente chez les adultes.

Mais dans les nuits claires et principalement aux heures de crépuscule, le lagopède fait entendre une voix vraiment formidable. C'est un *gloussement* rauque et prolongé, une espèce de *beuglement* qui, dans certaines conditions d'acoustique, peut véritablement être confondu avec la voix du taureau.

Même au milieu du jour, j'ai été fréquemment témoin de ce cri, et ce tétras, qui jamais ne le pousse
qu'à terre, le fait alors entendre, m'a-t-il semblé,
comme un signal d'alarme.

A deux mille mètres de hauteur, vous commencez
à rencontrer le lagopède, mais son *habitat* de prédilection est compris entre l'altitude de deux mille
trois cents et celle de trois mille mètres. Recherchez-
le surtout sur les croupes des versants exposés au
nord. En été, c'est l'exposition qu'il recherche avec
une affection prononcée.

*
* *

Nous avons dit, et vous ne m'avez point démenti,
qu'un jour vous étiez redescendu d'un assaut peu
réussi aux lagopèdes, — *mal en point, demi-mort,
et jurant, mais un peu tard.* Eh bien, je viens vous
offrir une revanche, pleine de délicatesse.

Je ne vous dissimule pas que le *déduict* de chasse
dont je vais vous entretenir, plus d'une fois a fait
sourire les *Fiers-à-Bras* de l'incrédulité. Mais les apôtres des vérités alpestres ne se sentent point découragés pour si peu. Ecoutez donc, et retenez ceci :

Le lagopède n'est point farouche, bien encore
qu'on ait prodigieusement exagéré à cet endroit, car
vous le verrez se défendre tout comme un autre devant le chasseur et devant le chien. Il n'est point
farouche, mais le caractère qui domine en lui et qui
n'a point été dit, c'est l'excessive curiosité.

Sur cette remarque, les Alpins, fidèles à leur manière de procéder toujours par déduction, ont édifié
tout un système. Je vais vous prendre par la main.

Sur votre champ d'exploration, vous faites, en sens divers, cinquante pas, ou bien une centaine, — tranquillement et regardant le paysage, comme ferait un touriste ou bien un poëte. Après ce *labeur*, asseyez-vous paisiblement sur le coussin d'une herbe fine.

C'est là, je pense, une manœuvre appropriée à vos facultés, mais en même temps c'est un acte plein de science et chargé d'astuce. Je vais vous en déduire les bénéfices.

*
* *

Pendant le temps où vous marchiez, votre silhouette de chasseur, longue et maigre, a fait sensation sur la montagne nue. Les compagnies de lapogèdes vous ont aperçu, la broussaille ne les gênant nullement pour cela.

Or, voilà que maintenant l'oiseau ne vous voit plus.

Vous êtes assis immobile, et jamais peut-être vous n'avez ressemblé mieux à *une borne*. Donc il est surpris; surpris de vous avoir vu, et surpris de ne plus vous apercevoir. De suite il témoigne son étonnement, et sa manière de l'exprimer, c'est précisément le beuglement dont nous parlions tout à l'heure. Ecoutez-le glousser sur un, sur deux, même sur trois points à la fois.

Gardez-vous bien de remuer encore, et retenez religieusement votre chien entre vos jambes. C'est, au contraire, le moment de bourrer une pipe, calumet de réjouissance.

*
* *

Les lagopèdes s'agitent ; ils gloussent encore, et se mettent en marche pour gagner un terrain favorable, d'où ils puissent apercevoir l'objet de leur crainte et de leur curiosité. Invariablement alors quelques-uns grimpent et se perchent au sommet des pierres. Leur beuglement a dirigé votre regard, leur marche et leur agitation les décèlent, — vous suivez de l'œil les évolutions de la compagnie.

Je vous suppose assez sagace pour n'avoir pas à vous apprendre que, moins que jamais, c'est le moment de vous agiter vous-même. Attendez que s'éteigne cette menue tempête de surprise et de curiosité. Bientôt les tétras vont obéir à la prudence, dont ils ne sont pas dépourvus plus que leurs congénères, et vous les verrez *se relaisser* dans *le couvert*. Ici, le couvert, ce sont les pierres, celles qui bordent les clapiers.

Maintenant, vous ne voyez plus la compagnie, mais vous connaissez sa position exacte. J'abandonne le reste à votre intelligence. A vous, maintenant, de scruter les lieux de votre regard et d'attaquer *à l'opposé* des remises les plus propices.

*
* *

La méthode est simple, n'est-ce pas? simple et naturelle, et logique à la fois. Admirez qu'ainsi vous explorez un vaste terrain, à peu près sans bouger de place. La chasse aux jalabres vous semble-t-elle toujours un des travaux d'Hercule, et n'avais-je pas droit à vous dire que nulle n'est plus engageante ?

Philippe, par analogie, a judicieusement nommé cette manœuvre le *badinage*. Elle n'est point sans un peu ressembler, en effet, à la chasse *attractive*, pratiquée au bord des étangs, et, comme elle, elle est fondée sur un instinct singulier de l'oiseau de chasse.

Je vous ai parlé, naguères, de rassemblements considérables, dont certains cas ont été observés chez le coq de bruyère. Chez le lagopède, le cas d'agglomération est constant, et, dès la fin de septembre, il n'est point rare de rencontrer ces oiseaux par bandes de cinquante à deux cents individus. Ces rencontres sont l'occasion, quelquefois, de chasses bien réjouissantes.

Un jour, Gavet me convia à une villégiature dans son Ganggraben du *lac de la Courbe*, sous les dernières assises du Taillefer. Nous partîmes ensemble de Grenoble.

Gavet, qui sait tout lire à travers la peau du front, — dans la cervelle des humains, — demeure convaincu que, lorsqu'il traverse Grenoble avec son fusil sur l'épaule, et dans ses habits d'Alpin, coupés avec une si noble simplicité, — les banquiers le considèrent avec une commisération profonde.

« En voilà un, dit le *front des banquiers*, — qui
» peut se flatter d'être *improductif !*
» — Eh ! sans doute, je suis improductif, répond le
» *sourire* sardonique de Gavet, et la chasse ne rapporte rien. Mais si la chasse *rapportait*, et si ses

» diplômes étaient cotés à la Bourse, — voyez d'ici
» quel tas de sots se feraient chasseurs, — et les *au-*
» *tres,* dès lors, seraient bien contraints de se retirer
» de *cette affaire.*

 » — Mais enfin, expliquez-moi, dit le *front des ban-*
» *quiers,* à quoi diable la chasse est bonne?

 » — Elle est bonne, répond le *sourire,* précisément
» parce qu'elle n'est bonne à rien. Et ne comprenez-
» vous pas qu'il est moral et nécessaire, équitable et
» salutaire à la fois — que, sur la terre, encombrée
» de tant de choses *profitables,* une chose *soit* qui,
» *selon vos mesures,* — ne soit bonne à rien? »

*
* *

Cette conversation est fort intéressante à suivre,
sur le ciment de la place Grenette, — entre le *front
des banquiers* et le *sourire de Gavet.*

D'ordinaire, entre les interlocuteurs, cette *parole
cachée* n'est pas précisément dénuée de courtoisie ;
mais, d'autres fois, on comprend que les choses tendent à s'envenimer. C'est qu'il faut bien convenir
aussi que, — Gavet et un banquier, — cela fait *deux*
absolument.

D'autre part, il est certain que la dignité de chasseur n'est point aujourd'hui classée en son rang. N'en-
tends-je pas les plus indulgents me dire : « L'intelligence du chasseur est oisive, et rien n'exerce sa pensée. Son cerveau est une calebasse vide. »

Combien vite vous y allez, et quelle ignorance est
la vôtre, — doublée de la plus noire ingratitude !

Toute votre littérature épileptique d'aujourd'hui
vous a-t-elle jamais *servi* des jouissances que vous

puissiez comparer aux joies ineffables dont vous inonde Robinson?

Et Robinson est-il autre chose que le chasseur universel? chasseur de *fauves* et d'oiseaux, chasseur de fruits et de poissons, chasseur de ressources, — chasseur de tout. Chasseur et débrouillart.

N'est-ce pas la chasse encore qui produisit Hercule, — lequel purgea la terre de toutes ses *communes,* — et la chasse aussi qui nous donna Grivel, cette fontaine d'allégresse?

Et voyez l'*homme!*

*
* *

Avant qu'il eût *sali* la dignité de son âme dans les immondices de la politique et des philosophies modernes, — avant qu'il eût vilipendé la dignité de son corps par la coupe odieuse d'un pantalon, — l'homme, le premier homme, — fut un chasseur, — non point un avoué.

Le chasseur, dites-vous, manque de sagesse.

Mais Salomon, sage entre les sages, fut chasseur et parfait Alpin, *connaissant le nom de toutes les plantes, depuis le cèdre jusqu'à l'hysope.*

Et la chasse, croyez-le bien, n'est point tellement improductive.

Nabopolassar, roi d'Assyrie, ne monta sur le trône que pour avoir été reconnu grand chasseur.

Et, des habiles, le chasseur fut toujours *victime.*

Esaü, *vir pilosus,* fut un parfait chasseur. Et Jacob — lui vola de sa venaison pour surprendre la bénédiction d'Isaac.

*
* *

Soyez donc plus clément à *cette tocade*, — à qui l'humanité, dit judicieusement Toussenel, doit son premier paletot et son premier bifteck.

Et souvenez-vous que c'est à la chasse — que vous devez *l'amitié du chien;* — du chien qui, seul dans sa maison, — reconnut Ulysse.

Vous me direz que ce dur exercice est le père des privations, des ampoules, des coryzas et des rhumatismes. Je suis équitable et ne veux point le contester. Mais,

> *Ubi plura nitent in carmine, non ego paucis*
> *Offendar maculis,*

Et je tiens le chasseur pour un *bienheureux* et pour un vrai *juste*.

On peut se repentir quelquefois, vous en conviendrez, d'avoir été boursier, ou bien entrepreneur de diligences; on se repent toujours d'avoir été républicain. Trouvez-m'en *un* — qui se repente d'être chasseur.

*
* *

Voici comment Maurice est devenu *Venator*, et, de plus, — car Maurice est un *veinard* à qui le coup double, à chaque instant, vient dans la main, — voici comment il est devenu Chasseur, Monarchiste et Réactionnaire.

Ayant vingt années, et se trouvant à Paris, — il s'en fut voir — *la pièce qui fait fureur*. Au Parisien, remarquez bien, il faut *une pièce* toujours. C'est là son *Dada* et son *Circenses*.

Donc Maurice, ayant vingt années, — se rencontrait être républicain. La tocade républicaine, vous le savez, est *une gourme*, — *une Variole* de l'adolescence. Seulement ceux qui sont *de race* — s'en sortent vite et purgés à fond, — et bien guéris d'*y retourner*.

Dans quelques natures *contrefaites*, les boutons *marquent*, et laissent l'âme criblée comme une écumoire. Les gourmes s'infiltrent dans le sang et dans les humeurs ; — et c'est pourquoi l'Humanité nous montre cette *estropiure* — des Rabagas et des Venimeux.

*
* *

Il est bon de vous dire que, sur toutes choses, Maurice a des opinions qui *ne se dérangent pas*.

Il est de l'école de cet orateur de l'antiquité, lequel, un jour, se voyant applaudi par la foule, — demanda à l'un de ses amis si, par hasard, il lui était échappé quelque sottise.

« Vous convenez, dit-il, que le peuple, pris *un à un*, » *ut singuli*, — se montre obtus et ignorant à plaisir.

» Et vous voulez que, *réuni*, — alors qu'il compose » ce que vous nommez *le public*, — il ait toutes les » vertus de l'entendement ?

» Essayez donc de faire *râcler* ensemble trois cents » violons fêlés, et venez me rendre compte, après, » *du festin de vos oreilles !* »

C'est Maurice également qui fut un jour, autrefois, *flanqué*, pour une semaine, dans les *noirs cachots* du lycée de Grenoble, — uniquement par la faute d'Harmodius et d'Aristogiton.

Vous n'êtes pas tous morts peut-être (encore que je n'en sois pas très-sûr), — vous qui avez, avec moi, accompli *votre rhétorique* dans ce cher lycée, sous l'excellent et homérique et pindarique père Reynaud.

Ou bien, si tous vous êtes morts, — vous n'avez point fait la chose, et je vous en félicite, — sans remplir le devoir d'emporter dans la tombe le souvenir *du plus lyrique des professeurs.*

Chaque année, quand le père Reynaud jugeait sa présente *fournée* d'élèves, — celle composant l'*exercice de l'année courante,* — suffisamment *entraînée,* — et pénétrée à souhait des *fureurs de la muse,* — qu'il savait si bien leur communiquer, — il soumettait alors la *classe* à son éprouvette *nec plus ultra,* — une ode à la gloire d'Harmodius et d'Aristogiton.

A ceux qui ne rencontraient pas, pour *cette louange,* des hyperboles inusitées, — le père Reynaud ne conservait plus désormais aucune considération.

Mais, en revanche, — ceux qui parvenaient à imaginer des tropes insensés, — pour les arborer, en plumet, sur l'oreille d'Harmodius et d'Aristogiton, — oh! ceux-là finissaient en paix leur année scolaire, dans l'oasis du *far-niente,* à l'abri du *pensum.* Ils passaient à l'état d'idoles, et c'étaient là des élèves *Boudha.*

*
* *

Or, notre tour étant venu, nous fûmes mis en cellule, avec mission de manufacturer cette œuvre d'art. De la cellule de Maurice sortit un morceau qui débutait ainsi que suit :

« *Etiamsi omnes, ego non !*

17

» Et je vous attendais ici, ô Harmodius et Aristo-
» giton !

» Assez longtemps, — fieffés assassins que vous
» êtes, gibier de Toulon, de Rochefort et de Cayenne,
» — assez longtemps vous avez encombré l'Histoire
» de votre gloire nauséabonde !

» Que des professeurs idiots, relaps de Saint-Ro-
» bert, imposent votre louange à des *moutards* cré-
» tinisés ! »

« Moi ! »

« Toi ! » hurla le père Reynaud *apoplectique*.

Et Maurice vola, — *presque en éclats*, — de son
banc au milieu de la cour, — par la fenêtre.

C'est qu'en même temps qu'il était doué des *fureurs d'Apollon*, le père Reynaud avait hérité du
torse d'Hercule.

*
* *

Vous connaissez maintenant *l'humeur* de Maurice.
Il a des manières de voir qui lui sont *propres et particulières*, et que vous ne rencontrerez jamais dans
l'épicerie.

Or, c'était sous Charles X, roi chasseur, et la
pièce qu'alla voir Maurice avait pour *diadème* un
couplet dont voici la finale :

> C'est par le gibier qu'on commence,
> C'est par le *Peuple* qu'on finit.

C'était bête à se faire offrir de la luzerne ; mais c'é-
tait avocat, venimeux et julesimon. C'était un four-
rage très-approprié aux mandibules d'un bourgeois
de Paris.

Aussi la salle croulait-elle, chaque soir, sous le

tonnerre des bravos, et la *finale*, archi-bissée, encombrait Paris, — *crachée* sur tous les asphaltes par la bouche des *titis* gracieux.

« Tiens! dit Maurice, la Chasse et la Monarchie,
» — voilà deux choses que les avocats injurient et que
» le *pecus* crétin vient conspuer chaque soir! Evi-
» demment ces choses doivent avoir du bon et je les
» veux *apprendre.* »

Et Maurice en essaya ; — et *il connut que cela était bon.*

Voilà pourquoi vous voyez Maurice être aujourd'hui devenu parfait chasseur et réactionnaire si éminent ; je le crois même un peu clérical.

*
* *

De tous les reproches qu'on adresse aux chasseurs, aucun ne va si profondément au cœur de Maurice que celui d'avoir la cervelle oisive.

« Comment, dit-il! mais pas un acte humain,
» parmi ceux réputés *grands*, — ne se trouve *bondé*
» de déductions morales et philosophiques, — à
» l'égal des moindres actes du chasseur!

» Un lièvre me déboulant des pieds, je le tue. In-
» variablement, en courant le ramasser, je l'appelle
» *pauvre bête!* quelquefois même *noble bête!* Je suis
» heureux et généreux.

» Au contraire, si je le manque, je ne manque du
» moins jamais de lui dire *sac... canaille!* Je suis
» vexé et mécontent de moi-même. Donc, je l'é-
» crase de mon indignation.

» Eh bien! la nature humaine, ou, si vous voulez,
» le cœur de l'homme, lequel, à bien des égards,

» est notoirement dépourvu de charmes, — le cœur
» de l'homme est là tout entier, et sur ce seul cha-
» pitre, du lièvre *boulé* et du lièvre *manqué*, — on
» ferait tout un volume de philosophie, que je me
» propose d'écrire, — lorsque j'aurai pris la résolu-
» tion d'ennuyer considérablement le lecteur. »

Et encore, — la chasse au renard, ou mieux et
suivant le dictionnaire de Maurice, — la lutte de
l'homme contre le *pire des gredins*, lui paraît le
point culminant de l'intelligence humaine.

*
* *

Maurice se moque beaucoup des chasseurs tièdes
qui méconnaissent les voluptés de ce *courre* plein
d'enivrement, — sous le prétexte que le renard est
un animal qui se terre.

« Il se terre, dites-vous ? Allons donc ! il se terre
» devant les imbéciles, jamais en face du chasseur
» intelligent. Une fois, oui, mais jamais deux fois.
» Ignorez-vous la recette ? la voici :

» Vos chiens empaument la voie d'un renard *neuf*,
» ou bien encore, si vous aimez mieux, d'un renard
» dans un canton qui vous est nouveau. Après quel-
» ques *randonnées*, vous les entendez *crier au ter-
» rier ;* voilà qui est bon, et vous vous y rendez.

» Le renard se sent bien en sûreté provisoire au
» fond de sa maison, mais il n'en est pas moins la
» proie d'un grave ennui. Il abomine la notoriété, et
» voilà que déjà les gendarmes connaissent son do-
» micile. Que sera-ce donc tout à l'heure ?

*
* *

» Vous arrivez, et à grande voix vous excitez les
» chiens. Vous dansez sur le toit de la maison du co-
» quin, avec vos gros souliers ferrés, chantant con-
» tre lui la *carmagnole*. Cette fois il n'en peut plus
» douter, c'est le chasseur lui-même qui connait
» son taudis, le chasseur abhorré. Vous voyez bien
» que déjà un grain de mil se trouverait logé à l'é-
» troit entre ses fesses.

» Mais ce n'est point fini. Vous venez crier vous
» même, *la tête au trou*, et là, jusqu'à ce que la
» voix vous manque, vous l'invectivez des épithètes
» les plus flétrissantes. Et n'allez pas croire que le
» choix soit indifférent ; vous parlez à un lâche gre-
» din qui *n'ignore de rien*.

*
* *

» Depuis deux ans, en pareil cas, je l'appelle *com-*
» *munard* et je m'en trouve bien. Je vocifère à *Tim-*
» *baleau* et à *Trompette* que c'est lui qui a fusillé
» les otages, et qu'il voterait pour Gambetta.

» A ces derniers mots, je suis forcé de retirer mon
» nez de l'orifice ; des émanations insoutenables
» viennent m'apprendre que la terreur du voyou se
» fait jour par tous les côtés, et qu'au fond du trou
» il y a *d'autres orifices encore*.

» Après cette algarade, vous pouvez revenir au
» canton, demain ou tous autres jours qui suivront,
» et je vous promets d'avance un *bien aller* irrépro-
» chable, une chasse belle et soutenue, si jamais
» vous en vites une.

» Du terrier n'ayez nul souci ; vous hâcheriez le
» gredin qu'il n'en approcherait pas. Il a bien trop

» encore dans le ventre sa peur de la veille ou de
» l'autre jour.

» Il tiendra gaiement, s'il le faut, la rase campa-
» gne qu'il exècre, et vos chiens le feront traverser
» sans peine une foire, une noce de village ou bien
» les rangs d'une procession. Mais *foin du terrier!*
» c'est là son unique souci. Vous le menaceriez, s'il
» n'y rentre, de vivre le reste de ses jours en répu-
» blique, que vous n'aboutiriez à rien. »

✳
✳ ✳

Les chasseurs, vous le voyez, ont beaucoup de
mal à se défendre de n'être pas absolument de fieffés
butors.

Il est néanmoins certaines qualités qu'on ne leur
conteste pas, — mais ce sont celles précisément qui
pour le *donateur*, ne sont point *coûteuses.*

C'est ainsi qu'on veut bien concéder au chasseur
d'être *bon enfant* et d'humeur *comme tu voudras.*
« Seulement, dit Gavet, on ne va guère au delà, et
» ce qu'on s'accorde le mieux à lui refuser — c'est
» un crédit chez le banquier. »

A ce propos, — de la *pénurie des chasseurs,* —
Gavet *relève* encore que tous les journaux français,
naguères, ont fait un reproche sanglant à notre confrère en Saint-Hubert, Nasser-ed-Dine, — d'avoir
quitté Paris et le *royaume,* sans *couvrir* ceux qui
l'ont approché — des présents d'Artaxerce.

» Comme si, dit Gavet, — il ne nous a pas da-
» vantage honorés, — ne nous traitant point en
» valets, auxquels se doit l'*étrenne.* Et comme si en-
» core les chasseurs étaient gens *cousus d'or!*

Jamais Gavet n'a fait à *quiconque*, — l'injure de lui donner l'étrenne.

Par exemple, on a raison de condescendre également à dire — que le chasseur n'est point avare de ses bons conseils, et qu'il se montre compatissant toujours, — et prêt à venir en aide.

*
* *

Ainsi, lecteurs, il m'est impossible de ne pas beaucoup *commisérer* à vos souffrances, aujourd'hui. Vos angoisses me vont au cœur depuis que, de vos opinions politiques, — je vous vois si fort en peine et en *déménagement* perpétuel.

Tâchez, désormais, de mieux vous y prendre; les déménagements répétés ne valent guère mieux que les incendies. Au lieu donc de loger ainsi vos opinions toujours en *garni*, — avisez une bonne fois à devenir *propriétaires*.

Voyez Gavet, et voyez Maurice.

Gavet est bonapartiste, et Maurice tient pour Chambord. Mais jamais vous n'avez vu leur *sentiment* reculer d'une semelle. Pas même les joyeusetés du Quatre-Septembre et de la Défense-nationale; ni les agréments de la Commune, ou bien encore les *Epistoles* de Barthélemy, — n'ont *entamé* Gavet ni Maurice.

Aussi, les pouvez-vous apercevoir aujourd'hui le sourire aux lèvres, — vous regardant comme fait le chêne *inflexible*, — quand il regarde les roseaux. Vrai! je ne voudrais pas être comme cela regardé.

*
* *

Je sais bien que pour ce vertige — d'avoir un instant *emménagé dans la République*, — vous pensez avoir une excuse, un exemple, si vous voulez, et mieux qu'un exemple, — l'entraînement de Thiers, — l'homme de France le plus habile à faire croire que *cela est arrivé*.

Mais votre *circonstance* ne vaut pas un maravédis. Votre histoire contemporaine, vous n'avez point le droit de la tant ignorer, — et de ne point savoir que, pour les barques, — Thiers n'a jamais été qu'*un périsseur*.

Certes, à l'endroit de ce malencontreux petit homme, — je ne vais pas aussi loin que Mathonet, et particulièrement je désapprouve, dans son ensemble, le sonnet effroyable que vous savez, — et qui fit admonester mon botanique ami, avec une juste rigueur, par le procureur Impérial de la République du Royaume.

Mais ne faut-il pas convenir aussi que le trait final du sonnet ne manque ni de *contour*, ni de justesse?

> On le verra mentir à son heure dernière,
> Sans se douter qu'autant — nul jamais n'aura nui!
> Mais ce qui causera son éternel ennui, —
> C'est de ne pouvoir pas se b... le d...

✳
✳ ✳

Parmi vous, quelques légitimistes particulièrement me font de la peine. Ce sont ceux-là, par exemple, à qui l'on ne saurait refuser d'avoir fait triomphalement le *grand écart*.

Pendus aux basques du *petit vieillard,* — ils se sont d'abord époumonés à démontrer — comment on se fait républicain, ayant été toute sa vie monarchiste. Et les voilà qui s'essoufflent aujourd'hui à *rattraper* la royauté.

Pour Dieu! sachez donc montrer quelque sang-froid, — et qu'on ne vous voie pas en de tels effarements,

A l'heure du péril et de la débandade.

Et plus ne vous sera besoin, alors, de courir de la sorte après vos vieilles opinions; — de même que je vous aperçois toujours courir après les dieux, — quand vous les avez *fourrés* à la porte.

Une fois pour toutes, corrigez-vous, et sachez vous munir d'opinions *Bréguet*, — à la place de toutes vos opinions *de Nuremberg*.

Et maintenant montez avec moi — réfléchir à mes justes *dires*, — parmi les aiguilles de Taillefer, où Gavet, au jour dont j'ai parlé, — me fit rencontrer un si délectable rassemblement de jalabres.

A Taillefer, à partir du *luc de la Courbe*, jusqu'aux grandes roches qui servent de base au dernier sommet, — se prolonge une muraille géante, dont le faîte est d'un parcours émouvant sans doute, mais nullement dangereux.

De la muraille se détachent en vedette une foule d'aiguilles, les unes clochers, les autres clochetons.

A l'extrémité nord et supérieure de cette ligne de fortifications, se rencontre la gorge étroite d'un couloir encaissé dans des apics. Je vous signale ce point comme un poste merveilleux pour le chamois.

Or, ce jour-là, tandis que Gavet parcourait lentement l'arête sommitale, — il m'ordonna de suivre, par la base, la ligne des clochers et clochetons.

De telle sorte que les jalabres *ascendantes* allaient s'offrir à la foudre de Gavet, — tandis que celles parties de ses pieds plongeaient leur vol à portée de mes coups.

Ce que nous en récoltâmes, ce jour-là, je veux vous le taire, — n'ayant aucun goût à faire hausser les épaules aux incrédules. J'aime mieux vous dire un mot encore sur les mœurs de cet excellent oiseau.

A la *remise*, et si se rencontre un amas caverneux, rarement les jalabres s'abstiennent de se fourrer dans les cavités souterraines.

* *
*

Gabriel Azaïs, membre correspondant très-sagace de la corporation des Alpins, — assure que, dans les Pyrénées, les chasseurs recourent alors à l'intervention du furet.

Contre le succès de cette pratique, je n'ai pas d'objection; seulement, dans les Alpes, les cavernes me paraissent bien multipliées et gigantesques. La méthode des Alpins consiste, dans le cas qui nous occupe, — à fumer une pipe, attendant que les oiseaux sortent. Il est vrai que ce qui se passe alors est un assassinat véritable.

Donc, *sus aux jalabres*, ô jeunes hommes, et *sus aux chamois!* Arrière l'estaminet qui ne donne que du ventre, et Vénus-Cocodette qui vous *prend tout!*

La France mutilée n'a que faire de *Cols cassés* et de *Gommeux*. Donnez à vos corps la trempe des fa-

tigues viriles, — à vos âmes, les bains répétés de la Div-Aria, — de la Div-Aria dans laquelle on sent si bien que les sons du piano ne sauraient monter.

Et, — pour *le combat salutaire*, ô jeunes gens, — venez prendre la place — *d'une voix qui tombe, et d'un jarret qui s'éteint !*

ALPINUS.

FIN.

www.ingramcontent.com/pod-product-compliance
Lightning Source LLC
LaVergne TN
LVHW010837060726
842526LV00002B/308